獻給 Lisa 和 Wozi。他們教導我，即便有時需要關注，

也無損無條件的愛與關懷。

AI手機APP智慧硬體專案實作

使用TensorFlow Lite

(iOS/Android/RPi 適用)

推薦序

這十年來是機器學習與智慧型手機的爆炸性成長的十年；今天，這些科技終於百江匯流，所產生的應用只能說令人眼花撩亂。這些事情在幾年前，您還把它們當成科幻小說而已。想想看：您早已習慣於對智慧型手機說話、向它問路或要求它在您的行事曆上安排一個會議。手機的鏡頭現在已經能夠追蹤臉孔並辨識各種物件了。隨著遊戲角色變得愈來愈聰明之後，電玩遊戲也更有趣與挑戰性。雖然不太明顯，但不計其數的 app 在檯面下都採用了某些形式的 AI，像是推薦您可能會喜歡的內容、幫您規劃旅程並提醒出發時間，還有建議下一個要輸入的字等等。

直到前一陣子為止，這些智慧功能都還只能在伺服器端執行，代表使用者一定要連上網路，如果能又快又穩定當然最好不過。延遲與服務中斷是當年許多應用程式卡關的主因。到了今天，多虧了硬體規格的大提升還有更厲害的機器學習函式庫，您手上的智慧裝置就能執行這些功能了。

最重要的是，這些技術現在完全開放普及：每位軟體工程師都能學會如何開發一個以深度神經網路為基礎的智慧行動應用程式，其中會用到 TensorFlow 這款由 Google 推出的開放原始碼深度學習函式庫。Jeff Tang 所寫這本超棒又獨特的書會告訴您如何開發可直接在裝置上執行、且支援 TensorFlow 的 iOS、Android 與 Raspberry Pi 應用程式。書中有許多扎實的範例，用一步步的教學與難能可貴的除錯經驗帶您學習：從影像分類、物件偵測、影像標註、辨識繪畫以及語音、預測時間序列、生成對抗網路、強化學習，還能運用 AlphaZero 來開發智慧化遊戲——這款以 AlphaGo 為基礎的新一代科技可是擊敗了李世乭與柯潔等世界圍棋冠軍。

這本書會暢銷一點也不讓人意外，這個議題實在是太重要了，而我們竟然很難取得可靠的訊息。所以請捲起袖子，前方等待您的是一段令人興奮的旅程！您會做出怎樣的智慧行動程式呢？

Aurélien Géron 於巴黎

Aurélien Géron 是 YouTube 影片分類小組的前負責人

《機器學習實戰：基於 Scikit-Learn 和 TensorFlow》作者

關於作者

Jeff Tang 早在二十多年前就愛上傳統的 AI 了。取得電腦科學的碩士學位之後，他在 Machine Translation 公司工作了兩年，之後為了在漫長的 AI 寒冬中活下來，他轉型開發各種企業級 app、語音 app、網路程式與行動 app，客戶包含多家新創公司、AOL、百度與高通等公司。他開發了一款百萬下載的暢銷 iOS app，獲得 Google 認證為 Top Android Market Developer。他於 2015 年再次投身當代 AI 開發，並且清楚明白這就是他往後二十年的熱情與投入所在。他最喜愛的主題之一是讓 AI 變得隨時隨地可得，本書也因此誕生。

我要感謝 Larissa Pinto 對於本書所給予的建議，感謝 Flavian Vaz 與 Akhil Nair 在內容編輯上提供的寶貴意見。另外也要謝謝 Google TensoerFlow mobile 的負責人 Pete Warden，感謝他在答應擔任本書技術編審之前與之後的所有協助。感謝本書另一位技術編審 Amita Kapoor 所給予的寶貴意見。特別要感謝超級暢銷書《機器學習實戰：基於 Scikit-Learn 和 TensorFlow》的作者 Aurélien Géron，他非常仔細地回覆我每一封電子郵件、分享他的想法、在滿到爆炸的行事曆中還能抽空幫本書寫序。Aurélien，非常謝謝你喔！

除了 Lisa 與 Wozi 之外，我也非常感謝其他家人，在為了完成本書日以繼夜努力時所度過的漫漫長日與寶貴假期中所給予的諒解與支持，感謝 Amy、Anna、Jenny、Sophia、Mark、Sandy 與 Ben。

編審

Pete Warden 任職於 Google Brain，為 TensorFlow mobile 與 embedded 小組的技術主管。

Amita Kapoor 自 1996 年起任職於印度德里大學，SRCASW（Shaheed Rajguru 女子應用科學學院）電子系的副教授。她是知名的 DAAD 獎學金得主，曾在德國卡爾斯魯爾理工學院（Karlsruhe Institute of Technology）從事研究工作。她在 2008 年的國際光子學會議獲得最佳報告獎。她所涉獵的專業領域甚廣，在國際期刊與研討會上發表超過 40 篇以上的論文。目前的研究領域包含機器學習、AI、神經網路、機器人學、佛學以及 AI 倫理議題。

目錄

01 認識 Mobile TensorFlow

02 運用遷移學習來分類影像

03 偵測物體與其位置

04 將圖片轉換為藝術風格

05 理解簡易語音指令

06 用自然語言描述影像

07 使用 CNN 及 LSTM 做繪圖辨識

08 使用 RNN 預測股票價格

09 使用 GAN 生成和強化影像

10 建立像 AlphaZero 的手機遊戲程式

11 在行動裝置上使用 TensorFlow Lite 及 Core ML

12 在樹莓派上開發 TensorFlow 應用

前言

人工智慧（**Artificial Intelligence, AI**）是使用電腦來模擬人類智慧，這已有相當年代的歷史了。從這個名詞在 1956 年正式被提出之後，AI 經歷了幾次興衰，現在的 AI 再起（或所謂的新一波 AI 革命）是從 2012 年的深度學習（機器學習的分支之一）突破所開始的，當時**深度卷積神經網路**（**deep convolutional neural network, DCNN**）以 16.4% 的錯誤率贏得了 ImageNet 大規模視覺辨識挑戰賽（第二名使用了非 DCNN 技術，錯誤率則高達 26.2%）之後，到了現在已是 AI 最火熱的研究領域之一。從 2012 年之後，ImageNet 大賽每年都是由各種改良版的 DCNN 技術勝出，並且深度學習技術也被應用在許多除了電腦視覺之外的 AI 難題，例如語音辨識、機器翻譯、圍棋，而且技術不斷地在突破。在 2016 年 3 月，Google DeepMind 以深度強化學習技術所打造的 AlphaGo，以 4:1 打敗了 18 連冠的世界圍棋冠軍李世乭。在 2017 年的 Google I/O 大會上，Google 宣布公司要從行動優先逐漸轉型到 AI 優先。其他領先的業界公司例如 Amazon、Apple、Facebook 與 Microsoft 都已砸下重金來投資 AI 並已推出了各式各樣的 AI 產品。

TensorFlow 是由 Google 公司所推出的開放原始碼框架，可用來打造各種機器學習 AI app。最初發布於 2015 年 11 月，當時市面上已經有多款相當不錯的開放原始碼的深度學習框架，但 TensorFlow 以不到兩年的時間就迅速成為了最熱門的開放原始碼深度學習框架之一。各種新式 TensorFlow 模型所要挑戰的任務都需要與人類相等甚至更高一等的智慧表現，且都是以週為單位才能建置完成。市面上關於 TensorFlow 的書籍只能說不計其數。網路上還有更多 TensorFlow 相關的部落格、教學、課程與影片。AI 與 TensorFlow 很熱門大家都知道，但幹嘛多寫一本關於「TensorFlow」的書呢？

本書有其獨到之處，也是把行動裝置與 TensorFlow 為基礎的 AI 結合起來的首作，結合了最璀璨的未來與最繁榮的現在。大家都能見證也經歷過了十年前那一波 iOS 與 Android 智慧型手機掀起的革命浪潮，而我們身在其中的這波 AI

革命很有可能對身處的世界產生更加深遠的影響。想像一下，如果能把現在與未來這兩個世界的最佳方案整合起來，還能有一本書能告訴我們如何隨時隨地在行動裝置上建置 TensorFlow AI app，有什麼能比這個更棒呢？

您當然可以使用許多既有的雲端人工智慧 API 來打造您的 AI app，有時候也確實合情合理。不過，如果想在沒有網路連線也能正常運作、沒錢負擔雲端伺服器的費用也不用擔心，或者當使用者不想把手機上的資料送往其他任何地方時，行動裝置能獨立執行各種 AI app 的好處就體現出來了。

確實，TensorFlow 已經提供了一些 TensorFlow iOS 與 Android 範例 app，可帶您入門行動版的 TensorFlow。不過，如果您曾經嘗試過在 iOS 或 Android 智慧型手機上執行某些很酷的 TensorFlow 模型來找找樂子的話，在模型成功在手機上執行起來之前，很有可能會經過一段跌跌撞撞的過程呢。

本書會告訴您如何解決在行動裝置上執行各種 TensorFlow 模型的常見問題，可幫您節省許多寶貴的時間與功夫。本書會從頭開始打造超過 10 個完整的 TensorFlow iOS 與 Android app，分別執行了各式各樣超酷的 TensorFlow 模型，包括了最新最炫的**生成對抗網路**（**Generative Adversarial Network, GAN**）與類似 AlphaZero 的神經網路模型。

本書是為誰所寫

如果您是 iOS 兼（或）Android 的開發者，並且有興趣自行建置或重新訓練各種酷炫的 TensorFlow 模型，並把它們運行在您的行動 app 上；或者如果您是 TensorFlow 開發者，且想要把新作好的 TensorFlow 模型運行在行動裝置上的話，本書就是為您而寫。最後，如果您想了解 TensorFlow Lite、Core ML 或如何在 Raspberry Pi 運行 TensorFlow 的話，本書保證讓您收穫滿滿。

本書內容

第 1 章｜認識 Mobile TensorFlow 首先介紹了如何在 Mac、Ubuntu 以及具備 NVIDIA GPU 的 Ubuntu 電腦上設定 TensorFlow，還有 Xcode 與 Android Studio 開發環境的設定方式。另外還會向您說明 TensorFlow Mobile 與 TensorFlow Lite 兩者的差異，以及何時要採用哪一款。最後會示範如何執行 TensorFlow 的範例 iOS 與 Android app。

第 2 章｜運用遷移學習來分類影像 談到了何謂遷移學習、為何要用到它、如何重新訓練 Inception v3 與 MobileNet 模型來做到更準更快的狗狗品種辨識功能，以及如何在範例 iOS 與 Android app 中運用這個重新訓練後的模型。接著說明如何把 TensorFlow 加入您的 iOS app（用 Objective-C 或 Swift 語言都可以）或 Android app 中來辨識狗狗品種。

第 3 章｜偵測物體與其位置 首先簡要地介紹了何謂物件辨識，並示範如何設定 TensorFlow Object Detection API，並使用它來重新訓練 SSD-MobileNet 與 Faster RCNN 模型。接著示範如何把 TensorFlow Android app 中的模型移植到 iOS app 中，做法是手動建置 TensorFlow iOS 函式庫來支援非預設的 TensorFlow 運算。最後則會介紹如何訓練 YOLO2 這個熱門的物件偵測模型，我們也會把它加入 TensroFlow 的範例 Android 與 iOS app 中。

第 4 章｜將圖片轉換為藝術風格 首先淺談了一下神經風格遷移以及該領域在近年的快速發展。接著介紹如何訓練快速神經風格遷移模型，並將其用於 iOS 與 Android app 中。隨後則是介紹如何在您的 iOS 與 Android app 中執行 TensorFlow Magenta 多重風格模型來產生各種酷炫的藝術風格。

第 5 章｜理解簡易語音指令 主題是語音辨識，並示範如何訓練一個簡易的語音指令辨識模型。接著示範如何把這個模型用在 Android 與 iOS app 中（同樣地，Objective-C 與 Swift 都可使用）。也會介紹更多在行動裝置上會碰到的模型載入，與執行錯誤相關的除錯小技巧。

第 6 章｜用自然語言描述影像 首先說明了影像註解的運作原理，接著示範如何在 TensorFlow 中訓練並凍結一個影像註解模型。還會進一步討論轉換與最佳化這類複雜模型，使其能在行動裝置上運作。最後，我們提供了完整的 iOS 與 Android app 範例，並運用這款模型來產生對於指定影像的自然語言敘述。

第 7 章｜使用 CNN 及 LSTM 做繪圖辨識 談到如何分類各種手繪圖案，以及如何訓練、預測並準備這樣的模型。接著說明如何建置另一個自定義的 TensorFlow iOS 函式庫，並將這個模型用在有趣的 iOS 塗鴉 app 中。最後，我們要告訴您如何自行建置 TensorFlow Android 函式庫來解決在載入新模型時會發生的錯誤，讓您能順利在 Android app 中加入這個模型。

第 8 章｜使用 RNN 預測股票價格 會介紹什麼是 RNN 遞迴神經網路，以及如何用它來預測股價。接著會示範如何運用 TensorFlow API 建置一個 RNN 模型來預測股票價格，還有使用更簡單易用的 Keras API 來建置 RNN LSTM 模型並做到相同的效果。我們會測試並看看上述哪一款模型的股票績效能勝過隨機的買進賣出策略。最後則是要告訴您如何在 iOS 與 Android app 中執行這類 TensorFlow 與 Keras 模型。

第 9 章｜使用 GAN 生成和強化影像 提供了關於 GAN 生成對抗網路的總覽以及它的潛力所在。再來則是討論如何建置與訓練一款基本的 GAN 模型，可用來生成類似人手所畫的手寫數字；還有另一款更厲害的模型，能將低解析度的影像增強為更高的解析度。最後則是談到了如何在您的 iOS 與 Android app 中使用這兩款 GAN 模型。

第 10 章｜建立像 AlphaZero 的手機遊戲程式 先來談談最新最酷的 AlphaZero 的運作原理，以及如何使用 Keras 搭配 TensorFlow 後端來訓練與測試一款類似於 AlphaZero 的模型，使得它可以挑戰 Connect 4 這個趣味小遊戲。接著會用完整的 iOS 與 Android app 來示範如何操作這個模型，讓您可以在行動裝置上來玩 Connect 4 遊戲。

第 11 章｜在行動裝置上使用 TensorFlow Lite 及 Core ML 是 TensorFlow Lite 在本書的初登場，告訴您如何將預先建置好的 TensorFlow 模型、用於 TensorFlow Lite 的重新訓練後的 TensorFlow 模型，以及可用於 iOS 系統的自定義 TensorFlow Lite 模型。當然也示範如何在 Android 系統中使用 TensorFlow Lite。不只這樣，我們還會介紹 Apple 公司推出的 Core ML，並示範如何使用

Scikit-Learn 套件搭配 Core ML 來做到標準的機器學習。本章最後則會介紹如何使用 TensorFlow 搭配 Keras 來操作 Core ML。

第 12 章｜在樹莓派上開發 TensorFlow 應用程式　本章先介紹了如何設定 Raspberry Pi 並讓它運作起來，以及如何在 Raspberry Pi 上設定 TensorFlow 環境。隨後就會談談如何使用 TensorFlow 的影像辨識、聲音辨識模型搭配文字轉語音功能與機器人的運動 API 來打造一台可以移動、觀看、聆聽與說話的 Raspberry Pi 機器人。最後會詳細介紹如何在模擬環境中使用 OpenAI Gym 與 TensorFlow，藉此從頭建置並訓練一個以神經網路為基礎的強化學習策略模型，讓小機器人學會如何讓保持自身平衡。

充分運用本書

我們建議您依序看完本書的前四章，並玩玩看各章的 iOS 與 Android app，檔案都在這裡：http://github.com/jeffxtang/mobiletfbook。這樣有助於您確認是否確實設定好 TensorFlow 行動 app 所需的開發環境，以及理解如何將 TensorFlow 整合到您自行開發的 iOS 與（或）Android app 中。如果您本身是 iOS 開發者的話，您還可學會如何使用 Objective-C 或 Swift 語言來操作 TensorFlow，以及何時與如何使用 TensorFlow pod 或自行建置的 TensorFlow iOS 函式庫。

如果您需要自行建置一個 TensorFlow 的 Android 函式庫，請參考第 7 章。或者如果您想知道如何在行動 app 中使用 Keras 模型的話，別錯過第 8 章與第 10 章。

如果您對於 TensorFlow Lite 或 Core ML 較感興趣的話，請看第 11 章，或者您想知道如何在 Raspberry Pi 單板電腦上使用 TensorFlow，或是運用 TensorFlow 做到強化學習的話，第 12 章就是為您量身訂做的喔！

不只這樣呢！從第 5 章到第 10 章依序介紹了如何訓練各種不同的 CNN、RNN、LSTM、GAN 與 AlphaZero 模型，以及如何將其運用在行動裝置上。您可以在深入實作之前先執行一下各章的 iOS 與（或）Android app。或者，您也可直接跳到任何談到您感興趣模型的章節；但請注意後面的章節可能會參考到先前的章節，因此像是在 iOS app 中加入自定義的 TensorFlow iOS 函式庫、透過自行建置 TensorFlow 函式庫來修正模型載入錯誤與執行錯誤等內容可能會重複。不過，這樣可以確保您不會迷路，我們也盡了最大努力來提供易懂的手把手教學，並不時帶您回顧先前範例的某些步驟，希望讓您在開發 TensroFlow 行動 app 時能夠避開所有我們已經踩過的雷。

何時要閱讀本書

AI，或其最熱門的分支機器學習，或它最熱門的下一代深度學習，在這些年都有爆炸性的發展。TensorFlow 這個由 Google 全力支援且具備所有開放原始碼機器學習框架中最大宗的使用者社群，更新的速度也愈來愈快了。當本書從 2017 年 12 月開始動筆時，最新版的 TensorFlow 為 1.4.0（2017/11/02），接著是 1.5.0（2018/01/26）、1.6.0（2018/02/28）、1.7.0（2018/03/29），一路快馬加鞭到了 1.8.0（2018/04/27）。本書中所有的 iOS、Android 與 Python 程式碼都已針對以上版本的 TensorFlow 測試過，都能正確運作。但當您閱讀本書時，TensorFlow 很有可能已發布 1.8.0 之後的版本了[1]。

結論是，您不需要太擔心新版 TensorFlow 的相容問題；本書中的程式碼應該都能很順利地移轉到最新版的 TensorFlow 上。本書 app 在 TensorFlow 1.4、1.5、1.6、1.7 與 1.8 上測試時，程式碼根本無需修改。後續版本當然也很有可能會支援更多樣的 TensorFlow 運算，這樣就不需要再自己去建置 TensorFlow 函式庫啦，或至少用更簡單的方式就能完成。

當然，我們無法保證所有程式碼在後續版本的 TensorFlow 中不需要任何修改就能執行，但本書有詳盡的教學與各種除錯指南。不管何時翻開本書，您應該都能有相當愉快且順暢的閱讀體驗，並在 TensorFlow 1.4 到 1.8 或更新的版本中來執行本書的所有範例。

1 譯註：TensorFlow 2.0 已於 2019 年 10 月 1 日發布。

我們勢必得停在某個版本的 TensorFlow 才能讓本書出版，但後續只要 TensorFlow 有重大更新時，我們都會重新執行並測試本書的所有範例，並將更新在本書的 github 上：http://github.com/jeffxtang/mobiletfbook

如果您對書籍內容或程式碼有任何問題，歡迎直接在以上 github 上開一個 issue。

另一個要衡量的是要如何選擇 TensorFlow Mobile 與 TensorFlow Lite。本書多數章節中都以 TensorFlow Mobile 為主（第 1 ～ 10 章都是），TensorFlow Lite 非常有可能在未來成為行動裝置上執行 TensorFlow 的主流，但它在 Google I/O 2018 中依然屬於開發者預覽階段——這也正是為什麼 Google 這樣說：「在產品階段建議使用 TensorFlow Mobile」。即便在 TensorFlow Lite 正式發布之後，Google 依然表示「TensorFlow Mobile 在短期之內不會消失」——事實上，本書出版之前的最新版本為 TensorFlow 1.8.0，經過測試之後，結論是使用 TensorFlow Mobile 會讓事情更簡單。結論是使用 TensorFlow Mobile 會讓事情更簡單。

TensorFlow Lite 挾著其更加的效能與更小的檔案尺寸，如果它全面取代 TensorFlow Mobile 的這一天真的到來，您在本書中所學的技術當然會讓您更早一步準備好。同時，在無法捉摸的未來敲門之前，您還是能從本書內容得知如何使用它的老大哥——TensorFlow Mobile——在您的行動 app 中執行各式各樣酷炫又厲害的 TensorFlow 模型。

下載範例程式碼

本書範例檔案可自以下網址下載，程式碼若有更新，也會更新在這個 GitHub 上。

https://github.com/PacktPublishing/Intelligent-Mobile-Projects-with-TensorFlow

慣用標示與圖例

本書運用了不同的字體來代表不同的慣用訊息。

`CodeInText`：文字、資料庫表單名稱、資料夾名稱、檔案名稱、副檔名稱、路徑名稱、假的 URL，使用者輸入和推特用戶名稱都會以此顯示。例如：「在您的 Ubuntu 或 Mac 電腦上安裝 `matplotlib`、`pillow`、`lxml` 與 `jupyter` 等函式庫」。

以下是一段程式碼：

```
syntax = "proto2";
package object_detection.protos;
message StringIntLabelMapItem {
  optional string name = 1;
  optional int32 id = 2;
  optional string display_name = 3;
};

message StringIntLabelMap {
  repeated StringIntLabelMapItem item = 1;
};
```

命令列 / 終端機的輸入輸出訊息會這樣表示：

```
sudo pip install pillow
sudo pip install lxml
sudo pip install jupyter
sudo pip install matplotlib
```

粗體：代表新名詞、重要字詞或在畫面上的文字會以粗體來表示。例如，在選單或對話窗中的文字就會以粗體來表示。例如：「現在請點選 **Enhance Image** 選項就會看到結果了」。

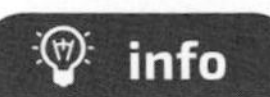

警告與重要訊息。

提示與小技巧。

1

認識 Mobile TensorFlow

本章將介紹如何設定本書後續要用到的所有可支援 TensorFlow 之 iOS 與 Android app 開發環境。在此不會深入討論所有可支援本書專案開發的 TensorFlow 版本、作業系統版本、Xcode 與 Android Studio 版本，因為這類資訊在 TensorFlow 網站（http://www.tensorflow.org）上都找得到，或用 Google 也很方便。反之，只會簡單介紹本章範例所需的環境，這樣才能快點進入環境建置完成後的這些絕妙 app。

如果你已經安裝好了 TensorFlow、Xcode 與 Android Studio，也可以執行 TensorFlow iOS 與 Android 等範例 app，或是擁有 NVIDIA GPU 可以加速訓練深度學習模型的話，本章是可以跳過的，還看不太懂的段落也可以先跳過。

本章內容如下，設定 Raspberry Pi 的開發環境會在第 12 章作介紹：

- 設定 TensorFlow
- 設定 Xcode
- 設定 Android Studio
- TensorFlow Mobile 與 TensorFlow Lite
- 執行範例 TensorFlow iOS app
- 執行範例 TensorFlow Android app

1.1 設定 TensorFlow

TensorFlow 是在機器智慧領域中最頂尖的開放原始碼框架。當 Google 在 2015 年 11 月將 TensorFlow 以開放原始碼專案發布時，同時已經有數款同性質的深度學習開放原始碼類框架：Caffe、Torch 與 Theano。2018 年 5 月 10 日，也就是 Google I/O 2018，TensorFlow 的 GitHub 已經超過了 9.9 萬顆星，也就是經過短短四個月就增加了 14k 顆星，同時 Caffe 則是從 2,000 顆星增加到 2.4 萬顆星。兩年之後，它已成為訓練與部署深度學習模型上最夯的開放原始碼框架（但它對傳統的機器學習支援性也不錯）。2018 年 1 月，TensorFlow 的星星數已經逼近 8.5 萬顆（https://github.com/tensorflow/tensorflow），同時其他三款開放原始碼的深度學習框架：Caffe（https://github.com/BVLC/caffe）、CNTK（https://github.com/Microsoft/CNTK）與 Mxnet（https://github.com/apache/incubator-mxnet）則分別是 2.2、1.3 與 1.2 萬顆星。

info

如果你對於機器學習、深度學習、機器智慧與人工智慧（AI）這些流行語感到暈頭轉向的話，這邊很快幫你整理一下：機器智慧與人工智慧基本上就是同一件事；機器學習是一個 AI 的研究領域，同時也是最熱門的；深度學習是一種特殊的機器學習技術，它目前是針對各種複雜問題，像是電腦視覺、語音辨識/合成與自然語言處理等等最新最有效的解決方式。所以本書只要提到 AI，基本上就是指深度學習，它把 AI 從漫長寒冬拯救出來了呢！

更多關於 AI 寒冬與深度學習的文章請參考以下網址：

https://en.wikipedia.org/wiki/AI_winter

http://www.deeplearningbook.org

本書假設你對於 TensorFlow 已有基本的理解，但如果沒有的話，請參考 TensorFlow 網站上的入門（https://www.tensorflow.org/get_started）與教學（https://www.tensorflow.org/tutorials）等頁面或 Awesome TensorFlow 這

份教學（https://github.com/jtoy/awesome-tensorflow）也很棒。另外介紹兩本與本書主題相關的好書：《Python 機器學習第二版》（作者 *Sebastian Raschka* 和 *Vahid Mirjalili*），以及《精通機器學習：使用 *Scikit-Learn, Keras* 與 *TensorFlow* 第二版》（作者 *Aurélien Géron*）。

TensorFlow 在 MacOS、Ubuntu 或 Windows 等作業系統上都可安裝。在此會介紹如何在 MacOS X El Capitan（10.11.6）、macOS Sierra（10.12.6）與 Ubuntu 16.04 上從原始碼來安裝 TensorFlow 1.4。如果你的作業系統或版本不同，請參考 TensorFlow 的安裝說明（https://www.tensorflow.org/install）。讀者在閱讀本書的時候，應該已有更新版的 TensorFlow。雖然本書範例應該也能在新版本的 TensorFlow 中執行，但誰也沒辦法掛保證，這就是為什麼本書要用在 Mac 與 Ubuntu 上透過 TensorFlow 1.4 版本的原始碼來設定 TensorFlow，這樣一來就能很快把本書中的各個 app 跑起來。

info

由於這一段是 2017 年 12 月所寫，後續已經有四個更新的 TensorFlow（1.5、1.6、1.7 與 1.8），可由 https://github.com/tensorflow/tensorflow/releases 或從 TensorFlow 的 github repo（https://github.com/tensorflow/tensorflow）下載都可以，新版的 Xcode（9.3）也在 2018 年 5 月 發布了。更新版本的 TensorFlow（例如 1.8）預設已經支援更新版本的 NVIDIA CUDA 與 cuDNN（請參考「在支援 GPU 的 Ubuntu 作業系統上設定 TensorFlow」一節），也建議你根據 TensorFlow 官方文件來安裝可支援 GPU 的最新版本 TensorFlow。在本章與後續章節中，我們會採用特定版本的 TensorFlow 來示範，但會讓所有的 iOS、Android、Python 程式碼都測試過，有必要的話也會根據最新版本的 TensorFlow、Xcode 與 Android Studio 來更新於本書的 github：

https://github.com/jeffxtang/mobiletfbook。

整體來說，我們會在 Mac 作業系統上運用 TensorFlow 框架來開發支援 TensorFlow 的 iOS 與 Android app，並在 Ubuntu 作業系統上訓練可用在這些 app 的 TensorFlow 深度學習模型。

在 macOS 中設定 TensorFlow

一般來說，建議你使用 virtualenv、Docker 或 Anaconda 等套件將 TensorFlow 安裝在一個獨立的環境中。但由於我們要用 TensorFlow 原始碼來建置可執行 TensorFlow 的 iOS 與 Android app，就可能需要從原始碼來建置 TensorFlow，相較之下，透過 pip 來安裝應該會比其他的做法來得更簡單。如果你想玩玩看不同版本的 TensorFlow，建議你使用 virtualenv、Docker 與 Anaconda 等其中一種方式來安裝不同版本的 TensorFlow 以免衝突。接著要使用原生的 pip 套件與 Python 2.7.10 直接在 Mac 作業系統上安裝 TensorFlow 1.4。

在 Mac 作業系統下載安裝 TensorFlow 1.4 的步驟如下：

1. 請由 TensorFlow 的 GitHub 的發佈頁面下載 TensorFlow 1.4.0 原始碼（`zip` 或 `tar.gz` 都可以）：`https://github.com/tensorflow/tensorflow/releases`
2. 解壓縮下載後的檔案，並將 `tensorflow-1.4.0` 資料夾放到你的 home 目錄中。
3. 請安裝 Xcode 8.2.1 以上的版本（尚未完成的話，請參閱「設定 Xcode」一節）。
4. 開啟新的終端機視窗，輸入 `cd tensorflow-1.4.0`
5. 執行 `xcode-select --install` 來安裝命令列工具
6. 執行以下指令來安裝 TensorFlow 所需的建置工具：

```
sudo pip install six numpy wheel
brew install automake
brew install libtool
./configure
brew upgrade bazel
```

7. 以下指令會用只支援 CPU 的 TensorFlow 原始碼來建置（之後才會介紹支援 GPU 的版本），並產生一個副檔名為 `.whl` 的 pip 套件檔：

```
bazel build --config=opt
//tensorflow/tools/pip_package:build_pip_package
```

```
bazel-bin/tensorflow/tools/pip_package/build_pip_package
/tmp/tensorflow_pkg
```

8. 安裝 TensorFlow 1.4.0 CPU 套件：

```
sudo pip install --upgrade /tmp/tensorflow_pkg/tensorflow-1.4.0-cp27-
cp27m-macosx_10_12_intel.whl
```

過程中如果發生任何錯誤，說真的，直接 google 這個錯誤訊息應該是最好的做法。雖然本書中的各種技巧與知識應該不容易在其他地方找到，因為這是我們經年累月在開發 TensorFlow 行動裝置 app 上的經驗。一個你很有機會看到的錯誤應該是在執行 `sudo pip install` 指令之後的 `Operation not permitted`。解決方法是關閉 Mac 系統的 **System Integrity Protection**（**SIP**），請重新啟動你的 Mac 並按下 *Cmd* + *R* 進入回復模式，接著開啟**終端機**，執行 csrutil disable 之後再啟動 Mac。如果你不希望關閉 SIP，請根據 TensorFlow 官方文件來試試看像是 virtualenv 這種更複雜的安裝方法。

一切順利的話，應該就能執行終端機視窗、Python 或 IPython，最後用 `import tensorflow as tf` 與 `tf.__version__` 指令來看看是否成功匯入。

在支援 GPU 的 Ubuntu 作業系統上設定 TensorFlow

使用 TensorFlow 的優質深度學習框架的好處之一在於它可完整支援模型訓練中使用圖形運算單元（Graphical Processing Unit, GPU）的完整支援。在 GPU 上訓練複雜的 TensorFlow 模型會比在 CPU 上快非常多，目前 NVIDIA 公司提供了支援 TensorFlow 的最厲害且最划算的 GPU，而 Ubuntu 是執行 NVIDIA GPU 搭配 TensorFlow 的最佳作業系統之一。幾百美金就能買到非常棒的 GPU 並將其安裝在一台執行 Ubuntu 作業系統的平價桌機上。你當然也可在 Windows 作業系統上安裝 NVIDIA GPU，但是 TensorFlow 對於 Ubuntu 的支援比 Windows 好得多。

為了本書各 app 所需的神經網路模型，在此採用 NVIDIA GTX 1070，在 Amazon 或 eBay 應該可用 $400 美金買到。Tim Dettmers 這篇部落格相當不錯，談到了進行深度學習可用的 GPU 型號（`http://timdettmers.com/`

2017/04/09/which- gpu-for-deep-learning/)。請取得類似規格的 GPU 並將其安裝在你的 Ubuntu 作業系統上，但在安裝支援 GPU 的 TensorFlow 之前，請先安裝 NVIDIA CUDA 8.0（或 9.0）與 cuDNN（CUDA-Deep Neural Network library）6.0（或 7.0），兩者都支援 TensorFlow 1.4。

info

另一個取得具備 GPU 的 Ubuntu 機器來進行 TensorFlow 作業是運用支援 GPU 的雲端服務，例如 Google Cloud Platform 的 Cloud ML Engine（https://cloud.google.com/ml-engine/docs/using-gpus）。每個選項都有好有壞。雲端服務通常是根據使用的時間長短來收費。如果你的目標是訓練或重新訓練一個要被部署在行動裝置上的模型，代表這些模型不會非常複雜，但如果你會長時間進行機器學習訓練的話，那麼自己購買 GPU 來訓練應該是比較划算的做法。

在 Ubuntu 16.04 上安裝 CUDA 8.0 與 cuDNN 6.0 的步驟如下（你也可以嘗試 CUDA 9.0 與 cuDNN 7.0，作法應該差不多）：

1. 從以下網址下載 NVIDIA CUDA 8.0 GA2，並根據下圖來勾選相關選項。
   https://developer.nvidia.com/cuda-80-ga2-download-archive

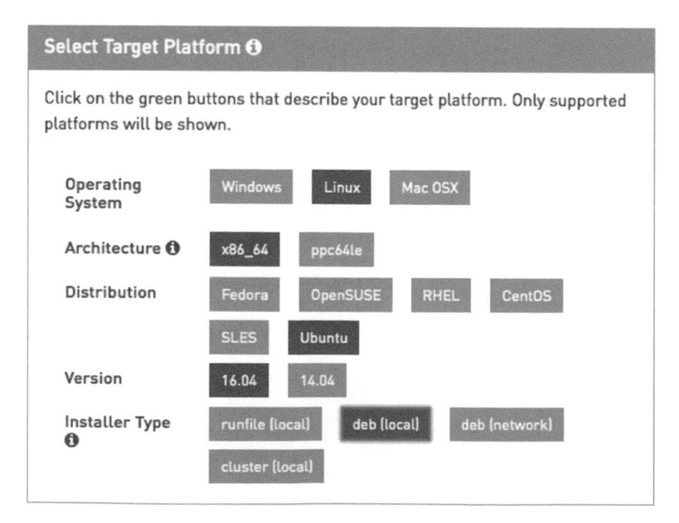

圖 1.1　下載可用於 Ubuntu 16.04 的 CUDA 8.0

2. 下載 Base installer，如下圖：

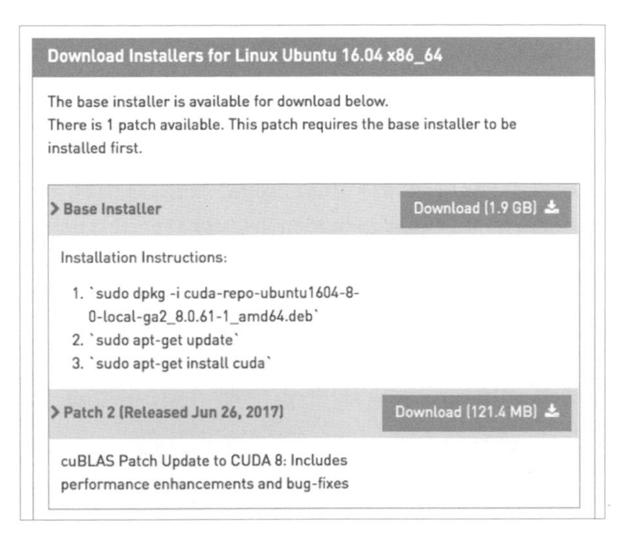

圖 1.2　選擇可用於 Ubuntu 16.04 的 CUDA 8.0 安裝檔

3. 新開一個終端機視窗並執行以下指令（還要在 `.bashrc` 檔案中加入最後兩個指令，讓兩個環境變數在下次開啟終端機時生效）：

```
sudo dpkg -i /home/jeff/Downloads/cuda-repo-ubuntu1604-8-0-local-
ga2_8.0.61-1_amd64.deb
sudo apt-get update
sudo apt-get install cuda-8-0
export CUDA_HOME=/usr/local/cuda
export LD_LIBRARY_PATH=/usr/local/cuda/lib64:$LD_LIBRARY_PATH
```

4. 從下列網址下載用於 CUDA 8.0 的 NVIDIA cuDNN 6.0，在下載之前，網站會要求你註冊一個免費的 NVIDIA 開發者帳號，請選擇 **cuDNN v6.0 Library for Linux**，如下圖：`https://developer.nvidia.com/rdp/cudnn-download`

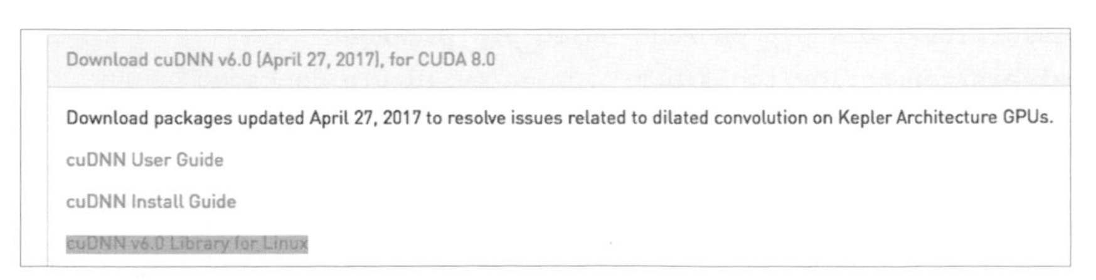

圖 1.3　選擇 Linux 系統上可用於 CUDA 8.0 的 cuDNN 6.0

5. 檔案下載好之後解壓縮，假設預設路徑為 ~/Downloads 目錄，你會看到一個名為 cuda 的資料夾，其中有兩個名為 include 與 lib64 的子資料夾。

6. 把 cuDNN 的 include 與 lib64 資料夾中的檔案複製到 CUDA_HOME 的 lib64 與 include 資料夾中：

```
sudo cp ~/Downloads/cuda/lib64/* /usr/local/cuda/lib64
sudo cp ~/Downloads/cuda/include/cudnn.h /usr/local/cuda/include
```

現在已經準備好在 Ubuntu 作業系統上安裝支援 GPU 的 TensorFlow 1.4 了（以下的步驟 1、2 與上一節相同）：

1. 請由 TensorFlow 的 GitHub 的發佈頁面下載 TensorFlow 1.4.0 原始碼（zip 或 tar.gz 都可以）：https://github.com/tensorflow/tensorflow/releases
2. 解壓縮下載後的檔案，並將 tensorflow-1.4.0 資料夾放到你的 home 目錄中。
3. 請由 https://github.com/bazelbuild/bazel/releases 下載 bazel 安裝檔 bazel-0.5.4-installer-linux-x86_64.sh
4. 新開一個終端機視窗，執行以下指令來安裝建置 TensorFlow 所需的工具與套件：

```
sudo pip install six numpy wheel
cd ~/Downloads
chmod +x bazel-0.5.4-installer-linux-x86_64.sh
./bazel-0.5.4-installer-linux-x86_64.sh --user
```

5. 由支援 GPU 的 TensorFlow 原始檔來建置，並產生一個 pip 套件檔，副檔名為 .whl：

```
cd ~/tensorflow-1.4.0
./configure
bazel build --config=opt --config=cuda
//tensorflow/tools/pip_package:build_pip_package
bazel-bin/tensorflow/tools/pip_package/build_pip_package
/tmp/tensorflow_pkg
```

6. 安裝 TensorFlow 1.4.0 GPU 套件：

```
sudo pip install --upgrade /tmp/tensorflow_pkg/tensorflow-1.4.0-cp27-
cp27mu-linux_x86_64.whl
```

如果一切順利的話，請啟動 IPython 並輸入以下指令來看看 TensorFlow 所使用的 GPU 資訊：

```
In [1]: import tensorflow as tf

In [2]: tf.__version__
Out[2]: '1.4.0'

In [3]: sess=tf.Session()
2017-12-28 23:45:37.599904: I
tensorflow/stream_executor/cuda/cuda_gpu_executor.cc:892] successful
NUMA node read from SysFS had negative value (-1), but there must be at
least one NUMA node, so returning NUMA node zero
2017-12-28 23:45:37.600173: I
tensorflow/core/common_runtime/gpu/gpu_device.cc:1030] Found device 0
with properties:
name: GeForce GTX 1070 major: 6 minor: 1 memoryClockRate(GHz): 1.7845
pciBusID: 0000:01:00.0
totalMemory: 7.92GiB freeMemory: 7.60GiB
2017-12-28 23:45:37.600186: I
tensorflow/core/common_runtime/gpu/gpu_device.cc:1120] Creating
TensorFlow device (/device:GPU:0) -> (device: 0, name: GeForce GTX 1070,
pci bus id: 0000:01:00.0, compute capability: 6.1)
```

恭喜！你已經準備好來訓練本書範例 app 中所需的深度學習模型了。首先來看看要開發行動 app 需要哪些設定，接著才是鑑賞新玩具、訓練我們所需的模型，最後是將模型部署並執行在行動裝置上。

1.2 設定 Xcode

所有 iOS app 都是用 Xcode 來開發，你需要一台 Mac 電腦以及註冊一個 Apple ID 才能下載與安裝。如果你的 Mac 硬體規格比較舊，例如作業系統是 OS X El Capitan（10.11.6）的話，請由此下載 Xcode 8.2.1：`https://developer.apple.com/download/more`。如果你使用 macOS Sierra（10.12.6）或更新版本，請由上述連結下載 Xcode 9.3（2018 年 5 月的最新版本）。本書中所有的 iOS app 都已針對 Xcode 8.2.1、9.2、9.3 測試過並可正確執行。

安裝 Xcode 時，只要點兩下之前下載的檔案，並根據說明安裝完畢即可，相當直觀。你可在 Xcode 所提供的 iOS 模擬器或實體的 iOS 裝置上執行這些 app。從 Xcode 7 開始，你可以免費在 iOS 裝置上執行你所開發的 iOS 並對其除錯，但如果你想要分享或發佈你所設計的 app，就需要加入 Apple 開發者計畫（https:// developer.apple.com/programs/enroll），個人年費為 $ 99 美金。

雖然本書中大多數的 app 都能透過 Xcode 模擬器來執行，但由於有一些 app 要用到照相機，所以需要實體的 iOS 裝置才能真的拍攝照片，並用一個已經過 TensorFlow 訓練完成的深度學習模型來處理這張照片。再者，如果要了解精確的效能與記憶體用量，在實體裝置上測試模型一般來說還是比較好的：在模擬器上跑得不錯的模型，到了實體裝置上可能會當機或慢到不像話。因此強烈建議你用實體的 iOS 裝置來跑跑看本書的 iOS app，如果無法長期使用的話，至少也要試一次囉。

本書假設你對於 iOS 程式設計有一定的熟悉程度，但如果你是 iOS 開發新手的話，網路上有許多超棒的資源，像是 Ray Wenderlich 的 iOS 教學（https://www.raywenderlich.com）。本書不會介紹複雜的 iOS 開發技巧；目標是告訴您如何在 iOS app 中透過 TensorFlow C++ API 來執行各種訓練好的 TensorFlow 模型，藉此完成各種智能任務。在此會用到 Objective-C 與 Swift 這兩款由 Apple 正式推出的 iOS 程式語言在後續的行動 AI app 中來存取 C++ 程式碼。

1.3 設定 Android Studio

Android Studio 是開發 Android app 的最佳工具，TensorFlow 對它有非常完整的支援，你可以在 Mac、Windows 或 Linux 等作業系統上安裝 Android Studio。詳細的系統規格需求請參考 Android Studio 原廠網站（https://developer.android.com/studio/index.html）。在此只會介紹如何在 Mac 作業系統上設定 Android Studio 3.0 或 3.0.1——本書的所有 Android app 已針對這兩個版本測試且都能正確執行。

首先，下載 Android Studio 3.0.1，或如果出了更新的版本且你不在意修正一些小地方的話，請由上述連結下載最新版本。你也可由此下載 3.0.1 或 3.0 版：`https://developer.android.com/studio/ archive.html`

接著，對下載好的檔案點兩下，並把 Android Studio.app 圖示拖放到 Applications 中。如果你之前已經安裝過 Android Studio，系統會詢問你是否要用較新的版本取代之，選擇**取代**即可。

開啟 Android Studio 之後需要指定 Android SDK 路徑，如果你已經安裝了較早的 Android studio 版本，應該會是 `~/Library/Android/sdk`，或開啟一個現有的 Android Studio 專案，接著找到在「在 macOS 中設定 TensorFlow」一節所建立的 TensorFlow 1.4 原始碼目錄，開啟 `tensorflow/examples/android` 資料夾。接著才是下載 Android SDK，你可以點選以上連結中的 **Install Build Tools** 或開啟 **Android Studio** 的 **Tools | Android | SDK Manager**，如下圖。從 **SDK Tools** 標籤中，你可勾選想要使用的 Android SDK Tools 版本，按下 **OK** 按鈕就可以安裝該版本：

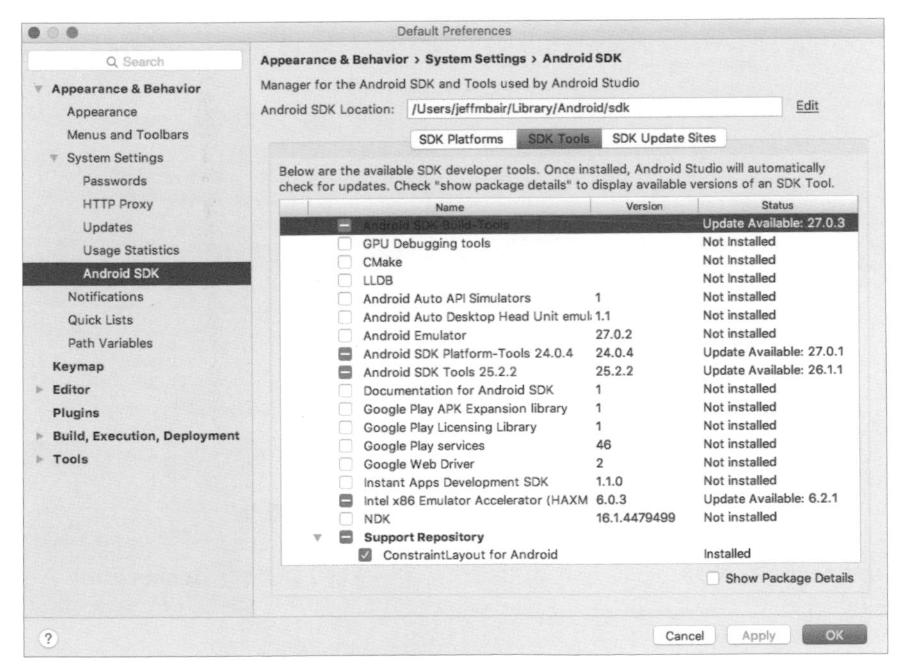

圖 1.4　在 Android SDK Manager 中安裝 SDK 工具與 NDK

最後，由於 TensorFlow Android app 需要用到原生的 C++ TensorFlow 函式庫才能載入並執行 TensorFlow 模型，你還需要安裝 Android **Native Development Kit**（**NDK**）。作法一樣有兩種：由上圖的 Android SDK Manager 中選擇，或直接由此下載 NDK：`https://developer.android.com/ndk/downloads/index.html`

本書中所有的 Android app 已針對 NDK version r16b 與 r15c 測試並可正常執行。如果是直接下載 NDK 的話，你可能需要設定 Android NDK 路徑，請先開啟你的專案，選擇 **File | Project Structure**，如下圖：

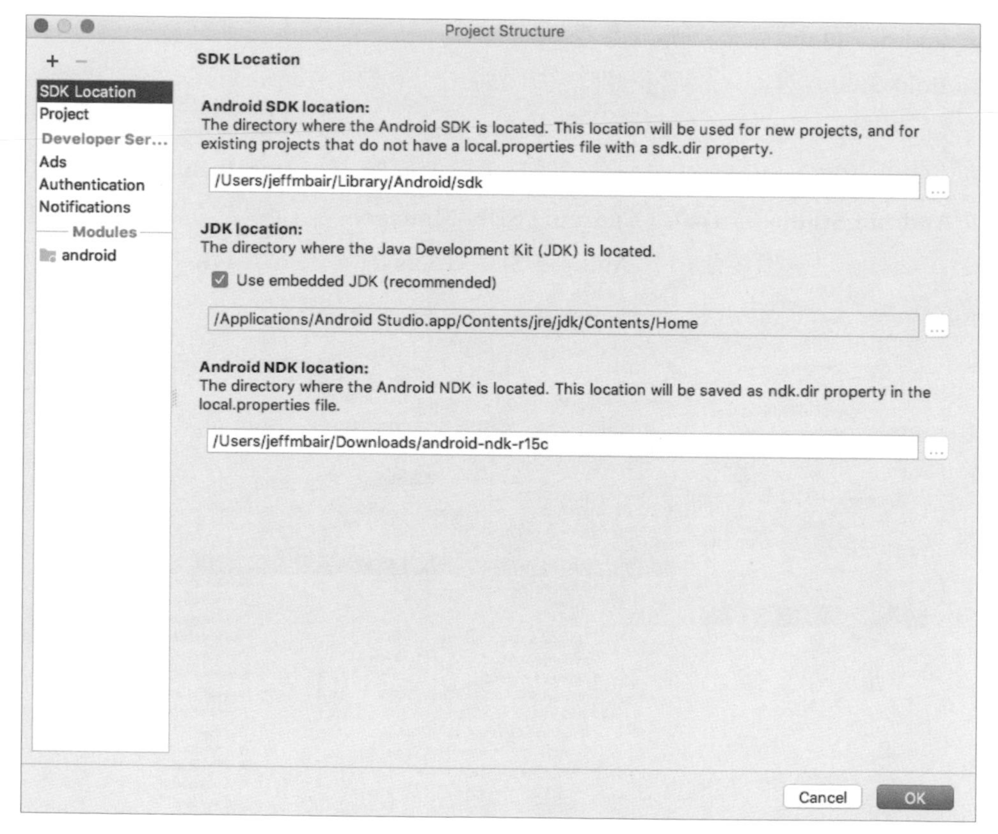

圖 1.5　設定專案的 Android NDK 路徑

Android SDK 與 NDK 安裝好也設定好之後，就可以執行 TensorFlow Android app 了。

1.4 TensorFlow Mobile 與 TensorFlow Lite

在執行範例 TensorFlow iOS 與 Android app 之前，先來釐清一些大觀念。TensorFlow 目前有兩種方法在行動裝置上開發與部署深度學習 app：TensorFlow Mobile 與 TensorFlow Lite。TensorFlow Mobile 一開始是屬於 TensorFlow，而 TensorFlow Lite 則是開發與部署 TensorFlow app 的較新作法，因為它可讓效能更好還能讓 app 檔案瘦身。不過有一個重要原因讓我們在本書中會更聚焦在 TensorFlow Mobile，而且 TensorFlow Lite 也會有專章介紹。在 2018 年 5 月的 Google I/O 時，TensorFlow Lite 還處於開發者預覽階段。如果現在要開發產品級的 TensorFlow 行動 app 的話，你一定得使用 TensorFlow Mobile，Google 也是這樣建議的。

另一個我們決定目前要著墨在 TensorFlow Mobile 的原因是 TensorFlow Lite 對於模型運算的支援有限，反觀 TensorFlow Mobile 可透過客製化來加入 TensorFlow Mobile 預設不支援的運算子，這個狀況之後在不同的 AI app 中嘗試各種模型時會常常碰到。

然而在未來當 TensorFlow Lite 通過開發者預覽階段之後，它很有可能取代 TensorFlow Mobile，或至少克服目前的各種限制。為了讓你超前部署，後續會有一章來深入介紹 TensorFlow Lite。

1.5 執行範例 TensorFlow iOS app

本章最後兩節會執行三個範例 iOS app 與四個範例 Android app，都是搭配 TensorFlow 1.4 以確保你的 TensorFlow Mobile 開發環境都設定正確了，也會讓你對於 TensorFlow 行動 app 能做到哪些事情很快有點概念。

三個範例 TensorFlow iOS app 的原始碼路徑是在 `tensorflow/examples/ios`：`simple`、`camera` 與 `benchmark`。如果要順利執行這些範例的話，需要先下載一個 Google 針對影像辨識所預先訓練好的深度學習模型，稱為 Inception（`https://github.com/tensorflow/models/tree/master/research/inception`）。

Inception 有多個版本：v1 到 v4，新版本的準確度也比較好。由於後續範例是針對 Inception v1 來開發，在此也會使用它。下載模型檔之後，請把模型相關的檔案複製到範例的 data 資料夾中：

```
curl -o ~/graphs/inception5h.zip
https://storage.googleapis.com/download.tensorflow.org/models/
inception5h.zip

unzip ~/graphs/inception5h.zip -d ~/graphs/inception5h
cd tensorflow/examples/ios
cp ~/graphs/inception5h/* simple/data/
cp ~/graphs/inception5h/* camera/data/
cp ~/graphs/inception5h/* benchmark/data/
```

現在在開啟與執行各個 app 之前，請在各 app 資料夾中執行以下指令來下載各 app 所需的 pod：

```
cd simple
pod install
open tf_simple_example.xcworkspace
cd ../camera
pod install
open tf_camera_example.xcworkspace
cd ../benchmark
pod install
open tf_benchmark_example.xcworkspace
```

接著請在實體 iOS 裝置上來執行這三個 app，simple 與 benchmark app 也可以在 iOS 模擬器上執行。在執行 simple app 之後點選 **Run Model** 按鈕，畫面會顯示一段訊息告訴你已經載入 TensorFlow Inception 模型，接著是一些信心最高的辨識結果與信心值。

執行 benchmark app 之後，點選 **Benchmark Model** 按鈕，會看到執行模型 20 次之後的平均時間。例如，在我的 iPhone 6 上平均為 0.2089 秒，換成 iPhone 6 模擬器則是 0.0359 秒。

最後，請在實體 iOS 裝置上來執行 camera app，把裝置照相機對著一些東西，app 會即時顯示它所看到的東西與辨識結果。

1.6 執行範例 TensorFlow Android app

有四個範例 TensorFlow Android app，名為 TF Classify、TF Detect、TF Speech 與 TF Stylize，路徑為 `tensorflow/examples/android`。執行這些範例最簡單的方式是用 Android Studio 開啟上述資料夾中的專案，這在「設定 Android Studio」一節講過了，接著請找到專案中的 `build.gradle` 檔案，把其中的 `def nativeBuildSystem = 'bazel'` 改為 `def nativeBuildSystem = 'none'`。

現在將 Android 裝置接上你的電腦，接著在 Android Studio 中點選 **Run | Run 'android'** 來建置、安裝與執行這個 app。這會在你的裝置上安裝四個 Android app，分別叫做 *TF Classify*、*TF Detect*、*TF Speech* 與 *TF Stylize*。TF Classify 對應到的是 iOS 的 camera app，使用 TensorFlow Inception v1 模型搭配裝置的照相機來做到即時物體分類。

TF Detect 使用另一款模型，稱為 **Single Shot Multibox Detector**（**SSD**）搭配 MobileNet，這是 Google 特別針對行動與嵌入式裝置所發布的另一套深度學習模型，可執行物件偵測，並在畫面上把偵測到的物體框出來。TF Speech 使用另一個深度學習（語音辨識）模型來聆聽與辨識一小組字，像是 Yes、No、Left、Right、Stop 與 Go。TF Stylize 則使用另一款模型來改變照相機所看到影像的風格。關於這些 app 的更多細節資訊，請參考 TensorFlow Android 範例文件：`https://github.com/tensorflow/tensorflow/tree/master/tensorflow/examples/android`

1.7 總結

本章介紹了如何在 Mac 與 Ubuntu 系統上安裝 TensorFlow 1.4、如何設定一台具備 NVIDIA GPU 的高 CP 值 Ubuntu 來加速模型訓練，以及如何設定 Xcode 與 Android Studio 來開發行動 AI app。另外也示範了如何執行一些很酷的 TensorFlow iOS 與 Android 範例 app。

後續會詳細介紹如何在具備 GPU 的 Ubuntu 系統上建置、訓練或重新訓練這些用於 app 中與其他各種模型，也會說明如何把模型部署在 iOS 與 Android app 中，並寫程式將這些模型運用於你的行動 AI app 中。現在已經都準備好了，等不及要出發了對吧！這會是趟令人興奮的旅程，一趟你一定會想和朋友分享的旅程。那麼，為什麼不和你最要好的朋友們一起學習，看看如何做出一個狗狗品種辨識 app 吧？

2 運用遷移學習來分類影像

前一章所介紹的 simple 與 camera 這兩款 TensorFlow iOS 範例 app，以及 TF Classify 這個 Android app 都是使用 Inception v1 模型，這是由 Google 所公開的一款預先訓練之影像分類深度神經網路模型。這款模型是針對 ImageNet（http://image-net.org）來訓練，這是一個非常知名的超大型影像資料庫，擁有超過一千萬張已標好所屬物件類別的影像。Inception 模型可將影像分類到高達 1,000 種類別之中，類別總表請參考 http://image-net.org/challenges/LSVRC/2014/browse-synsets。這 1,000 種物件類別包括了相當多的狗狗品種，當然也有其他類型的物體。但是辨識狗狗品種的準確度就不太高，大約 70%，這是因為模型是被訓練來辨識相當大量的物件，而非像是狗狗品種這樣特定集合的物件。

如果我們想要提升準確度，並運用這個改良後的模型來打造一個智慧型手機 app，這樣當四處走動時如果看到了一隻讓我們感興趣的狗，就能用這個 app 來告訴我們這是哪一種品種的狗。

本章首先會談談為什麼遷移學習、或重新訓練一個預先訓練好的深度學習模型，對於影像分類任務來說是最有效又省力的作法。接著會示範如何重新訓練一些最厲害的影像分類模型搭配一個還不錯的狗狗影像資料集，以及如何將這個重新訓練後的模型部署並執行在第 1 章的範例 iOS 與 Android app 上。另外也會一步一步示範如何在 iOS（Objective-C 或 Swift 都可以）與 Android app 中加入 TensorFlow。

本章內容如下：

- 何謂遷移學習，為什麼要使用它
- 使用 Inception v3 模型來重新訓練
- 使用 MobileNet 模型來重新訓練
- 在範例 iOS app 中使用重新訓練後的模型
- 在範例 Android app 中使用重新訓練後的模型
- 在你的 iOS app 中加入 TensorFlow
- 在你的 Android app 中加入 TensorFlow

2.1 何謂遷移學習，為什麼要使用它

人類學習新事物的方式並非從頭開始。不管自身是否意識到，我們都會盡量運用已經學會的東西。AI 中的遷移學習正是試著這樣做——它會從一個已訓練好的大型模型拿一小塊，並將這一小塊用在另一個特定任務的模型上，而不需要大量的訓練資料與運算資源才能訓練一個全新的模型。整體來說，遷移學習在 AI 中還是一個大哉問，因為在很多情況下，我們人類在學習新事物之前只需要非常少量的範例來試誤就有不錯的效果，但換成 AI 的話就需要耗費非常多的時間進行訓練與學習。不過在影像辨識領域中，遷移學習已證實是非常有效率的方法。

目前用於影像辨識的深度學習模型基本上就是一個深度神經網路，或者更明確說，一個多層的深度**卷積神經網路**（**convolutional Neural Network, CNN**）。這類 CNN 的較低層會負責去學習與辨識較低階的特徵，像是影像的邊緣、輪廓與某個部分，而最後一層則是決定影像要歸類到哪個類別。對於像是狗狗品種或是花卉種類這樣不同類型的物件，就不需要重新學習網路較低層的參數或權重了。事實上，從頭重新學習一個用於影像辨識的主流 CNN 之所有權重（一般來說都是好幾百萬個以上）可能需要好幾個禮拜。以影像分類來說，遷移學習只需要使用目標的一組影像來重新訓練這類 CNN 的最後一層，而其他所有層的權重都維持不變，這樣通常不到一小時就能達到與從頭訓練整個網路（耗時數週）相同的準確度。

遷移學習的第二個好處是只需要相當少量的訓練資料，就能重新訓練 CNN 的最後一層。如果要從頭訓練深度 CNN 那些以百萬計的參數時，就會需要超大量的訓練資料。例如對我們的狗狗品種重新訓練作業來說，各種狗的品種只需要各自大約 100 張就能建置出一個比原本的影像分類模型更厲害的狗狗品種分類模型。

> **info**
>
> 如果你對於 CNN 還不太熟的話，請參考 Stanford CS231n course ***CNN for Visual Recognition***（`http://cs231n.stanford.edu`），其中的教學影片與講義可說是最棒的資源之一。另一個很棒的 CNN 教學是 *Michael Nielsen* 的線上教學「*Neural Networks and Deep Learning*」：`http://neuralnetworksanddeeplearning.com/chap6.html#introducing_convolutional_networks`

接下來兩節中會用到兩款很厲害的預先訓練好的 TensorFlow CNN 模型，還有一個狗狗品種資料集，藉此重新訓練一個效果更好的狗狗品種辨識模型。第一款模型是 Inception v3，比 Inception v1 更加準確，不但準確度最佳化也可處理更大的檔案。另一款模型則是 MobileNet，針對適用於行動裝置的神經網路大小與效率進行最佳化。支援 TensorFlow 的預先訓練模型清單請參考以下網址：`https://github.com/tensorflow/models/tree/master/research/slim#pre-trained-models`

2.2 使用 Inception v3 模型來重新訓練

在上一章所設定完成的 TensorFlow 原始路徑中有一個 Python 腳本，路徑為 `tensorflow/examples/image_retraining/retrain.py`，可用來重新訓練 Inception v3 或 MobileNet 模型。再執行這個腳本重新訓練 Inception v3 模型來辨識狗狗品種，請先下載 Stanford Dogs 資料集（`http://vision.stanford.edu/aditya86/ImageNetDogs`），其中包含了 120 種不同品種的狗狗影像（只要下載連接中的影像就好，不需下載標註檔）。

把下載的 images.tar 檔案解壓縮到 ~/Downloads 資料夾中。應該可在 ~/Downloads/Images 中看到一堆資料夾，如下圖。每個資料夾都對應到一種狗的品種並有大約 150 張影像（不需要幫這些影像另外指定標籤，因為已經使用資料夾名稱來標記資料夾中的影像了）：

圖 2.1　Dogset 影像，使用資料夾或狗狗品種標籤來區分

你可以直接下載這個資料集並在 Mac 系統上執行 retrain.py，這支程式搭配相對迷你的資料集（總共約 20,000 張）不需太久的時間（應該不用一小時），況且如果你是用上一章所提到的具備 GPU 的 Ubuntu 系統來跑的話，只要幾分鐘就搞定。再者，如果要在 Mac 上重新訓練一個較大的影像資料集可能要好幾個小時甚至一整天，這樣一來就有必要在具備 GPU 的機器上來執行了。

假設你已經建立了 /tf_file 與 /tf_file/dogs_bottleneck 目錄的話，請用以下指令來重新訓練模型：

```
python tensorflow/examples/image_retraining/retrain.py
--model_dir=/tf_files/inception-v3
--output_graph=/tf_files/dog_retrained.pb
--output_labels=/tf_files/dog_retrained_labels.txt
--image_dir ~/Downloads/Images
--bottleneck_dir=/tf_files/dogs_bottleneck
```

簡單說明以下五個參數：

- `--model_dir`：指定當執行 `retrain.py` 時，下載 Inception v3 模型後的存放路徑，如果檔案已存在就可忽略。
- `--output_graph`：指定重新訓練後的模型名稱與路徑。
- `--output_labels`：為一個包含影像資料集中資料夾（標籤）名稱的檔案，後續會用於重新訓練後的模型來分類新的影像。
- `--image_dir`：代表用來重新訓練 Inception v3 模型的影像資料集路徑。
- `--bottleneck_dir`：用來快取在瓶頸層（也就是最終層的前一層）所產生的結果；最終層會運用這些結果來進行分類。在重新訓練的過程中，每張影像都會被運用多次，但影像的瓶頸值則維持不變，就算之後再次重新訓練也一樣不變。首次執行因為需要產生瓶頸層的結果，執行時間會明顯比較久。

在重新訓練的過程中，每經過 10 個步驟會看到 3 個數值，總共有 4,000 個步驟。頭尾 20 個步驟與最終準確度如下：

```
INFO:tensorflow:2018-01-03 10:42:53.127219: Step 0: Train accuracy = 21.0%
INFO:tensorflow:2018-01-03 10:42:53.127414: Step 0: Cross entropy =
4.767182
INFO:tensorflow:2018-01-03 10:42:55.384347: Step 0: Validation accuracy =
3.0% (N=100)
INFO:tensorflow:2018-01-03 10:43:11.591877: Step 10: Train accuracy = 34.0%
INFO:tensorflow:2018-01-03 10:43:11.592048: Step 10: Cross entropy =
4.704726
INFO:tensorflow:2018-01-03 10:43:12.915417: Step 10: Validation accuracy =
22.0% (N=100)
...
...
INFO:tensorflow:2018-01-03 10:56:16.579971: Step 3990: Train accuracy =
93.0%
INFO:tensorflow:2018-01-03 10:56:16.580140: Step 3990: Cross entropy =
0.326892
INFO:tensorflow:2018-01-03 10:56:16.692935: Step 3990: Validation accuracy
= 89.0% (N=100)
INFO:tensorflow:2018-01-03 10:56:17.735986: Step 3999: Train accuracy =
93.0%
```

```
INFO:tensorflow:2018-01-03 10:56:17.736167: Step 3999: Cross entropy =
0.379192
INFO:tensorflow:2018-01-03 10:56:17.846976: Step 3999: Validation accuracy
= 90.0% (N=100)
INFO:tensorflow:Final test accuracy = 91.0% (N=2109)
```

訓練準確度代表神經網路對於訓練影像的分類準確度，而驗證準確度則代表神經網路對於未用於訓練影像的分類準確度。因此就模型準確度來說，驗證準確度是更為可靠的衡量標準。這個值一般來說會比訓練準確度稍微低一點但不會低太多，如果訓練順利收斂的話，代表這個訓練好的模型沒有過擬合（overfitting）也沒有擬合不足（underfitting）等問題。

如果訓練準確度很高，但驗證準確度則相對低的話，代表模型發生了過擬合情形；反之，如果訓練準確度過低的話，代表模型擬合不足。再者，損失函數採用二元交叉熵，且如果重新訓練過程順利，這個值整體來說會愈來愈小。最後，測試準確度是根據從未被用於訓練或驗證的影像來進行，一般來說這是用於判斷模型重新訓練成果好壞的最精確指標。

根據上述的輸出畫面，在重新訓練過程最後的驗證準確度已接近訓練準確度（分別為 90% 與 93%，相較於一開始的 3% 與 21%），而最終測試準確度為 91%。交叉熵值也從一開始的 4.767 一路下降到最後的 0.379。因此我們現在已經重新訓練好了一個相當不錯的狗狗品種辨識模型了。

info

如果想進一步提升準確度，你可以調整 retrain.py 的其他參數，例如訓練步驟數量（--how_many_training_steps）、學習率（--learning_rate）與資料增強（--flip_left_right, --random_crop, --random_scale, --random_brightness）等等。

一般來說，這個過程相當無趣，根據吳恩達（Andrew Ng）這位最知名的深度學習專家在 ***Nuts and Bolts of Applying Deep Learning*** 講座的說法，就是要做很多「髒活」（影片請參考：https://www.youtube.com/watch?v=F1ka6a13S9I）。

label_image 這支 Python 程式碼可快速用其他影像（例如 /tmp/lab1.jpg 中的 Labrador Retriever 影像）來測試這個重新訓練後的模型，請先建置再執行它，如下指令：

```
bazel build tensorflow/examples/image_retraining:label_image

bazel-bin/tensorflow/examples/label_image/label_image
--graph=/tf_files/dog_retrained.pb
--image=/tmp/lab1.jpg
--input_layer=Mul
--output_layer=final_result
--labels=/tf_files/dog_retrained_labels.txt
```

你會看到類似下圖的前五高分類結果，但由於網路會隨機變動，有可能結果不會完全相同：

```
n02099712 labrador retriever (41): 0.75551
n02099601 golden retriever (64): 0.137506
n02104029 kuvasz (76): 0.0228538
n02090379 redbone (32): 0.00943663
n02088364 beagle (20): 0.00672507
```

--input_layer（Mul）與 --output_layer（final_result）這兩個參數相當重要——它們必須與用於分類模型中的定義值完全相同。如果你想知道如何取得這些參數（例如從 dog_retrained.pb 這個 graph 檔），有兩個不錯的 TensorFlow 工具可以派上用場。第一個剛好就叫做 summarize_graph，以下是建置與執行方法：

```
bazel build tensorflow/tools/graph_transforms:summarize_graph

bazel-bin/tensorflow/tools/graph_transforms/summarize_graph --
in_graph=/tf_files/dog_retrained.pb
```

會看到類似以下的結果：

```
No inputs spotted.
No variables spotted.
Found 1 possible outputs: (name=final_result, op=Softmax)
```

```
Found 22067948 (22.07M) const parameters, 0 (0) variable parameters, and
99 control_edges
Op types used: 489 Const, 101 Identity, 99 CheckNumerics, 94 Relu, 94
BatchNormWithGlobalNormalization, 94 Conv2D, 11 Concat, 9 AvgPool, 5
MaxPool, 1 DecodeJpeg, 1 ExpandDims, 1 Cast, 1 MatMul, 1 Mul, 1
PlaceholderWithDefault, 1 Add, 1 Reshape, 1 ResizeBilinear, 1 Softmax, 1
Sub
```

還有一個可能的輸出，叫做 final_result。但討厭的是 summarize_graph 工具有時候不會告訴我們輸入名稱，因為它搞不清楚用於訓練的節點名稱。當用於訓練的節點被修剪之後（等等就會提到），summarize_graph 工具才會回傳正確的輸入名稱。另一個工具則是 **TensorBoard**，可以更完整地描述模型的 graph。如果你是從二元碼來安裝 TensorFlow 的話，應該可以直接執行 TensorBoard，其預設安裝路徑為 /usr/local/bin。但如果你是按照之前章節的安裝作法，請根據以下指令來建置 TensorBoard：

```
git clone https://github.com/tensorflow/tensorboard
cd tensorboard/
bazel build //tensorboard
```

現在請確認 /tmp/retrained_logs 這個目錄已經存在（它會在執行 retrain.py 之後自動產生），接著執行：

```
bazel-bin/tensorboard/tensorboard --logdir/tmp/retrain_logs
```

接著在網路瀏覽器開啟 `http://localhost:6006`，會先看到準確度 graph，如下圖：

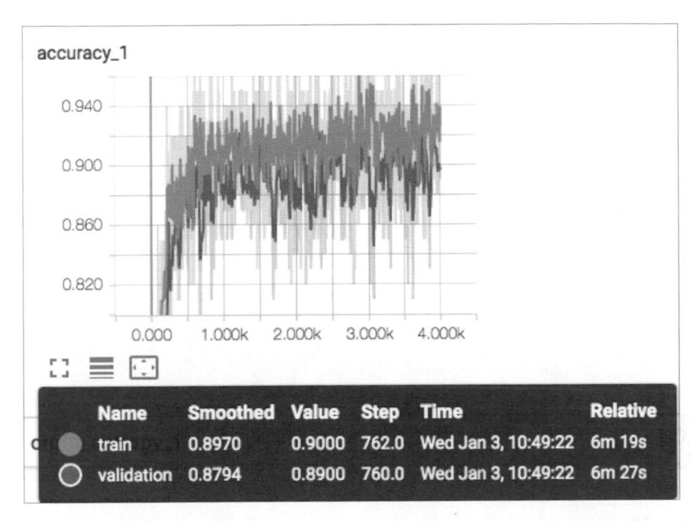

圖 2.2　重新訓練後的 Inception v3 模型之訓練與驗證準確度

下圖的 `cross_entropy` graph 與之前執行 `retrain.py` 的輸出結果是一樣的：

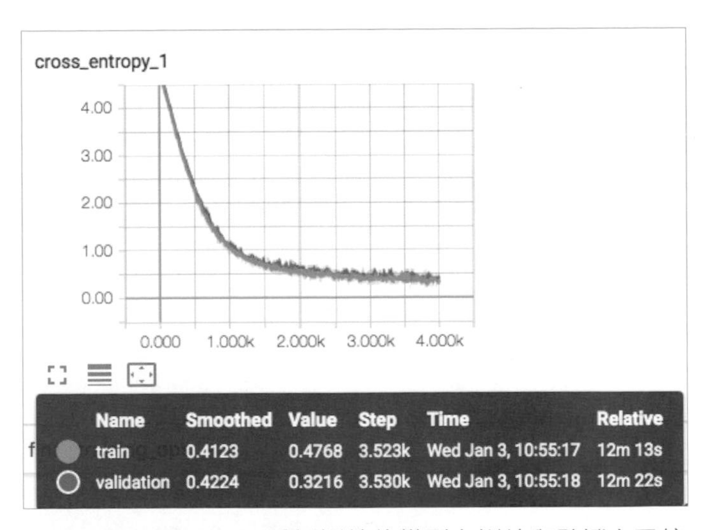

圖 2.3　Inception v3 重新訓練後模型之訓練與驗證交叉熵

按一下 **GRAPHS** 標籤，會看到一個名為 **Mul** 與另一個名為 **final_result** 的運算，如下圖：

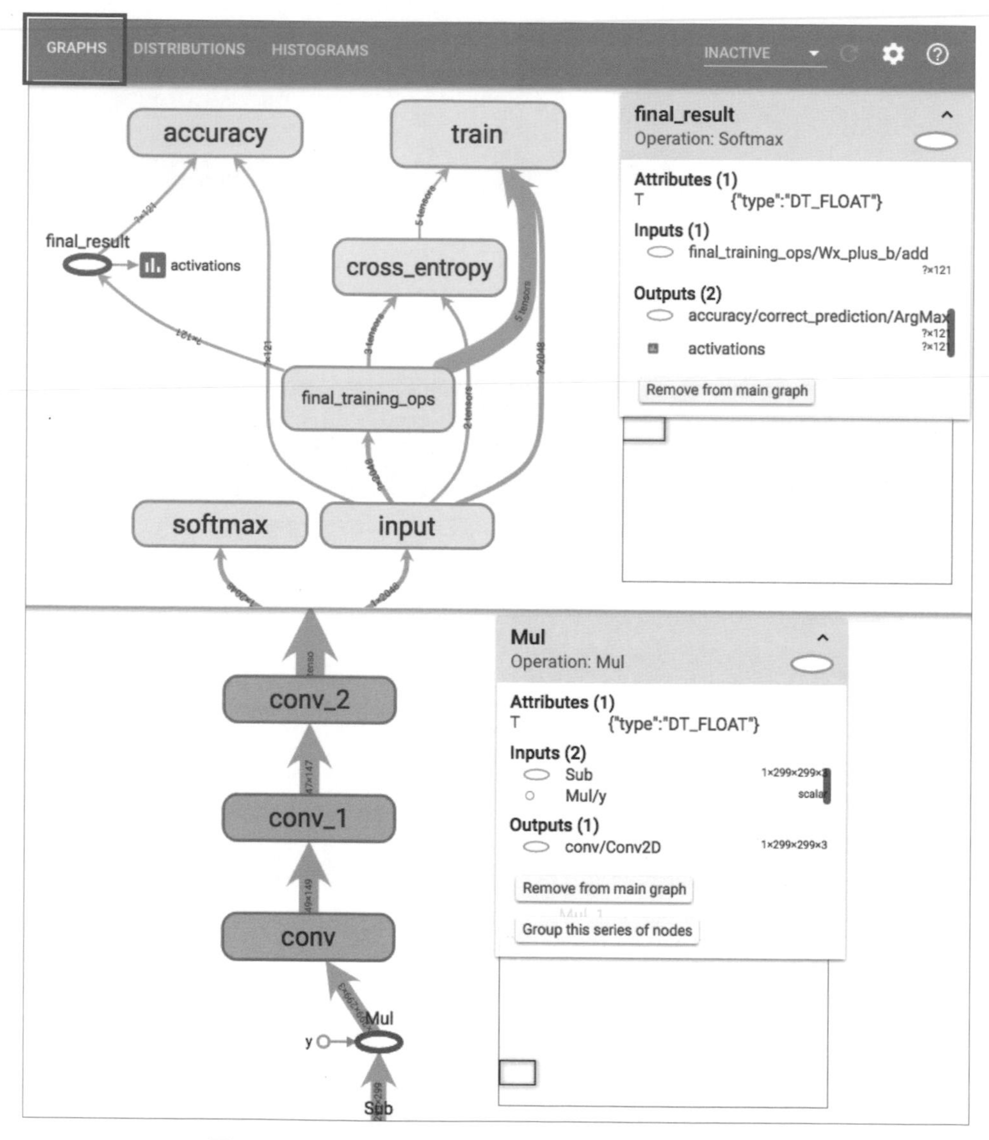

圖 2.4　重新訓練後模型的 Mul 與 final_result 節點

如果你希望與 TensorFlow 來點互動的話，可以試試看以下指令來尋找輸入層與輸出層的名稱，如以下 iPython 指令：

```
In [1]: import tensorflow as tf
In [2]: g=tf.GraphDef()
In [3]: g.ParseFromString(open("/tf_files/dog_retrained.pb", "rb").read())
In [4]: x=[n.name for n in g.node]
In [5]: x[-1:]
Out[5]: [u'final_result']
```

請注意，由於節點順序可能不同，上述程式碼不一定都能順利執行，但它常用來檢視你所需要的驗證資訊。

再來，要討論如何進一步修改這個重新訓練後的模型，好讓其可以部署在各種行動裝置上並順利執行。dog_retrained.pb 這個重新訓練後的模型檔太大了，大約 80 MB，要經過兩個最佳化步驟才能將其部署在行動裝置上：

1. **修剪未使用的節點**：移除模型中那些只有在訓練中會用到，但後續推論時就不需要的那些節點。
2. **模型量化**：將模型參數中所有的 32 位元浮點數轉換為 8 位元值。這會把模型縮小為原本的 25%，但推論準確度仍可保持不變。

info

TensorFlow 原廠文件有更多關於模型量化的運作原理：
https://www.tensorflow.org/performance/quantization

剛好有兩種方法來完成上述兩件事：較早期的作法是 strip_unused 工具，而新做法則是採用 transform_graph 這套工具。

現在看看傳統方式的作法：請先執行以下指令來建立一個模型，其中所有沒用到的節點都會被修剪掉：

```
bazel build tensorflow/python/tools:strip_unused

bazel-bin/tensorflow/python/tools/strip_unused
--input_graph=/tf_files/dog_retrained.pb
--output_graph=/tf_files/stripped_dog_retrained.pb
```

```
--input_node_names=Mul
--output_node_names=final_result
   --input_binary=true
```

如果搭配輸出 graph 來執行上述 Python 程式碼的話，就可以看到正確的輸入層名稱：

```
In [1]: import tensorflow as tf
In [2]: g=tf.GraphDef()
In [3]: g.ParseFromString(open("/tf_files/stripped_dog_retrained.pb",
"rb").read())
In [4]: x=[n.name for n in g.node]
In [5]: x[0]
Out[5]: [u'Mul']
```

執行以下指令來量化模型：

```
python tensorflow/tools/quantization/quantize_graph.py
   --input=/tf_files/stripped_dog_retrained.pb
--output_node_names=final_result
--output=/tf_files/quantized_stripped_dogs_retrained.pb
   --mode=weights
```

完成之後，`quantized_stripped_dogs_retrained.pb` 就可以被部署在你的 iOS 與 Android app 中了，等等就會介紹怎麼做。

另一個刪除未使用節點與量化模型的方法就是使用 `transform_graph` 這個工具。這是 TensorFlow 1.4 之後推薦的新方法，且可搭配 `label_image` 這支 Python 程式，但部署到 iOS 與 Android app 之後還是會造成錯誤的辨識結果。

```
bazel build tensorflow/tools/graph_transforms:transform_graph
bazel-bin/tensorflow/tools/graph_transforms/transform_graph
  --in_graph=/tf_files/dog_retrained.pb
  --out_graph=/tf_files/transform_dog_retrained.pb
  --inputs='Mul'
  --outputs='final_result'
  --transforms='
    strip_unused_nodes(type=float, shape="1,299,299,3")
    fold_constants(ignore_errors=true)
```

```
fold_batch_norms
fold_old_batch_norms
quantize_weights'
```

使用 label_image 這個 Python 程式來測試 quantized_stripped_dogs_retrained.pb 與 transform_dog_retrained.pb 都可正確運作，但只有前者在 iOS 與 Android app 上都能正常運作。

更多關於 graph 轉換工具的詳細文件請參考其 GitHub README：

https://github.com/tensorflow/tensorflow/blob/master/tensorflow/tools/graph_transforms/README.md.

2.3 使用 MobileNet 模型來重新訓練

前一節所產生的刪除並量化之後的模型，其大小依然超過 20 MB。這是因為先前重新訓練的預先建置之 Inception v3 模型本來就是個超大型深度學習模型，參數超過 2 千 5 百萬個，且 Inception v3 一開始就不是以行動裝置為優先考量。

Google 在 2017 年 6 月發表了 MobileNets v1，共有 16 個針對 TensorFlow 的行動裝置優先的深度學習模型。這些模型的大小只有幾 MB，參數數量從 0.47 百萬到 4.24 百萬個，但依然能達到相當不錯的準確度（只比 Inception v3 遜色一點點）。更多資訊請參考其 README：https://github.com/tensorflow/models/blob/master/research/slim/nets/mobilenet_v1.md

上一節介紹的 retrain.py 也可根據 MobileNet 模型來重新訓練，只要執行以下指令即可：

```
python tensorflow/examples/image_retraining/retrain.py
  --output_graph=/tf_files/dog_retrained_mobilenet10_224.pb
  --output_labels=/tf_files/dog_retrained_labels_mobilenet.txt
  --image_dir ~/Downloads/Images
  --bottleneck_dir=/tf_files/dogs_bottleneck_mobilenet
  --architecture mobilenet_1.0_224
```

上述所產生的標籤檔案 dog_retrained_labels_mobilenet.txt 實際上與運用 Inception v3 模型來重新訓練所產生的標籤檔案相同。--architecture 參數用於指定要用 16 個 MobileNet 模型中的哪一個，而 mobilenet_1.0_224 這個參數值代表模型的參數比例為 1.0（其他三個可能的數值為 0.75、0.50 與 0.25，大部分的參數都為 1.0，結果最準確但檔案也最大，0.25 則相反），224 則是輸入影像的大小（其他選項為 192、160 與 128）。如果在 --architecture value 後加入 _quantized 的話，也就是 --architecture mobilenet_1.0_224_quantized，這個模型也會被量化，會讓重新訓練後的模型大小降低為 5.1 MB，而未量化模型的大小則高達 17 MB。

同樣，可用 label_image 這支 Python 程式來測試剛剛產生的模型：

```
bazel-bin/tensorflow/examples/label_image/label_image
--graph=/tf_files/dog_retrained_mobilenet10_224.pb
--image=/tmp/lab1.jpg
--input_layer=input
--output_layer=final_result
--labels=/tf_files/dog_retrained_labels_mobilenet.txt
--input_height=224
--input_width=224
--input_mean=128
--input_std=128

n02099712 labrador retriever (41): 0.824675
n02099601 golden retriever (64): 0.144245
n02104029 kuvasz (76): 0.0103533
n02087394 rhodesian ridgeback (105): 0.00528782
n02090379 redbone (32): 0.0035457
```

請注意在執行 label_image 程式時，input_layer 參數值就是 input。你可用 iPython 互動介面下指令，或用先前介紹過的 summarize graph 工具來找到它：

```
bazel-bin/tensorflow/tools/graph_transforms/summarize_graph
--in_graph=/tf_files/dog_retrained_mobilenet10_224.pb
Found 1 possible inputs: (name=input, type=float(1), shape=[1,224,224,3])
No variables spotted.
Found 1 possible outputs: (name=final_result, op=Softmax)
```

```
Found 4348281 (4.35M) const parameters, 0 (0) variable parameters, and 0
control_edges
Op types used: 92 Const, 28 Add, 27 Relu6, 15 Conv2D, 13 Mul, 13
DepthwiseConv2dNative, 10 Dequantize, 3 Identity, 1 MatMul, 1 BiasAdd, 1
Placeholder, 1 PlaceholderWithDefault, 1 AvgPool, 1 Reshape, 1 Softmax,
1 Squeeze
```

好吧，那麼針對行動裝置的話，如何決定要使用 Inception v3 或 MobileNet 重新訓練後的模型呢？如果想讓準確度愈高愈好，你理應也可以使用一個以 Inception v3 為基礎來重新訓練後的模型。如果速度是你的首要考量，則可考慮使用 MobileNet 重新訓練後的模型，搭配最小的參數比例與輸入影像尺寸，不過代價就是準確度較低。

benchmark_model 這套工具可以對模型算出準確的效能測試。首先，先做建置：

```
bazel build -c opt tensorflow/tools/benchmark:benchmark_model
```

接著，用它來跑一次以 Inception v3 或 MobileNet v1 為基礎並重新訓練之模型：

```
bazel-bin/tensorflow/tools/benchmark/benchmark_model
--graph=/tf_files/quantized_stripped_dogs_retrained.pb
--input_layer="Mul"
--input_layer_shape="1,299,299,3"
--input_layer_type="float"
--output_layer="final_result"
--show_run_order=false
--show_time=false
--show_memory=false
--show_summary=true
```

輸出資訊相當多，最後一行則是 FLOP 估計：11.42 B，代表以 Inception v3 為基礎的重新訓練模型大約要 11 B FLOPS（浮點數運算）來完成一次推論。iPhone 6 執行速度約 2 B FLOPS，因此要 5–6 秒才能讓 iPhone 6 執行一次 模型，其它更新款的手機可以跑到 10 B FLOPS。

把 graph 檔換成以 MobileNet 模型為基礎之重新訓練模型（dog_retrained_mobilenet10_224.pb）再重新跑一次 benchmark，會看到 FLOPS 估計變成大約 1.14 B 左右，快了近 10 倍呢！

2.4 在範例 iOS app 中使用重新訓練後的模型

第 1 章裡的 iOS simple 範例採用的是 Inception v1 模型。為了讓這個 app 能運用重新訓練後的 Inception v3 與 MobileNet 模型來做到更精準的狗狗品種辨識，需要稍微修改一下才行。在此先介紹要把重新訓練後的 quantized_stripped_dogs_retrained.pb 加入 iOS simple app 中所需的步驟：

1. 在 tensorflow/examples/ios/simple 資料夾中對 tf_simple_example.xcworkspace 檔案點兩下，在 Xcode 中開啟這個 app。
2. 找到先前用於測試 label_image 程式的 quantized_stripped_dogs_retrained.pb 模型檔、dog_retrained_labels.txt 標籤檔與 lab1.jpg 影像檔，將這些檔案拖放至專案的 data 資料夾，請確認 **Copy items if needed** 與 **Add to targets** 等選項都已勾選，如下圖所示：

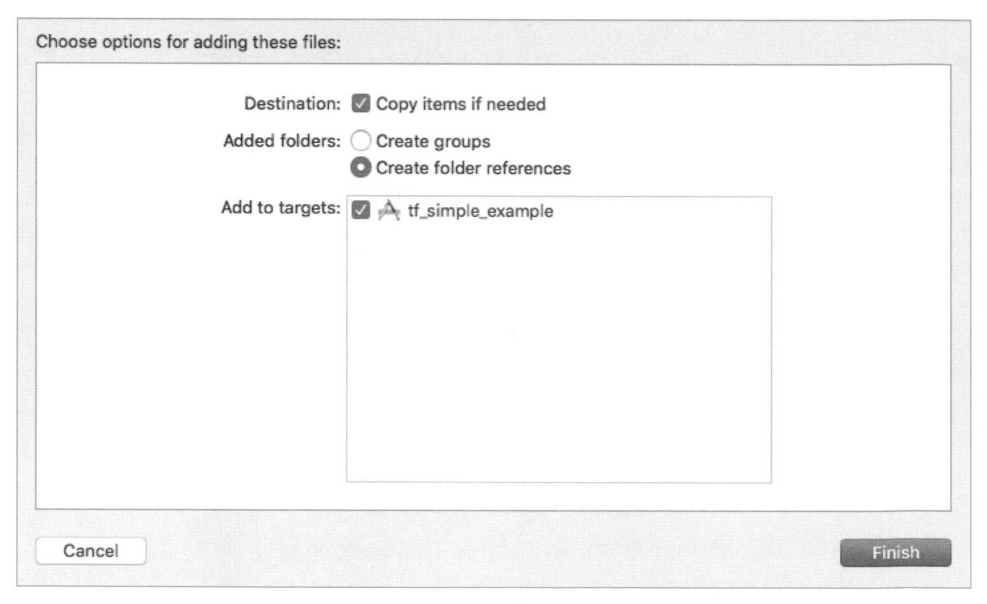

圖 2.5　把重新訓練後的模型檔與標籤檔加入 app 中

3. 在 Xcode 中點選 RunModelViewController.mm 檔，它會使用 TensorFlow C++ API 來處理輸入影像，將影像送入 Inception v1 模型並取得影像分類結果，並修改以下項目：

```
NSString* network_path =
FilePathForResourceName(@"tensorflow_inception_graph", @"pb");
NSString*labels_path =
FilePathForResourceName(@"imagenet_comp_graph_label_strings", @"txt");
NSString* image_path = FilePathForResourceName(@"grace_hopper", @"jpg");
```

還需要正確的模型檔名、標籤檔名與測試影像檔名：

```
NSString* network_path =
FilePathForResourceName(@"quantized_stripped_dogs_retrained", @"pb");
NSString* labels_path =
FilePathForResourceName(@"dog_retrained_labels", @"txt");
NSString* image_path = FilePathForResourceName(@"lab1", @"jpg");
```

4. 另外在 `RunModelViewController.mm` 中，為了符合 Inception v3（由 v1 而來）重新訓練後模型所要求的輸入影像尺寸，請把 `const int wanted_width = 224;` 與 `const int wanted_height = 224;` 中的 `244` 改為 `299`。另外 `const float input_mean = 117.0f;` 與 `const float input_std = 1.0f;` 這兩行的數值則都改為 `128.0f`。

5. 修改輸入與輸出節點名稱，以下是原本的值：

```
std::string input_layer = "input";
std::string output_layer = "output";
```

改為：

```
std::string input_layer = "Mul";
std::string output_layer = "final_result";
```

6. 最後是編輯 `dog_retrained_labels.txt` 檔，請移除每一列最前面的 nxxxx 字串（例如，刪除 `n02099712 labrador retriever` 中的 `n02099712`）——Mac 系統的作法是按住 option 按鍵，接著就能不連續選擇所要的項目並刪除——這樣可讓辨識結果更容易閱讀。

執行這個 app 並按下 **Run Model** 按鈕，在 Xcode console 視窗或 app 的文字編輯盒中會看到以下辨識結果，與執行 `label_image` 程式的結果相當一致：

```
Predictions: 41 0.645 labrador retriever
64 0.195 golden retriever
```

```
76 0.0261 kuvasz
32 0.0133 redbone
20 0.0127 beagle
```

如果要運用 MobileNet（mobilenet_1.0_224_quantized）所重新訓練之模型 dog_retrained_mobilenet10_224.pb，步驟與之前的差不多。在步驟 2 與 3 中一樣是使用 dog_retrained_mobilenet10_224.pb，但在步驟 4，需要確認 const int wanted_width = 224; 且 const int wanted_height = 224; 要修改的地方為 const float input_mean 與 const float input_std 都改為 128。最後在步驟 5 中需要使用 std::string input_layer = "input"; 以及 std::string output_layer = "final_result";。這些參數與 label_image 程式碼搭配 dog_retrained_mobilenet10_224.pb 中的參數是一樣的。

再次執行這個 app，你會看類似的最高辨識結果。

2.5 在範例 Android app 中使用重新訓練後的模型

在 Android 的 TF Classify app 要運用重新訓練後的 Inception v3 模型與 MobileNet 模型也相當直觀。請根據以下步驟來測試這兩個重新訓練後的模型：

1. 使用 Android Studio 開啟範例 TensorFlow Android app，路徑為 tensorflow/examples/android。

2. 把兩個重新訓練後的模型：quantized_stripped_dogs_retrained.pb 與 dog_retrained_mobilenet10_224.pb，以及 dog_retrained_labels.txt 標籤檔放到專案的 assets 資料夾中。

3. 開啟 ClassifierActivity.java，在此要設定使用 Inception v3 重新訓練後的模型，並找到以下程式碼：

```
private static final int INPUT_SIZE = 224;
private static final int image_MEAN = 117;
```

```
private static final float image_STD = 1;
private static final String INPUT_NAME = "input";
private static final String OUTPUT_NAME = "output";
```

改為：

```
private static final int INPUT_SIZE = 299;
private static final int image_MEAN = 128;
private static final float image_STD = 128;
private static final String INPUT_NAME = "Mul";
private static final String OUTPUT_NAME = "final_result";
private static final String MODEL_FILE =
"file:///android_asset/quantized_stripped_dogs_retrained.pb";
private static final String LABEL_FILE =
"file:///android_asset/dog_retrained_labels.txt";
```

4. 如果要使用 MobileNet 所重新訓練後的模型，請把步驟 3 的程式碼改為以下：

```
private static final int INPUT_SIZE = 224;
private static final int image_MEAN = 128;
private static final float image_STD = 128;
private static final String INPUT_NAME = "input";
private static final String OUTPUT_NAME = "final_result";
private static final String MODEL_FILE =
"file:///android_asset/dog_retrained_mobilenet10_224.pb";
private static final String LABEL_FILE =
"file:///android_asset/dog_retrained_labels.txt";
```

5. 將實體 Android 裝置接上電腦並執行這個 app。點選 TF Classify app 圖示，將手機的照相機對準一些狗狗的照片，就可以在手機畫面上看到辨識結果。

這就是在 TensorFlow 的 iOS 與 Android 範例 app 中運用這兩個重新訓練後模型所需的步驟。你現在已經知道如何在範例 app 中使用自行重新訓練後的模型了，後續可能還想知道如何把 TensorFlow 加入一個全新或現成的 iOS 或 Android app，這樣就能在你的行動 app 中加入 AI 的威力了！之後的章節會深入討論這件事。

2.6 在 iOS app 中加入 TensorFlow

在較早版本的 TensorFlow 中，要在 app 中加入 TensorFlow 相當囉唆，需要手動建置 TensorFlow 與很多繁瑣的設定。在 TensorFlow 1.4 之後的作法就直觀多了，不過 TensorFlow 網站上關於詳細的步驟講得不是太清楚。另外一個遺漏的地方是網站對於如何將 TensorFlow 加入由 Swift 所開發的 iOS app 的相關文件不足；範例 TensorFlow iOS app 都是以 Objective-C 語言來呼叫 TensorFlow 的 C++ API。來看看如何改善這個問題吧。

在 Objective-C iOS app 中加入 TensorFlow

首先請根據以下步驟將用於影像分類的 TensorFlow 加入你的 Objective-C iOS app 中（在此會新建一個 app，但如果你是要把 TensorFlow 加入現有的 app 的話，請跳過第一步）：

1. 在 Xcode 中點選 **File | New | Project...**，點選 **Single View App**，接著按下 **Next**。**Product Name** 請輸入 `HelloTensorFlow`、**Language** 設為 **Objective-C**，接著點選 **Next** 並選擇專案路徑，最後按下 **Create**。關閉 Xcode 的專案視窗（由於會用到 pod 所以之後會直接開啟專案的 workspace 檔）。

2. 開啟新的終端機視窗，`cd` 到你的專案路徑，建立一個名為 `Podfile` 的檔案，輸入內容如下：

```
target 'HelloTensorFlow'
pod 'TensorFlow-experimental'
```

3. 執行 `pod install` 指令來下載並安裝 TensorFlow pod。

4. 在 Xcode 中開啟 `HelloTensorFlow.xcworkspace` 檔，將這兩個用於載入影像的檔案（`ios_image_load.mm` 與 `ios_image_load.h`）從 TensorFlow iOS sample 目錄（`directory tensorflow/examples/ios/simple`）拖放到 `HelloTensorFlow` 專案資料夾中。

5. 將 `quantized_stripped_dogs_retrained.pb` 與 `dog_retrained_mobilenet10_`

224.pb 這兩個模型檔、dog_retrained_labels.txt 標籤檔與一些測試用的影像檔案拖放到專案資料夾中——完成後內容如下：

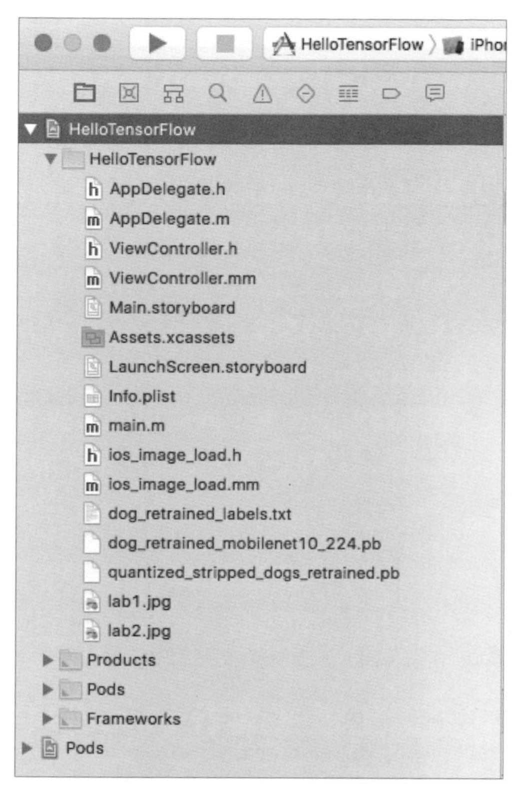

圖 2.6　加入 utility 檔、模型檔、標籤檔與測試用的影像檔

6. 把 ViewController.m 改名為 ViewController.mm，因為這個檔案中會混用 C++ 與 Objective-C 程式碼來呼叫 TensorFlow C++ API、處理輸入影像並取得推論結果。接著在 @interface ViewController 加入以下內容：

```
#include <fstream>
#include <queue>
#include "tensorflow/core/framework/op_kernel.h"
#include "tensorflow/core/public/session.h"
#include "ios_image_load.h"

NSString* RunInferenceOnImage(int wanted_width, int wanted_height,
std::string input_layer, NSString *model);
```

7. 在 ViewController.mm 的最後加入以下程式碼，來源是 tensorflow/example/ios/simple/RunModelViewController.mm，但稍微修改了 RunInferenceOnImage 函式內容，使其可以接受不同輸入大小與輸入層名稱的重新訓練後模型：

```
namespace {
    class IfstreamInputStream : public
::google::protobuf::io::CopyingInputStream {
...
static void GetTopN(
...
bool PortableReadFileToProto(const std::string& file_name,
...
NSString*FilePathForResourceName(NSString* name, NSString*
extension) {
...
NSString* RunInferenceOnImage(int wanted_width, int wanted_height,
std::string input_layer, NSString *model) {
```

8. 一樣是在 ViewController.mm 中，在 viewDidLoad 方法的最末段加入這段程式碼，加入標籤讓使用者知道這個 app 的功能：

```
UILabel *lbl = [[UILabel alloc] init];
[lbl setTranslatesAutoresizingMaskIntoConstraints:NO];
lbl.text = @"Tap Anywhere";
[self.view addSubview:lbl];
```

接著加入相關限制來將標籤置中：

```
NSLayoutConstraint *horizontal = [NSLayoutConstraint
constraintWithItem:lbl attribute:NSLayoutAttributeCenterX
relatedBy:NSLayoutRelationEqual toItem:self.view
attribute:NSLayoutAttributeCenterX multiplier:1 constant:0];

NSLayoutConstraint *vertical = [NSLayoutConstraint
constraintWithItem:lbl attribute:NSLayoutAttributeCenterY
relatedBy:NSLayoutRelationEqual toItem:self.view
attribute:NSLayoutAttributeCenterY multiplier:1 constant:0];
```

```
[self.view addConstraint:horizontal];
[self.view addConstraint:vertical];
```

最後加入一個點擊手勢辨識器：

```
UITapGestureRecognizer *recognizer = [[UITapGestureRecognizer
alloc] initWithTarget:self action:@selector(tapped:)];
[self.view addGestureRecognizer:recognizer];
```

9. 在點擊處理器中，首先產生兩個 alert 動作讓使用者可以選擇一個重新訓練後的模型：

```
UIAlertAction* inceptionV3 = [UIAlertAction
actionWithTitle:@"Inception v3 Retrained Model"
style:UIAlertActionStyleDefault handler:^(UIAlertAction * action) {
        NSString *result = RunInferenceOnImage(299, 299, "Mul",
@"quantized_stripped_dogs_retrained");
        [self showResult:result];
}];
UIAlertAction* mobileNet = [UIAlertAction
actionWithTitle:@"MobileNet 1.0 Retrained Model"
style:UIAlertActionStyleDefault handler:^(UIAlertAction * action) {
        NSString *result = RunInferenceOnImage(224, 224, "input",
@"dog_retrained_mobilenet10_224");
        [self showResult:result];
}];
```

再建立一個 none 動作，把先前的三個 alert 動作加入警告控制器中並呈現出來：

```
UIAlertAction* none = [UIAlertAction actionWithTitle:@"None"
style:UIAlertActionStyleDefault
        handler:^(UIAlertAction * action) {}];

UIAlertController* alert = [UIAlertController
alertControllerWithTitle:@"Pick a Model" message:nil
preferredStyle:UIAlertControllerStyleAlert];
[alert addAction:inceptionV3];
[alert addAction:mobileNet];
```

```
[alert addAction:none];
[self presentViewController:alert animated:YES completion:nil];
```

10. 推論結果會顯示在 showResult 方法中的另一個警告控制器中：

```
-(void) showResult:(NSString *)result {
    UIAlertController* alert = [UIAlertController
alertControllerWithTitle:@"Inference Result" message:result
preferredStyle:UIAlertControllerStyleAlert];
    UIAlertAction* action = [UIAlertAction actionWithTitle:@"OK"
style:UIAlertActionStyleDefault handler:nil];
    [alert addAction:action];
    [self presentViewController:alert animated:YES completion:nil];
}
```

呼叫 TensorFlow 的關鍵程式碼在 RunInferenceOnImage 方法中，以 TensorFlow iOS simple app 為基礎並稍微修改一下，其中首先建立了一個 TensorFlow session 與一個 graph：

```
tensorflow::Session* session_pointer = nullptr;
tensorflow::Status session_status = tensorflow::NewSession(options,
&session_pointer);
...
std::unique_ptr<tensorflow::Session> session(session_pointer);
tensorflow::GraphDef tensorflow_graph;
NSString* network_path =FilePathForResourceName(model, @"pb");
PortableReadFileToProto([network_path UTF8String], &tensorflow_graph);
tensorflow::Status s = session->Create(tensorflow_graph);
```

接著載入標籤檔與影像檔，接著把影像資料轉換為合適的 Tensor 資料：

```
NSString*labels_path =FilePathForResourceName(@"dog_retrained_labels",
@"txt");
...
NSString* image_path =FilePathForResourceName(@"lab1", @"jpg");
std::vector<tensorflow::uint8> image_data = LoadImageFromFile([image_path
UTF8String], &image_width, &image_height, &image_channels);
tensorflow::Tensor image_tensor(tensorflow::DT_FLOAT,
tensorflow::TensorShape({1, wanted_height, wanted_width, wanted_
```

```
channels}));
auto image_tensor_mapped = image_tensor.tensor<float, 4>();
tensorflow::uint8* in = image_data.data();
float* out = image_tensor_mapped.data();
for (int y = 0; y < wanted_height; ++y) {
    const int in_y = (y * image_height) / wanted_height;
...
}
```

最後，使用影像 tensor 資料與輸入層名稱來呼叫 TensorFlow session 的 `run` 方法來取得所回傳的輸出結果。經過處理之後，取得高於閾值之前五高分的結果與信心值：

```
std::vector<tensorflow::Tensor> outputs;
tensorflow::Status run_status = session->Run({{input_layer,
image_tensor}},{output_layer}, {}, &outputs);
...
tensorflow::Tensor* output = &outputs[0];
const int kNumResults = 5;
const float kThreshold = 0.01f;
std::vector<std::pair<float, int> > top_results;
GetTopN(output->flat<float>(), kNumResults, kThreshold, &top_results);
```

本書之後會實作不同版本的 `RunInferenceOnxxx` 方法來執行不同輸入的模型。因此如果你對於上述程式還不太理解的話，別擔心，只要多練習幾個 app，你就會知道如何針對新的自製模型找到自己喜歡的推論邏輯。

另外，HelloTensorFlow 的完整 iOS app 已放在本書的 github 上。

現在請用模擬器或實體 iOS 裝置來執行這個 app，首先會跳出以下訊息盒要求你選擇一個重新訓練後的模型：

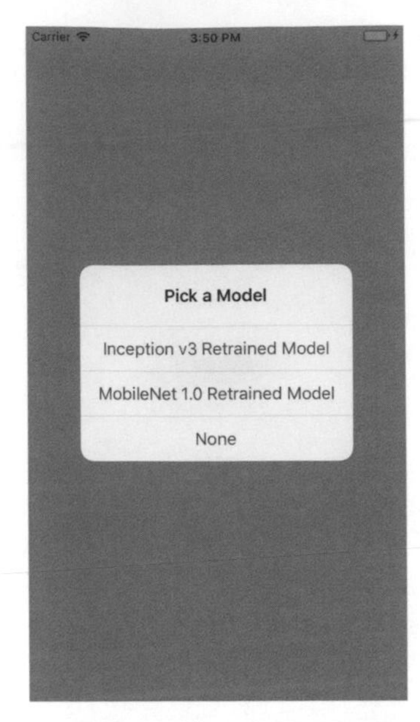

圖 2.7　選擇用於推論的重新訓練後模型

選擇模型之後就會看到推論結果：

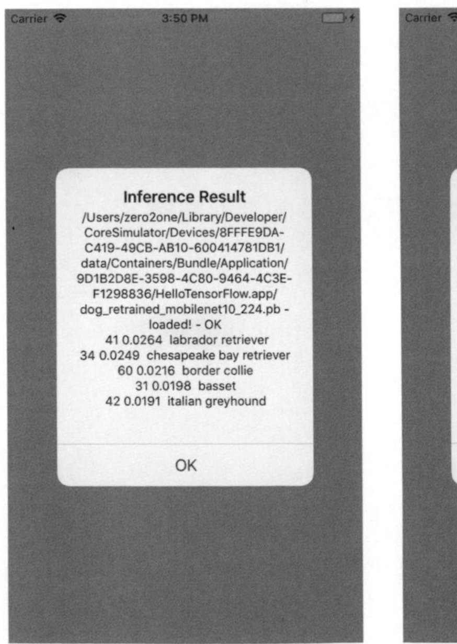

圖 2.8　根據不同的重新訓練後模型得到的推論結果

MobileNet 重新訓練後的模型執行速度會快很多，在 iPhone 6 大約是 1 秒鐘，而 Inception v3 重新訓練後的模型在同一款 iPhone 上執行大約要 7 秒鐘。

在 Swift iOS app 中加入 TensorFlow

自從 2014 年 6 月發布之後，Swift 儼然成為最優雅的現代程式語言了。對開發者來說，把 TensorFlow 加入他們使用 Swift 所開發的各種 iOS app 不但有趣也有實用價值。在此的步驟與之前以 Objective-C 所開發 app 的做法類似，但還是有一些 Swift 相關的小技巧。如果你已經操作過 Objective-C 那一節的話，不難看出有些步驟是重複的，但在此還是為跳過 Objective-C 直接進入 Swift 的讀者們提供完整的步驟：

1. 在 Xcode 中點選 **File | New | Project...**，點選 **Single View App**，接著按下 **Next**。**Product Name** 請輸入 `HelloTensorFlow`、**Language** 設為 **Swift**，接著點選 **Next** 並選擇專案路徑，最後按下 **Create**。關閉 Xcode 的專案視窗（由於會用到 pod 所以之後會直接開啟專案的 workspace 檔）。

2. 開啟新的終端機視窗，`cd` 到你的專案路徑，建立一個名為 `Podfile` 的檔案，輸入內容如下：

```
target 'HelloTensorFlow_Swift'
pod 'TensorFlow-experimental'
```

3. 執行 `pod install` 指令來下載並安裝 TensorFlow pod。

4. 在 Xcode 中開啟 `HelloTensorFlow_Swift.xcworkspace` 檔，將這兩個用於載入影像的檔案（`ios_image_load.mm` 與 `ios_image_load.h`）從 TensorFlow iOS sample 目錄（`directory tensorflow/examples/ios/simple`）拖放到 `HelloTensorFlow_Swift` 專案資料夾中。在把這兩個檔案加入專案時，會看到如下圖的訊息盒，詢問你是否需要設定 Objective-C 橋接標頭，Swift 需要它才能呼叫 C++ 或 Objective-C 程式碼，所以請點選 **Create Bridging Header** 按鈕：

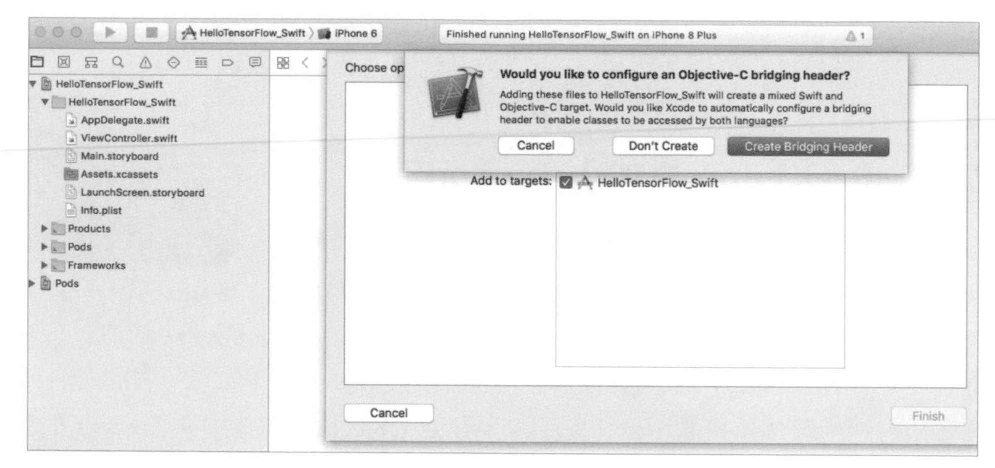

圖 2.9 加入 C++ 檔案時一併建立橋接標頭

5. 將 `quantized_stripped_dogs_retrained.pb` 與 `dog_retrained_mobilenet10_224.pb` 這兩個模型檔、`dog_retrained_labels.txt` 標籤檔與一些測試用的影像檔案拖放到專案資料夾，完成後內容如下：

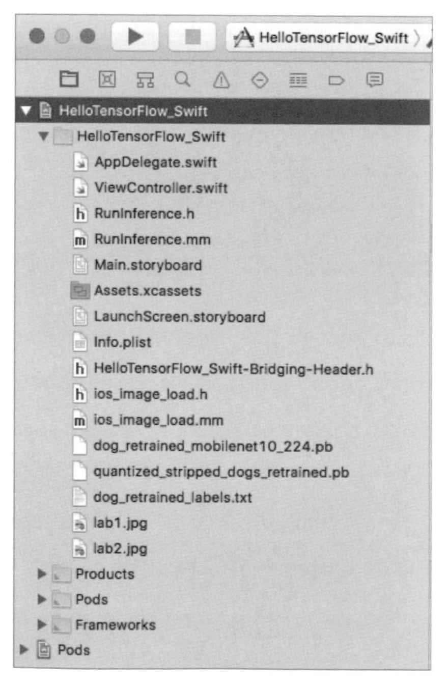

圖 2.10　加入 utility 檔、模型檔、標籤檔與影像檔

6. 新增一個名為 RunInference.h 的檔案，並輸入以下內容（這裡的小技巧是把一個 Objective-C 類別作為下一個步驟中 RunInferenceOnImage 方法的包裝，好讓 Swift 程式來間接呼叫。否則將會發生建置錯誤）：

```
#import <Foundation/Foundation.h>
@interface RunInference_Wrapper : NSObject
    - (NSString *)run_inference_wrapper:(NSString *)name;
@end
```

7. 建立另一個名為 RunInference.mm 的檔案，包含了以下物件與原型：

```
#include <fstream>
#include <queue>
#include "tensorflow/core/framework/op_kernel.h"
#include "tensorflow/core/public/session.h"
#include "ios_image_load.h"

NSString* RunInferenceOnImage(int wanted_width, int wanted_height,
std::string input_layer, NSString *model);
```

8. 在 RunInference.mm 中加入以下內容來實作定義在其 .h 檔中的 RunInference_Wrapper：

```
@implementation RunInference_Wrapper
- (NSString *)run_inference_wrapper:(NSString *)name {
    if ([name isEqualToString:@"Inceptionv3"])
        return RunInferenceOnImage(299, 299, "Mul",
@"quantized_stripped_dogs_retrained");
    else
        return RunInferenceOnImage(224, 224, "input",
@"dog_retrained_mobilenet10_224");
}
@end
```

9. 在 RunInference.mm 的最末段加入與 Objective-C 段落中在 ViewController.mm 中相同的那些方法，但是與 tensorflow/example/ios/simple/RunModelViewController.mm 中的方法還是略有不同：

```
class IfstreamInputStream : public namespace {
```

```
    class IfstreamInputStream : public
::google::protobuf::io::CopyingInputStream {
...
static void GetTopN(
...
bool PortableReadFileToProto(const std::string& file_name,
...
NSString*FilePathForResourceName(NSString* name, NSString*
extension) {
...
NSString* RunInferenceOnImage(int wanted_width, int wanted_height,
std::string input_layer, NSString *model) {
```

10. 開啟 `ViewController.swift` 檔案，在 `viewDidLoad` 方法的末端加入這段程式碼，透過標籤讓使用者知道這個 app 的功能：

```
let lbl = UILabel()
lbl.translatesAutoresizingMaskIntoConstraints = false
lbl.text = "Tap Anywhere"
self.view.addSubview(lbl)
```

接著加入相關限制來將標籤置中：

```
let horizontal = NSLayoutConstraint(item: lbl, attribute: .centerX,
relatedBy: .equal, toItem: self.view, attribute: .centerX,
multiplier: 1, constant: 0)

let vertical = NSLayoutConstraint(item: lbl, attribute: .centerY,
relatedBy: .equal, toItem: self.view, attribute: .centerY,
multiplier: 1, constant: 0)

self.view.addConstraint(horizontal)
self.view.addConstraint(vertical)
```

最後，加入一個點擊手勢辨識器：

```
let recognizer = UITapGestureRecognizer(target: self, action:
#selector(ViewController.tapped(_:)))
self.view.addGestureRecognizer(recognizer)
```

11. 在點擊處理器中，加入一個 alert 動作讓使用者可以選擇 Inception v3 重新訓練後的模型：

```
let alert = UIAlertController(title: "Pick a Model", message: nil,
preferredStyle: .actionSheet)
alert.addAction(UIAlertAction(title: "Inception v3 Retrained
Model", style: .default) { action in
    let result =
RunInference_Wrapper().run_inference_wrapper("Inceptionv3")
    let alert2 = UIAlertController(title: "Inference Result", message:
result, preferredStyle: .actionSheet)
    alert2.addAction(UIAlertAction(title: "OK", style: .default) { action2
in
    })
    self.present(alert2, animated: true, completion: nil)
})
```

接著在呈現之前，建立另一個針對 MobileNet 重新訓練後模型的動作與一個 none 動作：

```
alert.addAction(UIAlertAction(title: "MobileNet 1.0 Retrained
Model", style: .default) { action in
    let result = RunInference_Wrapper().run_inference_wrapper("MobileNet")
    let alert2 = UIAlertController(title: "Inference Result", message:
result, preferredStyle: .actionSheet)
    alert2.addAction(UIAlertAction(title: "OK", style: .default) { action2
in
    })
    self.present(alert2, animated: true, completion: nil)})
alert.addAction(UIAlertAction(title: "None", style: .default) {
action in
})

self.present(alert, animated: true, completion: nil)
```

12. 開啟 HelloTensorFlow_Swift-Bridging-Header.h 檔，並加入這一行：

```
#include "RunInference.h"
```

現在，在模擬器中執行這個 app，會跳出一個警告控制器讓你選擇模型：

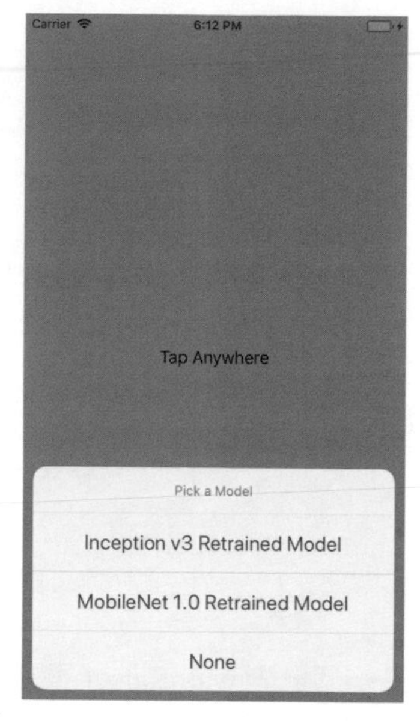

圖 2.11　選擇一個重新訓練後的模型來進行推論

接著會根據不同的重新訓練後模型看到對應的推論結果：

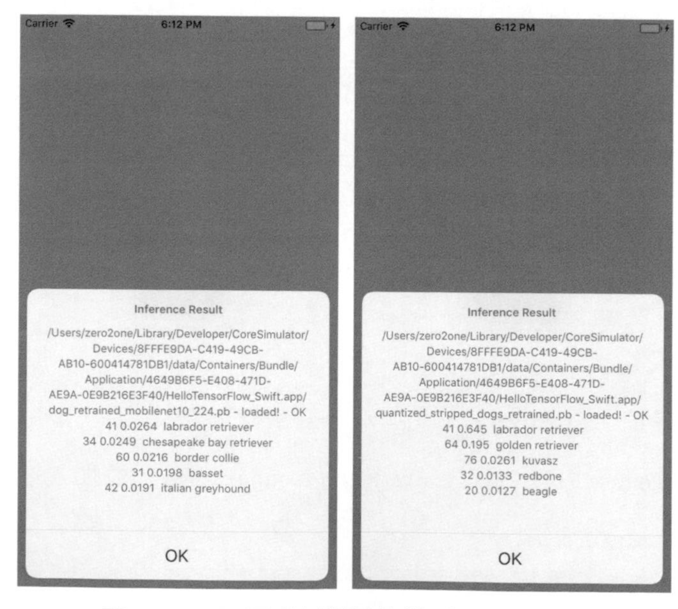

圖 2.12　不同重新訓練後模型之推論結果

好啦！現在你已經知道如何將威力強大的 TensorFlow 模型加入你的 iOS app 中了，不論是用 Objective-C 或 Swift 都做得到，除非換成 Android 平台，不然再也沒有東西可以妨礙你在行動 app 中加入 AI 了。但想必你也清楚我們很快就會搞定 Android，接著看下去吧。

2.7 在 Android app 中加入 TensorFlow

在 Android app 中加入 TensorFlow 比 iOS 簡單多了。請參考以下步驟：

1. 如果你已經建立好一個 Android app，請跳過本步驟。否則請在 Android Studio 點選 **File | New | New Project...**，採用所有預設設定之後按下 **Finish**。

2. 開啟 `build.gradle(Module: app)` 檔案，並在 `dependencies {...};` 的最後與其中加入這一段：`compile 'org.tensorflow:tensorflow-android:+'`

3. 建置 `gradle` 檔，接著會在你 app 目錄中的 `app/build/intermediates/transforms/mergeJniLibs/debug/0/lib` 看到 `libtensorflow_inference.so`（用來與 Java 程式碼溝通的 TensorFlow 原生函式庫）這個檔案。

4. 如果這是新專案，請切換到 **Packages**，再對 app 點右鍵，選擇 **New | Folder | Assets Folder** 來建立 `assets` 資料夾，如下圖。完成之後再從 **Android** 切換回 **Packages**：

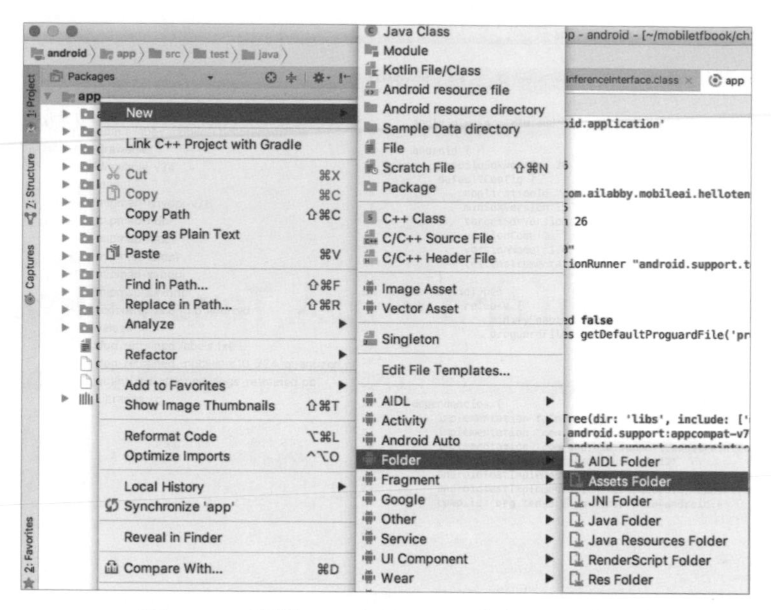

圖 2.13　點選 Assets Folder 來新增資料夾

5. 把兩個重新訓練後的模型檔、標籤檔以及一些測試影像拖放到 assets 資料夾，如下圖：

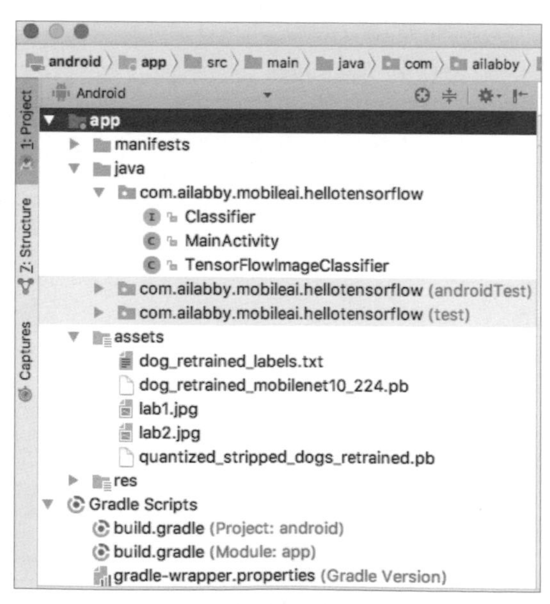

圖 2.14　把模型檔、標籤檔與測試影像加入 assets 資料夾中

6. 按住鍵盤的 option 鍵，把 `TensorFlowImageClassifier.java` 與 `Classifier.java` 這兩個檔案從 `tensorflow/examples/android/src/org/tensorflow/demo` 拖放到專案的 `java` 資料夾中，如下圖：

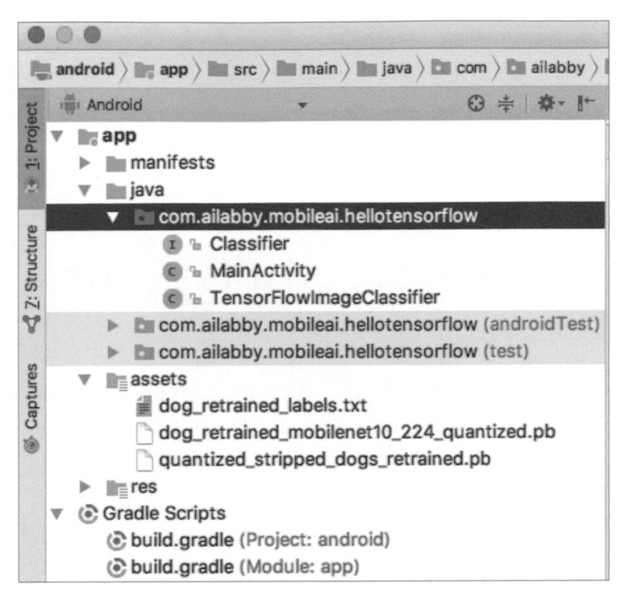

圖 2.15　將 TensorFlow 的 Classifier 相關檔案加入專案中

7. 開啟 `MainActivity`，首先建立關於重新訓練後 MobileNet 模型的常數——輸入影像尺寸、節點名稱、模型檔名稱與標籤檔名稱：

```
private static final int INPUT_SIZE = 224;
private static final int image_MEAN = 128;
private static final float image_STD = 128;
private static final String INPUT_NAME = "input";
private static final String OUTPUT_NAME = "final_result";

private static final String  MODEL_FILE =
"file:///android_asset/dog_retrained_mobilenet10_224.pb";
private static final String LABEL_FILE =
"file:///android_asset/dog_retrained_labels.txt";
private static final String IMG_FILE = "lab1.jpg";
```

8. 在 onCreate 方法中建立一個 `Classifier` 實例：

```
Classifier classifiier = TensorFlowImageClassifier.create(
                getAssets(),
                MODEL_FILE,
                LABEL_FILE,
                INPUT_SIZE,
                IMAGE_MEAN,
                IMAGE_STD,
                INPUT_NAME,
                OUTPUT_NAME);
```

從 `assets` 資料夾中讀取測試影像、調整大小使其符合模型要求，最後呼叫 `recognizeImage` 這個推論方法：

```
Bitmap bitmap = BitmapFactory.decodeStream(getAssets().open(IMG_FILE));
Bitmap croppedBitmap = Bitmap.createScaledBitmap(bitmap,
INPUT_SIZE, INPUT_SIZE, true);
final List<Classifier.Recognition> results =
classifier.recognizeImage(croppedBitmap);
```

為了簡潔起見，這個 Android app 就不再加入更多介面相關的程式碼了，但你可以在取得結果之後加一個中斷點，並 debug run 這個 app。結果如下圖：

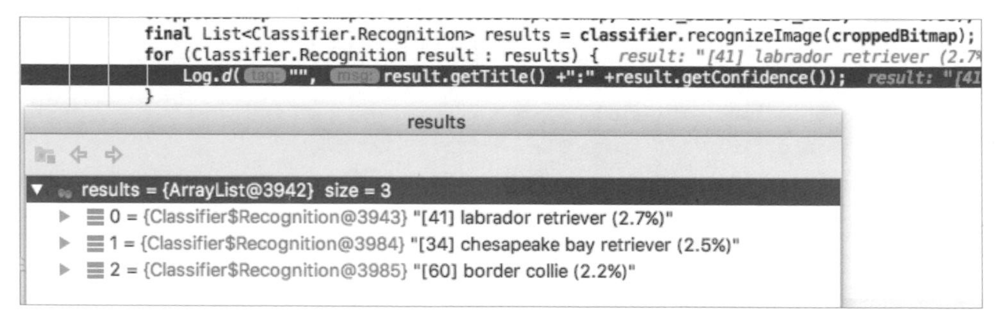

圖 2.16 使用 MobileNet 重新訓練後模型的辨識結果

如果改用 Inception v3 重新訓練後的模型（做法是把 `MODEL_FILE` 改為 `quantized_stripped_dogs_retrained.pb`、`INPUT_SIZE` 改為 `299` 以及 `INPUT_NAME` 改為 `Mul`），debug run 的結果如下：

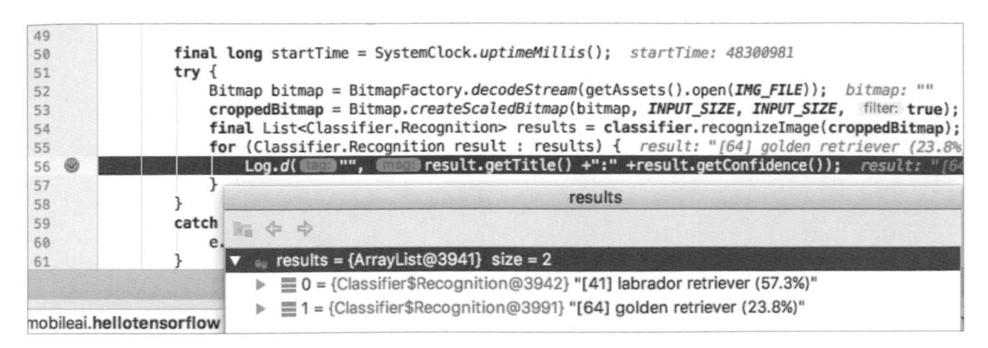

圖 2.17　使用 Inception v3 重新訓練後模型的辨識結果

現在你已經知道如何把 TensorFlow 以及重新訓練後的模型加入你自行設計的 iOS 與 Android app 了，後續如果想加入與 TensorFlow 無關的功能，像是透過手機的相機來拍攝一張狗狗的照片並辨識其品種，應該也不會太難喔！

2.8 總結

本章一開始很快地介紹了何謂遷移學習，以及重新訓練一個預先訓練好的深度學習影像分類模型的作法與必要性。接著深入說明了如何重新訓練以 Inception v3 為基礎的模型與 MobileNet 模型，讓它對於人類的最忠實朋友（狗狗）的辨識效果更好。之後，繼續談到如何在 TensorFlow 的範例 iOS 與 Android app 中使用這些重新訓練後的模型，一步步教學來示範如何把 TensorFlow 加入你自製的 iOS app（Objective-C 與 Swift 都沒問題）與 Android app 中。

運用一些不錯的小技巧之後，要做到辨識狗狗品種已經沒問題了，但後續還有很多可以延伸的應用呢。下一章要學會如何讓你的手機變得更聰明，隨時隨地都能辨識圖片中所有我們所感興趣的物體，還能知道它們的位置。

3

偵測物體與其位置

物件偵測比前一章討論的影像分類又更厲害了。影像分類單純只回傳某張影像所屬的類別標籤，而物件偵測則會回傳在影像中辨識到的物體清單，以及各個偵測到物體的定界框（bounding box）。現行的物件偵測演算法已採用深度學習技術來建置模型，可在單一影像中偵測非常多種的物體並得知它們的位置。過去數年來，更快更精準的物件偵測演算法接連誕生，Google 在 2017 年 6 月發布了 TensorFlow 物件偵測 API，其中已整合了多款頂尖的物件偵測演算法。

本章會先介紹何謂物件偵測、建立用於物件偵測深度學習模型之流程，並將這個模型用於推論。接著會深入討論 TensorFlow 物件偵測 API 的運作方式、如何運用其中幾款模型來進行推論，以及如何使用你自己的資料集來重新訓練等等。之後，還會示範如何使用預先訓練好的物件偵測模型，以及如何將這類模型在 iOS app 中使用。也會介紹一些實用的技巧，像是手動建置 TensorFlow iOS 函式庫，可以解決使用 TensorFlow pod 的一些操作問題；這有助於你處理任何本書後續的支援 TensorFlow 模型。本章不會提供關於物件偵測的 Android app。因為 TensorFlow 原始碼已經有很多不錯的範例，使用 TensorFlow 預先訓練好的物件偵測模型以及 YOLO 模型，本章稍後就會提到。我們會示範如何將 YOLO v2 這款超酷的物件偵測模型加入你的 iOS app 中。

本章內容如下：

- 認識物件偵測
- 設定 TensorFlow 物件偵測 API
- 重新訓練 SSD-MobileNet 與 Faster RCNN 模型
- 在 iOS 中使用物件偵測模型
- 使用 YOLO2——另一款物件偵測模型

3.1 認識物件偵測

神經網路在 2012 年有了突破性進展之後，當時有一款名為 **AlexNet** 的深度 CNN 模型因為大幅降低了錯誤率而贏得了當年的 ImageNet 視覺辨識大賽，許多電腦視覺與自然語言處理的研究者們開始運用深度學習模型的威力來做事了。目前以深度學習為基礎的物件偵測都屬於卷積神經網路（CNN），且是根據了像是 AlexNet、Google Inception，或另一款知名的 VGG 這類已預先訓練好的模型來建置。這些 CNN 基本上都已被訓練了百萬以上的參數，可將輸入影像轉換為一組特徵，後續即可用在像是影像分類（上一章的內容）、物件偵測與其他電腦視覺相關任務等等。

2014 年，當時最厲害的物件偵測器，也就是 RCNN（Regions with CNN features）誕生了，做法是用一個已標註的物件偵測資料集來重新訓練 AlexNet。相較於傳統的偵測方法，RCNN 在準確度上有大幅度的躍進。RCNN 結合了一項稱為區域推薦（region proposal）的技術，可產生大約 2,000 個可能的候選區域（region candidate），並在各區域執行 CNN 來進行分類與預測定界框。接著它就能整合這些結果來產生一個預測結果。RCNN 的訓練過程相當複雜且需要好幾天，推論速度也相當慢，就算有 GPU 也要快 1 分鐘才能處理一張影像。

自從 RCNN 推出之後，效能更好的物件偵測演算法可說是前仆後繼而來：Fast RCNN、Faster RCNN、YOLO（You Only Look Once）、SSD（Single Shot MultiBox Detector）與 YOLO v2 等等。

> **info**
>
> Andrej Karpathy 在 2014 年發表的一篇關於 RCNN 的介紹 ***Playing around with RCNN, State of the Art Object Detector***（`https://cs.stanford.edu/people/karpathy/rcnn`），內容相當精采。Justin Johnson 在史丹佛大學開的 CS231n 課程中關於物件偵測的教學影片 **Spatial Localization and Detection** 也很棒，其中詳細介紹了 RCNN、Fast RCNN、Faster RCNN 與 YOLO。SSD 的詳細資訊請參考 `https://github.com/weiliu89/caffe/tree/ssd`。最後，關於 YOLO2 請參考這個很酷的網站：`https://pjreddie.com/darknet/yolo`

Fast RCNN 大幅改善了訓練流程與推論時間（訓練「只要」10 小時，推論只要 2.x 秒），作法是先把一整張輸入影像送入 CNN 而非上千個推薦區域，接著再處理各個候選區域。Faster RCNN 進一步使用一個候選區域網路把推論速度拉高到近乎即時處理（0.2 秒），這樣在訓練完成之後就不再需要那些耗時的候選區域處理流程了。

SSD 與 YOLO 有別於 RCNN 這類偵測演算法，兩者都屬於單次（single-shot）方法，也就是對整張輸入影像只用了一個 CNN 網路，且並未使用候選區域與區域分類。這使得兩個方法都有相當不錯的速度，平均精度均值（Mean Average Precision, mAP）約為 80%，比 Faster RCNN 好很多。

如果你是第一次聽到這些方法，覺得有點頭暈是很正常的。不過，對於想要用 AI 讓你的行動 app 更厲害的開發者來說，其實倒不需要理解那些設定深度神經網路架構以及訓練物件偵測模型的所有細節；你只要知道如何使用它們、如何重新訓練一個預先訓練好的模型（有必要的話），以及如何將預先訓練或重新訓練後的模型用於你的 iOS 與 Android app 中，這樣就夠了。

> **info**
>
> 當然，如果你對於各種深度學習相關研究感興趣，也想要知道各種偵測器運作方式來決定究竟要採用哪一款的話，推薦你一定要讀讀各種方法的相關論文，還要試著重做一次訓練流程。這條路很漫長但絕對值得。聽聽 Andrej Karpathy 的意見：「別搶著當英雄」（請到 YouTube 搜尋 ***deep learning for computer vision Andrej***），你可以「選用執行效果最棒的那個、下載一個預先訓練好的模型、可能需要增加 / 刪減一些地方，最後則是微調」，這也是我們後續所要採用的方法。

在開始介紹哪一款模型與 TensorFlow 最速配之前，先很快談一下資料集。用於訓練物件偵測的資料集主要有三款：PASCAL VOC（`http://host.robots.ox.ac.uk/pascal/VOC`）、ImageNet（`http://image-net.org`）與 Microsoft COCO（`http://cocodataset.org`），各自的類別數量為 20、200 與 80。目前，多數 TensorFlow 物件偵測 API 的預先訓練模型都是根據類別數為 80 的 MS COCO 資料集（預先訓練模型的完整清單，以及它們是根據哪一份資料集來訓練，請參考：`https://github.com/tensorflow/models/blob/master/research/object_detection/g3doc/detection_model_zoo.md`）。

雖然我們不會從頭訓練起，你還是會在重新訓練或運用訓練好的模型之過程中多次看到 PASCAL VOC 或 MS COCO 這樣的資料格式，以及它們所包含的 20 或 80 個常用類別。本章最後一節會運用根據 VOC 來訓練的 YOLO 模型以及運用 COCO 來訓練的模型。

3.2 設定 TensorFlow 物件偵測 API

TensorFlow 物件偵測 API 在其官方網站有相當詳盡的說明：`https://github.com/tensorflow/models/tree/master/research/object_detection`，你一定要看看它提供的 **"Quick Start: Jupyter notebook for off-the-shelf inference"**，談到了如何在 Python 運用預先訓練好的偵測模型。不過這些東西分散在很多不同的

頁面，因此不太好閱讀。本節與下一節會根據官方文件整理出一些散落各地的重要細節，還會加入更多範例與說明，以及兩個步驟性教學：

1. 如何設定 API 並用它的預先訓練模型立即進行推論
2. 針對特定偵測任務來重新訓練一個預先訓練好的模型

快速安裝與範例

請根據以下步驟來安裝與執行物件偵測推論：

1. 在第 1 章所建立的 TensorFlow 根目錄取得 TensorFlow 各個模型，其中就會有 TensorFlow 物件偵測 API，代表其研究模型之一：

```
git clone https://github.com/tensorflow/models
```

2. 安裝 matplotlib、pillow、lxml 與 jupyter 等函式庫。在 Ubuntu 或 Mac 系統可用以下指令來安裝：

```
sudo pip install pillow
sudo pip install lxml
sudo pip install jupyter
sudo pip install matplotlib
```

3. 切換到 models/research 目錄，並執行以下指令：

```
protocobject_detection/protos/*.proto --python_out=.
```

這會在 object_detection/protos 目錄下編譯所有 Protobufs，來滿足 TensorFlow 物件偵測 API 的需求。Protobuf（也就是 Protocol Buffer）是一個序列化與取得結構化資料的自動方法，且比 XML 更為輕量又有效率。你只需要寫一個 .proto 檔案來描述你的資料結構，接著運用 protoc（proto 編譯器）來產生一段可以自動解析與編碼 protobuf 資料的程式。請注意 --python_out 參數可用於指定所產生的程式語言類型。本章稍後討論到如何在 iOS 使用模型時，就會用到 protoc 編譯器搭配 --cpp_out 來產生 C++ 程式碼。關於 Protocol Buffers 的詳細文件請參考：https://developers.google.com/ protocol-buffers

4. 一樣在 models/research 資料夾中，執行 export PYTHONPATH=$PYTHONPATH:`pwd`:`pwd`/slim 指令，接著執行 python object_detection/builders/model_builder_test.py 來驗證是否正常。

5. 執行 jupyter notebook 指令並用網路瀏覽器開啟 http://localhost:8888。先點選 object_detection 選項，接著開啟 object_detection_tutorial.ipynb 這個 notebook 來逐步跑完所有內容。

使用預先訓練的模型

現在，用 Python notebook 來看看使用預先訓練 TensorFlow 物件偵測模型來進行推論的關鍵點。首先定義一些重要的常數：

```
MODEL_NAME = 'ssd_mobilenet_v1_coco_2017_11_17'
MODEL_FILE = MODEL_NAME + '.tar.gz'
DOWNLOAD_BASE = 'http://download.tensorflow.org/models/object_detection/'
PATH_TO_CKPT = MODEL_NAME + '/frozen_inference_graph.pb'
PATH_TO_LABELS = os.path.join('data', 'mscoco_label_map.pbtxt')
NUM_CLASSES = 90
```

這份 notebook 會先下載並執行 ssd_mobilenet_v1_coco_2017_11_17 這個預先訓練好的物件偵測模型，該模型是用上一段所介紹過的 SSD 方法，以 MobileNet CNN 模型來建置的，這在上一章介紹過了。TensorFlow 物件偵測 API 所支援的完整預先訓練模型清單請參考 TensorFlow 偵測模型 zoo：https://github.com/tensorflow/models/blob/master/research/object_detection/g3doc/detection_model_zoo.md，其大多數都是用 MS COCO 資料集來訓練完成。用於推論的模型檔為 frozen_inference_graph.pb 檔案（位於之前下載的 ssd_mobilenet_v1_coco_2017_11_17.tar.gz 檔案中），可同時用於立即推論與重新訓練。

mscoco_label_map.pbtxt label 這個檔案的路徑在 models/research/object_detection/data/mscoco_label_map.pbtxt，其中有 90 個（NUM_CLASSES）個項目，代表 ssd_mobilenet_v1_coco_2017_11_17 模型可偵測的物體類型。最前與最後兩個項目為：

```
item {
  name: "/m/01g317"
  id: 1
  display_name: "person"
}
item {
  name: "/m/0199g"
  id: 2
  display_name: "bicycle"
}
…
item {
  name: "/m/03wvsk"
  id: 89
  display_name: "hair drier"
}
item {
  name: "/m/012xff"
  id: 90
  display_name: "toothbrush"
}
```

先前的步驟 3 已經談過 **Protobuf** 了，而用於描述 `mscoco_label_map.pbtxt` 中資料格式的 **proto** 檔名為 `string_int_label_map.proto`，路徑在 `models/research/object_detection/protos`，檔案內容如下：

```
syntax = "proto2";
packageobject_detection.protos;
message StringIntLabelMapItem {
  optional string name = 1;
  optional int32 id = 2;
  optional string display_name = 3;
};

message StringIntLabelMap {
  repeated StringIntLabelMapItem item = 1;
};
```

基本上來說，protoc 編譯器會根據 string_int_label_map.proto 來產生程式碼，而這支程式碼後續可用於 serialize mscoco_label_map.pbtxt 中的資料，效率相當不錯。之後當 CNN 偵測到某個物體並回傳整數 ID 之後，就可將其轉換為名稱或 display_name 方便我們人類閱讀。

模型下載、解壓縮、載入記憶體與標籤 map 檔之後，還要載入位於 models/research/object_detection/test_images 中的一些測試影像，你可在其中加入任何想用來偵測看看的測試影像。接著則是定義合適的輸入與輸出 tensor：

```
with detection_graph.as_default():
  with tf.Session(graph=detection_graph) as sess:
    image_tensor = detection_graph.get_tensor_by_name('image_tensor:0')
    detection_boxes =
detection_graph.get_tensor_by_name('detection_boxes:0')
    detection_scores =
detection_graph.get_tensor_by_name('detection_scores:0')
    detection_classes =
detection_graph.get_tensor_by_name('detection_classes:0')
    num_detections = detection_graph.get_tensor_by_name('num_detections:0')
```

再次，如果你好奇這些輸入輸出 tensor 名稱是來自 SSD 模型中的何處（該檔案下載之後的路徑為 models/research/object_detection/ssd_mobilenet_v1_coco_2017_11_17/frozen_inference_graph.pb），請在 iPython 中使用以下程式碼來尋找：

```
import tensorflow as tf
g=tf.GraphDef()
g.ParseFromString(open("object_detection/ssd_mobilenet_v1_coco_2017_11_17/
frozen_inference_graph.pb","rb").read())
x=[n.name for n in g.node]
x[-4:]
x[:5]
The last two statements will return:
[u'detection_boxes',
 u'detection_scores',
 u'detection_classes',
 u'num_detections']
```

```
and
[u'Const', u'Const_1', u'Const_2', u'image_tensor', u'ToFloat']
```

另一個方法是用上一章所提到的 summarize graph 工具：

```
bazel-bin/tensorflow/tools/graph_transforms/summarize_graph --in_graph=
models/research/object_detection/ssd_mobilenet_v1_coco_2017_11_17/frozen_
inference_graph.pb
```

會產生以下的輸出結果：

```
Found 1 possible inputs: (name=image_tensor, type=uint8(4),
shape=[?,?,?,3])
No variables spotted.
Found 4 possible outputs: (name=detection_boxes, op=Identity)
(name=detection_scores, op=Identity (name=detection_classes, op=Identity)
(name=num_detections, op=Identity)
```

載入測試影像來實際偵測看看：

```
image = Image.open(image_path)
image_np = load_image_into_numpy_array(image)
image_np_expanded = np.expand_dims(image_np, axis=0)
(boxes, scores, classes, num) = sess.run(
    [detection_boxes, detection_scores, detection_classes, num_detections],
    feed_dict={image_tensor: image_np_expanded})
```

最後，我們使用 matplotlib 函式庫將偵測結果視覺化呈現。在此採用 tensorflow/models 檔案庫中的兩張預設測試影像，結果如圖 3.1：

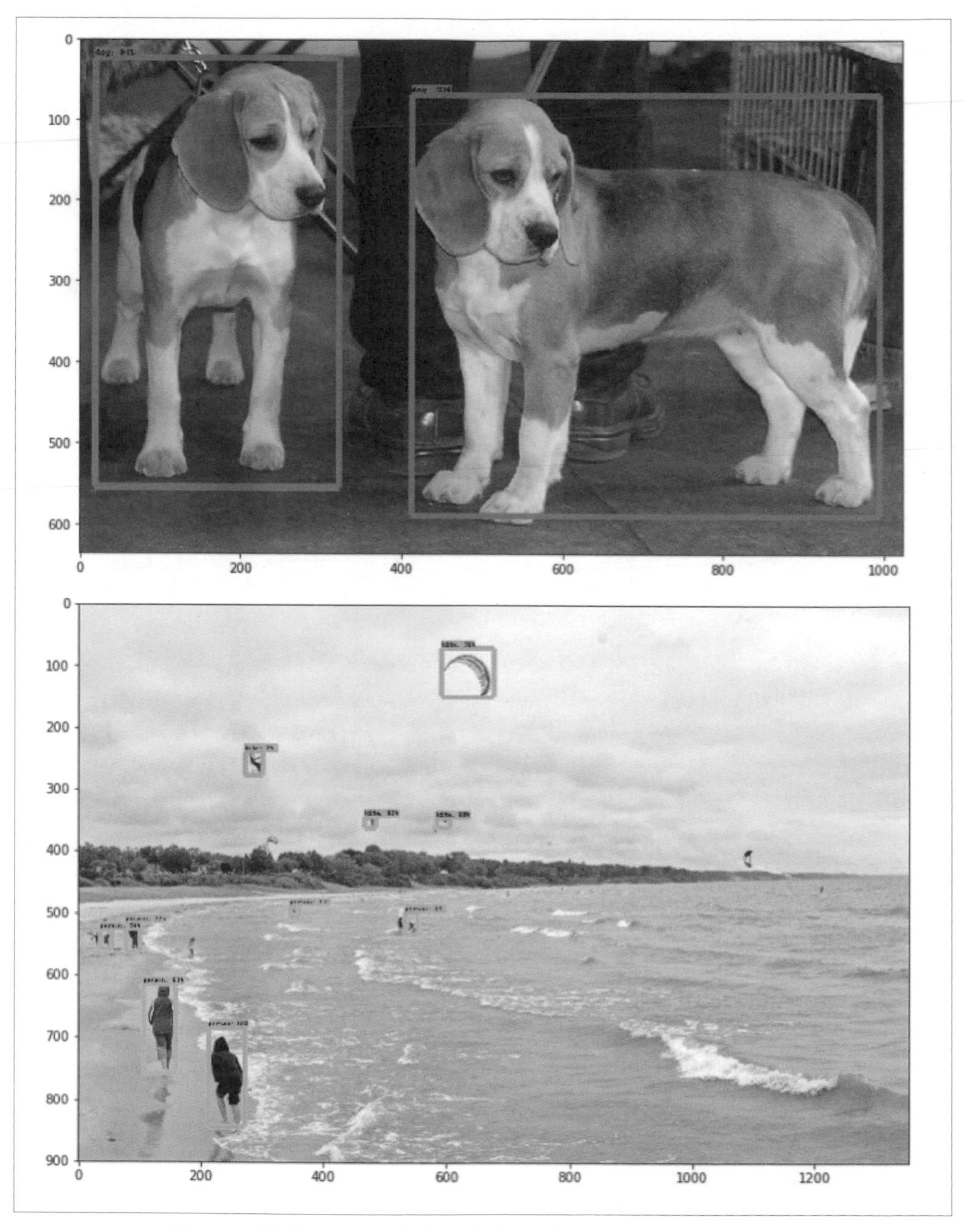

圖 3.1　被偵測到的物體，與對應的定界框以及信心分數

「在 iOS 中使用物件偵測模型」一節會說明如何在 iOS 裝置上使用同一款模型並繪製相同的偵測結果。

你也可以在之前提過的 Tensorflow 偵測模型 zoo 中玩玩看其他的預先訓練模型。例如，改用 faster_rcnn_inception_v2_coco 模型，做法是把 object_detection_tutorial.ipynb **notebook** 中的 MODEL_NAME = 'ssd_mobilenet_v1_coco_2017_11_17' 換成 MODEL_NAME = 'faster_rcnn_inception_v2_coco_2017_11_08'（別忘了這是在 TensorFlow 偵測模型 zoo 的頁面中找到的），也可以換成 MODEL_NAME = 'faster_rcnn_resnet101_coco_2017_11_08'。改用這兩個以 Faster RCNN 為基礎的模型之偵測結果是差不多的，但執行時間比較久。

對這兩個 faster_rcnn 模型使用 summarize_graph 工具，也會得到關於輸入與輸出的相同資訊：

```
Found 1 possible inputs: (name=image_tensor, type=uint8(4),
shape=[?,?,?,3])
Found 4 possible outputs: (name=detection_boxes, op=Identity)
(name=detection_scores, op=Identity) (name=detection_classes, op=Identity)
(name=num_detections, op=Identity)
```

一般來說，相較於其他大型的 Inception 或 Resnet-CNN 為基礎的模型，MobileNet 類的模型的速度最快，但準確度較低（mAP 值較小）。另一方面，ssd_mobilenet_v1_coco、faster_rcnn_inception_v2_coco_2017_11_08 與 faster_rcnn_resnet101_coco_2017_11_08 等檔案的大小分別為 76、149 與 593 MB。後續執行在行動裝置上就可清楚比較出來，像是 ssd_mobilenet_v1_coco 這樣的 MobileNet 模型的執行速度快非常多，且較大的模型，例如 faster_rcnn_resnet101_coco_2017_11_08，在舊款 iPhone 上會直接當機。

當然，希望未來這些問題可透過改用 MobileNet 類的模型或重新訓練後的 MobileNet 模型來解決。雖然 ssd_mobilenet v1 在許多情況已經相當不錯，但我們相信後續版本的 ssd_mobilenet 的準確度當然會更好。

3.3 重新訓練 SSD-MobileNet 與 Faster RCNN 模型

預先訓練好的 TensorFlow 物件偵測模型對於某些問題當然是相當不錯的解決方案。但有時候你可能會用到自行標註的資料集（其中在物體或物體某部分有定界框代表你感興趣的地方），並重新訓練一個現成的模型，使其可以更精準偵測不同的物體類別。

在此一樣會用到相同的 Oxford-IIIT Pets 資料集（請參考 TensorFlow 物件偵測 API 網站）在你的電腦上重新訓練兩個現成的模型，而非該文件原本使用 Google Cloud 的做法。有必要的話會詳細說明每個步驟。以下是使用 Oxford Pets 資料集來重新訓練一個 TensorFlow 物件偵測模型的步驟說明：

1. 開啟終端機視窗，建議使用有 GPU 的 Ubuntu 機器來加快重新訓練的速度，先切換到 `models/research`，接著執行以下指令來下載資料集（`images.tar.gz` 大小約 800MB，`annotations.tar.gz` 約 38MB）：

```
wget http://www.robots.ox.ac.uk/~vgg/data/pets/data/images.tar.gz
wget http://www.robots.ox.ac.uk/~vgg/data/pets/data/annotations.tar.gz
tar -xvf images.tar.gz
tar -xvf annotations.tar.gz
```

2. 執行以下指令將資料集轉換為 TFRecords 格式：

```
python object_detection/dataset_tools/create_pet_tf_record.py \
    --label_map_path=object_detection/data/pet_label_map.pbtxt \
    --data_dir=`pwd` \
    --output_dir=`pwd`
```

這個指令會在 `models/research` 目錄下產生兩個 TFRecord 檔，檔名為 `pet_train_with_masks.record`（268MB）與 `pet_val_with_masks.record`（110MB）。TFRecord 這個二元檔格式相當有趣，其中包含了 TensorFlow app 用來訓練或驗證所需的資料，同時也是使用 TensorFlow 物件偵測 API 來重新訓練你自行準備的資料集之必要檔案格式。

3. 如果先前段落的物件偵測範例中尚未完成的話，請下載並解壓縮 ssd_mobilenet_v1_coco 與 faster_rcnn_resnet101_coco 這兩個模型檔到 models/research 目錄中：

```
wget
http://storage.googleapis.com/download.tensorflow.org/models/object
_detection/ssd_mobilenet_v1_coco_2017_11_17.tar.gz
tar -xvf ssd_mobilenet_v1_coco_2017_11_17.tar.gz
wget
http://storage.googleapis.com/download.tensorflow.org/models/object
_detection/faster_rcnn_resnet101_coco_11_06_2017.tar.gz
tar -xvf faster_rcnn_resnet101_coco_11_06_2017.tar.gz
```

4. 在 object_detection/samples/configs/faster_rcnn_resnet101_pets.config 設定檔中，更新 5 筆 PATH_TO_BE_CONFIGURED，完成後如下：

```
fine_tune_checkpoint:
"faster_rcnn_resnet101_coco_11_06_2017/model.ckpt"
...
train_input_reader: {
tf_record_input_reader {
input_path: "pet_train_with_masks.record"
}
label_map_path: "object_detection/data/pet_label_map.pbtxt"
}
eval_input_reader: {
tf_record_input_reader {
input_path: "pet_val_with_masks.record"
}
label_map_path: "object_detection/data/pet_label_map.pbtxt"
...
}
```

faster_rcnn_resnet101_pets.config檔是用來指定模型的檢查點檔案路徑，其中包含了模型訓練後的權重、用於訓練與驗證的 TFRecords 檔（步驟 2 所產生），以及要被偵測的 37 種寵物類別之已標記項目。object_detection/data/pet_label_map.pbtxt 中的第一個與最後一個項目如下：

```
item {
id: 1
name: 'Abyssinian'
}
...
item {
id: 37
name: 'yorkshire_terrier'
}
```

5. 同樣地，修改 object_detection/samples/configs/ssd_mobilenet_v1_pets.config 檔中的 5 筆 PATH_TO_BE_CONFIGURED，完成後如下：

```
fine_tune_checkpoint:
"object_detection/ssd_mobilenet_v1_coco_2017_11_17/model.ckpt"
train_input_reader: {
tf_record_input_reader {
input_path: "pet_train_with_masks.record"
}
label_map_path: "object_detection/data/pet_label_map.pbtxt"
}
eval_input_reader: {
tf_record_input_reader {
input_path: "pet_val_with_masks.record"
}
label_map_path: "object_detection/data/pet_label_map.pbtxt"
...
}
```

6. 建立一個新的 train_dir_faster_rcnn 目錄，接著執行以下指令開始重新訓練：

```
pythonobject_detection/train.py \
   --logtostderr \
   --
pipeline_config_path=object_detection/samples/configs/faster_rcnn_r
esnet101_pets.config \
   --train_dir=train_dir_faster_rcnn
```

如果是有 GPU 的電腦，應該在 25,000 次訓練步驟之內就能讓損失從一開始的 5.0 降到大約 0.2：

```
tensorflow/core/common_runtime/gpu/gpu_device.cc:1030] Found device 0 with
properties:
 name: GeForce GTX 1070 major: 6 minor: 1 memoryClockRate(GHz): 1.7845
 pciBusID: 0000:01:00.0
 totalMemory: 7.92GiB freeMemory: 7.44GiB
 INFO:tensorflow:global step 1: loss = 5.1661 (15.482 sec/step)
 INFO:tensorflow:global step 2: loss = 4.6045 (0.927 sec/step)
 INFO:tensorflow:global step 3: loss = 5.2665 (0.958 sec/step)
 ...
 INFO:tensorflow:global step 25448: loss = 0.2042 (0.372 sec/step)
 INFO:tensorflow:global step 25449: loss = 0.4230 (0.378 sec/step)
 INFO:tensorflow:global step 25450: loss = 0.1240 (0.386 sec/step)
```

7. 過了大約 20,000 次步驟（大約兩小時）之後，請按下 *Ctrl* + *C* 來中斷這個重新訓練流程。建立一個新的 `train_dir_ssd_mobilenet` 目錄並執行以下指令：

```
pythonobject_detection/train.py \
   --logtostderr \
   --
pipeline_config_path=object_detection/samples/configs/ssd_mobilenet
_v1_pets.config \
   --train_dir=train_dir_ssd_mobilenet
```

訓練結果會看起來像這樣：

```
INFO:tensorflow:global step 1: loss = 136.2856 (23.130 sec/step)
 INFO:tensorflow:global step 2: loss = 126.9009 (0.633 sec/step)
 INFO:tensorflow:global step 3: loss = 119.0644 (0.741 sec/step)
 ...
 INFO:tensorflow:global step 22310: loss = 1.5473 (0.460 sec/step)
 INFO:tensorflow:global step 22311: loss = 2.0510 (0.456 sec/step)
 INFO:tensorflow:global step 22312: loss = 1.6745 (0.461 sec/step)
```

重新訓練 SSD_Mobilenet 模型的過程中，可看到開始與結束時的損失都高於 Faster_RCNN 模型。

8. 過了大約 20,000 次訓練步驟之後請停止重新訓練流程。接著建立一個新的 eval_dir 目錄並執行評估用的 Python 腳本：

```
python object_detection/eval.py \
   --logtostderr \
   --
pipeline_config_path=object_detection/samples/configs/faster_rcnn_r
esnet101_pets.config \
   --checkpoint_dir=train_dir_faster_rcnn \
   --eval_dir=eval_dir
```

9. 開啟另一個終端機視窗，切換到 TensorFlow 根目錄之後找到 models/research，執行 tensorboard --logdir=. 指令。請用網路瀏覽器開啟 http://localhost:6006，會看到損失圖，如圖 3.2：

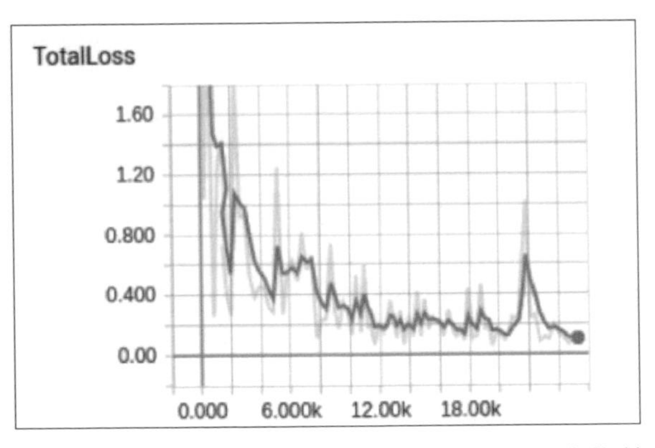

圖 3.2　重新訓練物件偵測模型的總損失變化趨勢

也會看到一些評估結果，如圖 3.3：

圖 3.3　重新訓練物件偵測模型時，評估影像偵測的結果

10. 同樣地，你可把這個評估腳本應用於 SSD_MobileNet 模型，再用 TensorBoard 來看看損失的收斂趨勢與影像評估結果：

```
python object_detection/eval.py \
    --logtostderr \
    --
pipeline_config_path=object_detection/samples/configs/ssd_mobilenet
_v1_pets.config \
    --checkpoint_dir=train_dir_ssd_mobilenet \
    --eval_dir=eval_dir_mobilenet
```

11. 請用以下指令來產生重新訓練後的 graph：

```
python object_detection/export_inference_graph.py \
```

```
    --input_type image_tensor \
    --pipeline_config_path
object_detection/samples/configs/ssd_mobilenet_v1_pets.config \
    --trained_checkpoint_prefix
train_dir_ssd_mobilenet/model.ckpt-21817 \
    --output_directory output_inference_graph_ssd_mobilenet.pb

pythonobject_detection/export_inference_graph.py \
    --input_type image_tensor \
    --pipeline_config_path  fafa
object_detection/samples/configs/faster_rcnn_resnet101_pets.config\
    --trained_checkpoint_prefix train_dir_faster_rcnn/model.ckpt-24009 \
    --output_directory output_inference_graph_faster_rcnn.pb
```

在此需要把 --trained_checkpoint_prefix（上述的 21817 與 24009 這兩筆）換成你所要用的檢查點值。

好啦！現在你有兩個重新訓練完成的物件偵測模型（output_inference_graph_ssd_mobilenet.pb 與 output_inference_graph_faster_rcnn.pb），不論是用在 Python 程式碼（上一節的 Jupyter notebook）或手機 app 中都可以。事不宜遲，讓我們進入行動裝置的世界，看看如何運用手邊的預先訓練以及重新訓練後的模型。

3.4 在 iOS 中使用物件偵測模型

上一章示範了如何使用 TensorFlow-experimental pod 來把 TensorFlow 加入你的 iOS app 中。TensorFlow-experimental pod 對於像是 Inception、MobileNet 或根據它們所重新訓練的模型等等配起來都很不錯。但在使用 TensorFlow-experimental pod 時（至少在本書編寫時的 2018 年 1 月）搭配 SSD_MobileNet 模型時，應該會在載入 ssd_mobilenet 的 graph 檔時看到以下的錯誤訊息：

```
Could not create TensorFlow Graph: Not found: Op type not registered
'NonMaxSuppressionV2'
```

除非 TensorFlow-experimental pod 後續更新之後可以包含**未註冊的 op**，否則唯一的解決方法就是自行從 Tensoflow 原始碼來建置出自定義的 TensorFlow iOS 函式庫，這已在第 1 章說明過。現在來看看自行建置 TensorFlow iOS 函式庫所需的步驟，並將其用來建置一個支援 TensorFlow 的全新 iOS app。

自行建置 TensorFlow iOS 函式庫

請根據以下步驟來建置你自己的 TensorFlow iOS 函式庫：

1. 在 Mac 電腦上開啟新的終端機視窗，切換到你的 TensorFlow 根目錄，如果你是把 TensroFlow1.4 的原始碼壓縮檔解壓縮到 `/home` 下的話，就會是 `~/tensorflow-1.4.0`。
2. 執行 `tensorflow/contrib/makefile/build_all_ios.sh` 指令，根據你 Mac 系統的速度快慢，大概要跑個 20 分鐘到 1 小時。建置成功之後，會產生三個函式庫：

```
tensorflow/contrib/makefile/gen/protobuf_ios/lib/libprotobuf-lite.a
tensorflow/contrib/makefile/gen/protobuf_ios/lib/libprotobuf.a
tensorflow/contrib/makefile/gen/lib/libtensorflow-core.a
```

前兩個函式庫是用來處理之前介紹過的 protobuf 資料。最後一個則是 iOS universal static 函式庫。

Tips

如果你在執行這個 app 時，在 Xcode console 看到這個錯誤：**"Invalid argument: No OpKernel was registered to support Op 'Less' with these attrs. Registered devices: [CPU], Registered kernels: device='CPU'; T in [DT_FLOAT]"**，就需要在上述步驟 2 之前先修改 `tensorflow/contrib/makefile/Makefile` 的檔案內容（更多細節請參考第 7 章的「**建置 iOS 的自定義 TensorFlow 函式庫**」一節）。如果是用更新版本的 TensorFlow 的話，這個錯誤可能已經被修好了。

在 app 中使用 TensorFlow iOS 函式庫

請根據以下步驟在你的 app 中運用這個函式庫：

1. 在 Xcode 中，點選 **File | New | Project...**，選擇 **Single View App**，輸入 `TFObjectDetectionAPI` 作為 **Product Name**。開發語言選擇 **Objective-C**（如果你想用 Swift 開發的話，請參考前一章的「在 Swift iOS app 中加入 TensorFlow」，並修改所需的地方），接著設定專案路徑，最後按下 **Create**。
2. 在 `TFObjectDetectionAPI` 專案中，點選**專案名稱**，接著在 **Build Settings** 下點選 +，再按 **Add User-Defined Setting**，接著輸入 `TENSORFLOW_ROOT` 作為 TensorFlow 根目錄路徑（例如 `$HOME/tensorflow-1.4`），如圖 3.4。這個使用者自定義的設定值也會用於其他設定項目，後續如果你想要參照更新版本的 TensorFlow 原始碼時，這樣會讓專案設定更容易修改：

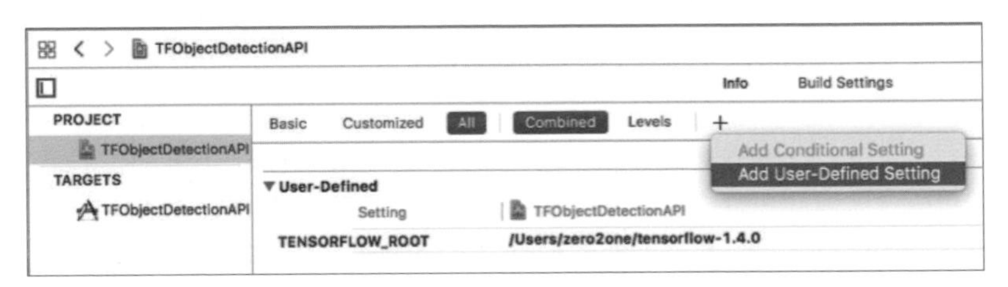

圖 3.4　加入 TENSORFLOW_ROOT 之使用者定義設定

3. 在 `Build Settings` 按下 `target`，搜尋「other linker flags」。加入以下內容：

```
-force_load
$(TENSORFLOW_ROOT)/tensorflow/contrib/makefile/gen/lib/libtensorflo
w-core.a
$(TENSORFLOW_ROOT)/tensorflow/contrib/makefile/gen/protobuf_ios/lib
/libprotobuf.a
$(TENSORFLOW_ROOT)/tensorflow/contrib/makefile/gen/protobuf_ios/lib
/libprotobuf-lite.a
$(TENSORFLOW_ROOT)/tensorflow/contrib/makefile/downloads/nsync/builds/
lipo.ios.c++11/nsync.a
```

第一個 `-force_load` 之所以一定要填，是因為它可檢查是否確實連接 TensorFlow 所需的 C++ 建構子，否則之後建置與執行 app 時還是會碰到類似 sessions unregistered 這樣的錯誤。

最後一個函式庫是針對 nsync，這個 C 函式庫可以匯出 mutex 與其他同步方法（`https://github.com/google/nsync`），較新的 TensorFlow 已經包含它了。

4. 搜尋「header search paths」，加入以下內容：

```
$(TENSORFLOW_ROOT)
$(TENSORFLOW_ROOT)/tensorflow/contrib/makefile/downloads/protobuf/s
rc $(TENSORFLOW_ROOT)/tensorflow/contrib/makefile/downloads
$(TENSORFLOW_ROOT)/tensorflow/contrib/makefile/downloads/eigen
$(TENSORFLOW_ROOT)/tensorflow/contrib/makefile/gen/proto
```

完成後畫面如圖 3.5：

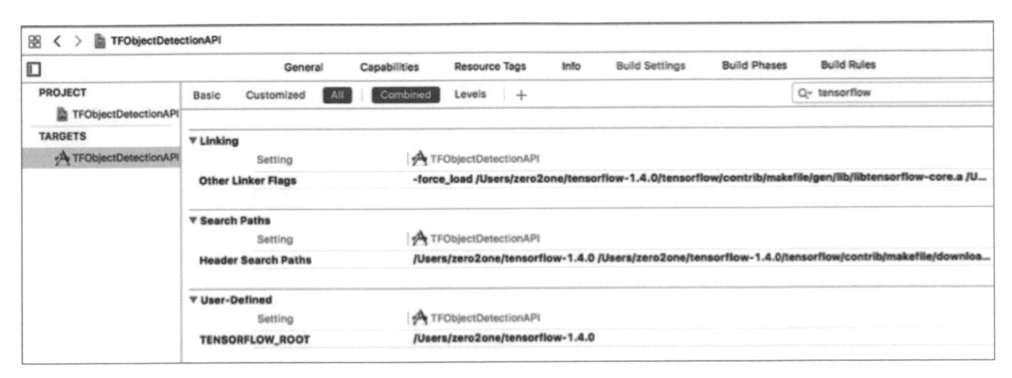

圖 3.5　在 target 下加入所有與 TensorFlow 相關的建置設定

5. 在 target 的 Build Phases，在 **Link Binary with Libraries** 選項中加入 Accelerate framework，如圖 3.6：

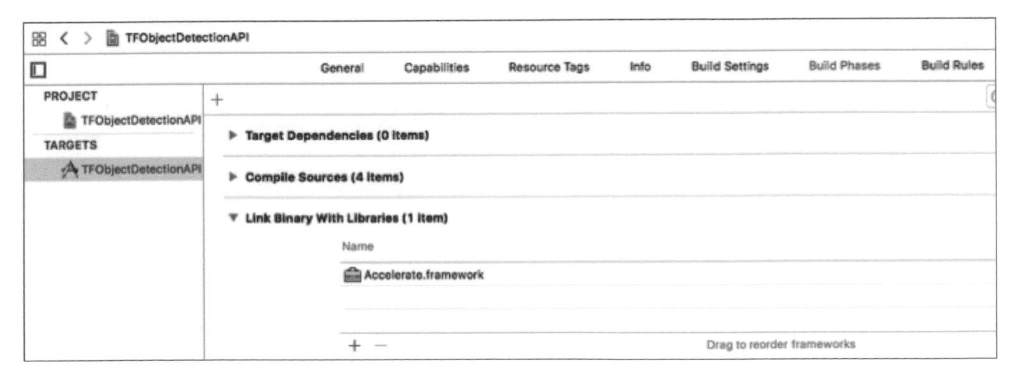

圖 3.6　加入 Accelerate framework

6. 回到用來建置 TensorFlow iOS 函式庫的終端機畫面，在 tensorflow/core/platform/default/mutex.h 檔案中找到以下兩行程式碼：

```
#include "nsync_cv.h"
#include "nsync_mu.h"
```

改為以下內容：

```
#include "nsync/public/nsync_cv.h"
#include "nsync/public/nsync_mu.h"
```

以上就是在你的 iOS app 中加入自行建置的 TensorFlow 函式庫的所有步驟。

info

如果你的 app 是用較早版本的 TensorFlow（例如 1.4）來手動建置的話，之後在載入 TensorFlow 物件辨識模型時就不會看到像是 TensorFlow-experimental pod 或用較早版本之手動建置函式庫相關的錯誤了。

這是因為 tf_op_files.txt（位於 tensorflow/contrib/makefile，用來定義 TensorFlow 函式庫要納入哪些運算），已具備比 TensroFlow 1.4 版之前更豐富的運算了。例如，TensorFlow 1.4 的 tf_op_files.txt 中有一行：tensorflow/core/kernels/non_max_suppression_op.cc，這是用來定義 NonMaxSuppressionV2 運算，這也正是為什麼我們手動建置的函式庫需要定義這個運算，這樣在使用 TensorFlow pod 時就不會碰到像 **"Could not create TensorFlow Graph: Not found: Op type not registered 'NonMaxSuppressionV2'"** 這樣的錯誤訊息。日後如果你又碰到 **"Op type not registered"** 類似的錯誤時，只要把定義了相關運算的正確原始碼檔案加入 tf_op_files.txt 檔中，接著再次執行 build_all_ios.sh 來建立一個新的 libtensorflow-core.a 檔就能解決這個問題。

在 iOS app 中加入物件偵測功能

現在請根據以下步驟，在 app 中加入模型檔、標籤檔與相關程式碼，最後實際執行來看看物件偵測的效果：

1. 將先前段落中已經下載好（在此重新命名以免混淆）的三個物件偵測模型 graph：ssd_mobilenet_v1_frozen_inference_graph.pb、faster_rcnn_inceptionv2_frozen_inference_graph.pb 以及 faster_rcnn_resnet101_frozen_inference_graph.pb 等檔案，還有 mscoco_label_map.pbtxt 這個標籤對應檔與一些測試影像拖放到 TFObjectDetectionAPI 專案中。

2. 把 TensorFlow iOS 簡易範例或我們在上一章所製作的 iOS 中的 ios_image_load.mm 與它的 .h 檔案加入本專案中。

3. 由此下載 Protocol Buffers release 3.4.0：https://github.com/google/protobuf/releases（把 protoc-3.4.0-osx-x86_64.zip 檔下載到你的 Mac）。TensorFlow 1.4 函式庫要求 3.4.0 版才能正確運作，更新版的 TensorFlow 可能會需要更新版本的 Protocol Buffers。

4. 假設上一步下載的檔案是被解壓縮到 ~/Downloads 目錄下，在此開啟一個終端機視窗並執行以下指令：

```
cd <TENSORFLOW_ROOT>/models/research/object_detection/protos

~/Downloads/protoc-3.4.0-osx-x86_64/bin/protoc
string_int_label_map.proto --
cpp_out=<path_to_your_TFObjectDetectionAPI_project>, the same
location as your code files and the three graph files.
```

5. protoc compiler 指令執行完畢之後，在你專案目錄下會看到兩個新的檔案：string_int_label_map.pb.cc 與 string_int_label_map.pb.h。請把這兩個檔案加入你的 Xcode 專案中。

6. 在 Xcode 中，把 ViewController.m 改名為 ViewController.mm，做法和前一章一樣，接著請根據類似第 2 章中，HelloTensorFlow app 的

ViewController.mm 的做法，在點擊處理器中加入上述三個物件偵測模型的 UIAlertAction。完成後專案下的檔案應該有這些：

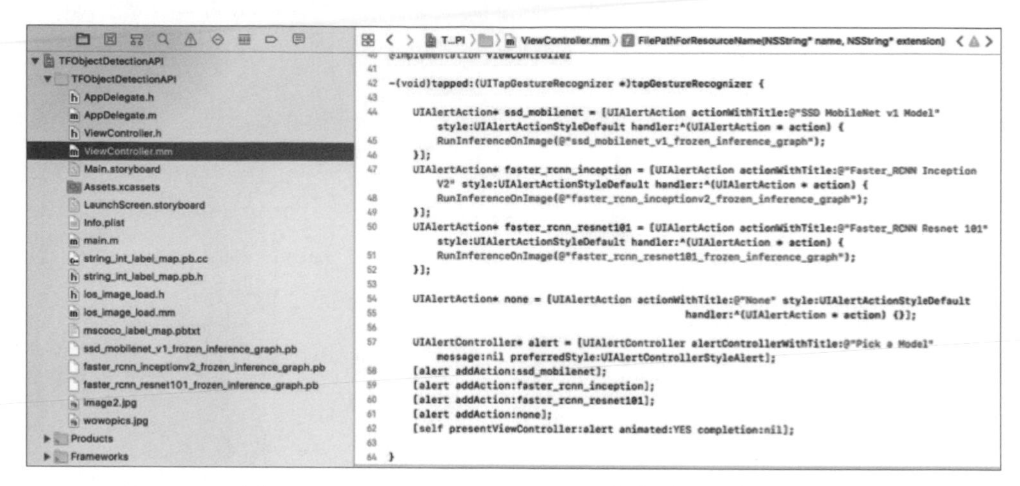

圖 3.7　TFObjectDetection API 專案的各個檔案

7. 繼續把剩下的程式碼加入 ViewController.mm。在 viewDidLoad 中，加入以下程式碼來建立一個新的 UIImageView，它會先把測試用的影像顯示出來，接著選定模型並將其執行於測試影像就能看到偵測結果，接著加入以下的函式實作內容：

```
NSString* FilePathForResourceName(NSString* name, NSString* extension)
int LoadLablesFile(const string pbtxtFileName,
object_detection::protos::StringIntLabelMap *imageLabels)
string GetDisplayName(const
object_detection::protos::StringIntLabelMap* labels, int index)
Status LoadGraph(const string& graph_file_name,
std::unique_ptr<tensorflow::Session>* session)
void DrawTopDetections(std::vector<Tensor>& outputs, int image_width, int
image_height)
void RunInferenceOnImage(NSString *model)
```

下一個步驟後會一併說明這些函式的實作內容，完整的程式碼請於本書的範例資料夾中的 ch3/ios 中找到。

8. 請在 iOS 模擬器或裝置上執行這個 app。首先會在畫面上看到一張影像。點擊畫面任何地方會出現一個對話視窗，詢問你要選用哪個模型。請選擇 `SSD MobileNet` 模型，在模擬器上大約要 1 秒鐘，而 iPhone 6 則大約 5 秒鐘來把偵測結果畫在影像上。Faster RCNN Inception V2 則耗時更久（模擬器大約 5 秒，iPhone 6 會超過 20 秒）；這款模型比 `SSD MobileNet` 準確多了，可額外抓到 `SSD MobileNet` 模型漏掉的一種狗。最後一款模型，Faster RCNN Resnet 101 在 iOS 模擬器上耗時近 20 秒，而在 iPhone 6 則會因為檔案過大而當機。圖 3.8 是執行結果總覽。

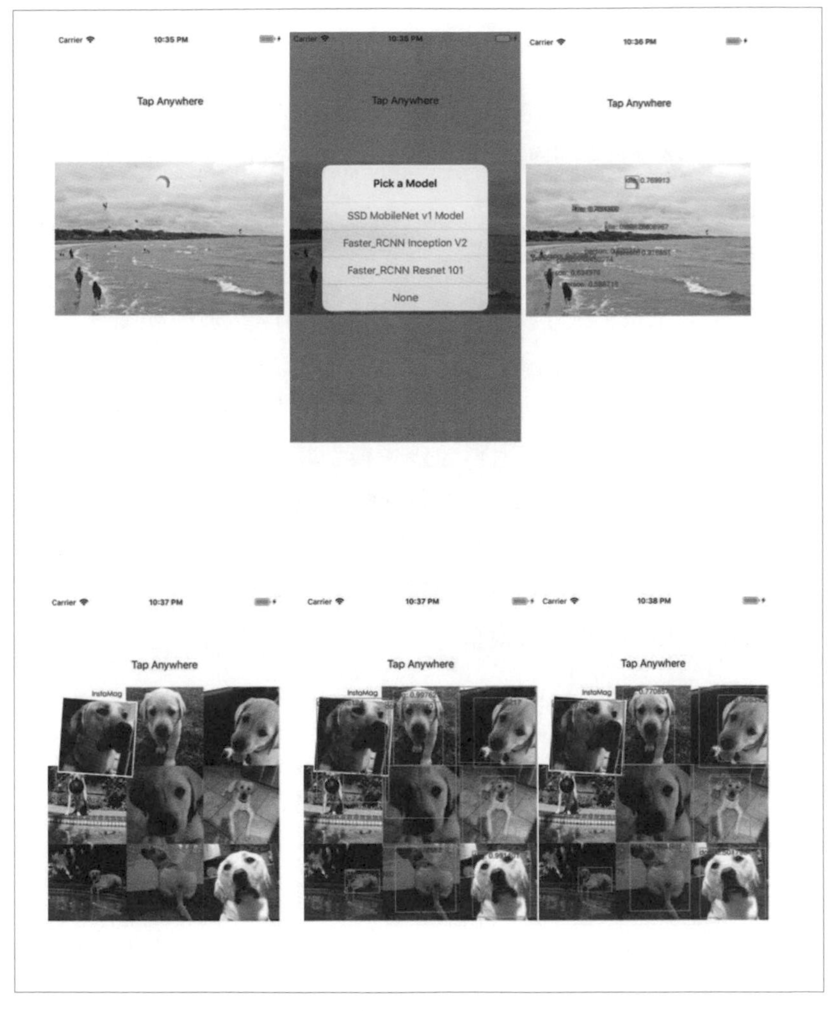

圖 3.8　執行 app，選擇不同模型並顯示偵測結果

回頭看看步驟 7 中的函式，FilePathForResourceName 函式可以回傳指定資源的檔案路徑：用於定義 ID 的 mscoco_label_map.pbtxt 檔、內部名稱、顯示可被偵測的 90 種物體類別、模型 graph 檔與所有測試影像。它的實作方式與上一章的 HelloTensorFlow app 相同。

LoadLablesFile 與 GetDisplayName 函式使用了 Google Protobuf API 來載入並解析 mscoco_label_map.pbtxt 檔，並回傳被偵測到物體 ID 之顯示名稱。

LoadGraph 會載入使用者所選擇的三個模型檔其中之一，並回傳載入狀態。

在此兩個關鍵的函式為 RunInferenceOnImage 與 DrawTopDetections。如「**設定 TensorFlow 物件偵測 API**」一節所言，summarize_graph 工具會顯示 app 中所選擇的三款預先訓練物件偵測模型的相關資訊（請注意資料型態為 uint8）：

```
Found 1 possible inputs: (name=image_tensor, type=uint8(4),
shape=[?,?,?,3])
```

這就是為什麼要用 uint8 建立影像 tensor，而非用浮點數型態來送入模型的原因，否則執行模型時會發生錯誤。另外要注意，當使用 for 迴圈將 image_data 轉換為 TensorFlow C++ API Session 的 Run 方法可接受的 Tensor 型態（image_tensor）時，在此不採用先前使用影像分類模型時所用的 input_mean 與 input_std（詳細比較請回顧第 2 章 HelloTensorFlow app 中的 RunInferenceOnImage 實作）。並且已知共有四個輸出分別叫做 detection_boxes、detection_scores、detection_classes 與 num_detections，因此 RunInferenceOnImage 中的這些程式碼是用來把影像送入模型，並取得四個輸出結果：

```
tensorflow::Tensor image_tensor(tensorflow::DT_UINT8,
tensorflow::TensorShape({1, image_height, image_width, wanted_channels}));

auto image_tensor_mapped = image_tensor.tensor<uint8, 4>();
tensorflow::uint8* in = image_data.data();
uint8* c_out = image_tensor_mapped.data();
for (int y = 0; y < image_height; ++y) {
    tensorflow::uint8* in_row = in + (y * image_width * image_channels);
    uint8* out_row = c_out + (y * image_width * wanted_channels);
    for (int x = 0; x < image_width; ++x) {
```

```
            tensorflow::uint8* in_pixel = in_row + (x * image_channels);
            uint8* out_pixel = out_row + (x * wanted_channels);
            for (int c = 0; c < wanted_channels; ++c) {
                out_pixel[c] = in_pixel[c];
            }
        }
    }
    std::vector<Tensor> outputs;
    Status run_status = session->Run({{"image_tensor", image_tensor}},
                 {"detection_boxes", "detection_scores", "detection_classes",
    "num_detections"}, {}, &outputs);
```

如要在偵測到的物體上繪製定界框，需要將 outputs tensor 向量丟給 DrawTopDetections，並用到以下程式碼來解析輸出向量以取得四筆輸出的數值，並跑過所有偵測結果來取得定界框數值（左、上、右、下）以及被偵測到物體 ID 對應的顯示名稱，這樣就能繪製定界框與名稱了：

```
    auto detection_boxes = outputs[0].flat<float>();
    auto detection_scores = outputs[1].flat<float>();
    auto detection_classes = outputs[2].flat<float>();
    auto num_detections = outputs[3].flat<float>()(0);

    LOG(INFO) << "num_detections: " << num_detections << ", detection_scores
    size: " << detection_scores.size() << ", detection_classes size: " <<
    detection_classes.size() << ", detection_boxes size: " <<
    detection_boxes.size();

    for (int i = 0; i < num_detections; i++) {
        float left = detection_boxes(i * 4 + 1) * image_width;
        float top = detection_boxes(i * 4 + 0) * image_height;
        float right = detection_boxes(i * 4 + 3) * image_width;
        float bottom = detection_boxes((i * 4 + 2)) * image_height;
        string displayName = GetDisplayName(&imageLabels, detection_classes(i));
        LOG(INFO) << "Detected " << i << ": " << displayName << ", " << score
    << ", (" << left << ", " << top << ", " << right << ", " << bottom << ")";
        ...
      }
```

上述的 LOG(INFO) 指令，當執行圖 3.1 中的第 2 章測試影像與 TensorFlow 物件偵測 API 網站上的範例影像時，會輸出以下資訊：

```
num_detections: 100, detection_scores size: 100, detection_classes size:
100, detection_boxes size: 400
 Detected 0: person, 0.916851, (533.138, 498.37, 553.206, 533.727)
 Detected 1: kite, 0.828284, (467.467, 344.695, 485.3, 362.049)
 Detected 2: person, 0.779872, (78.2835, 516.831, 101.287, 560.955)
 Detected 3: kite, 0.769913, (591.238, 72.0729, 676.863, 149.322)
```

這就是在 iOS app 要運用一個預先訓練好物件偵測模型所要準備的東西了。但如果要在 iOS 中使用我們自行重新訓練後的物件偵測模型又要怎麼做呢？做法與使用預先訓練模型幾乎完全一樣，不需要修改 input_size、input_mean、input_std 與 input_name 等參數，作法如同上一章中的那個重新訓練後的影像分類模型。只要完成以下步驟即可：

1. 加入你重新訓練好的模型，例如上一段所建立的 output_inference_graph_ssd_mobilenet.pb 檔；用於重新訓練模型的標籤對應檔，例如 pet_label_map.pbtxt，也可以在 TFObjectDetectionAPI 專案中加入一些專門針對重新訓練後模型的新測試影像。
2. 在 ViewController.mm 中，用重新訓練後的模型來呼叫 RunInferenceOnImage。
3. 一樣是在 ViewController.mm 中，在 DrawTopDetections 函式中呼叫 LoadLablesFile([FilePathForResourceName(@"pet_label_map", @"pbtxt") UTF8String], &imageLabels);

搞定！執行這個 app，應該可以看到搭配重新訓練後模型的偵測結果變得更加精準。例如，使用上述的重新訓練後的模型（使用 Oxford 寵物資料集重新訓練之後的結果），我們預期定界框會在狗狗的頭部附近而非整個身體，這正是圖 3.9 中的測試影像結果：

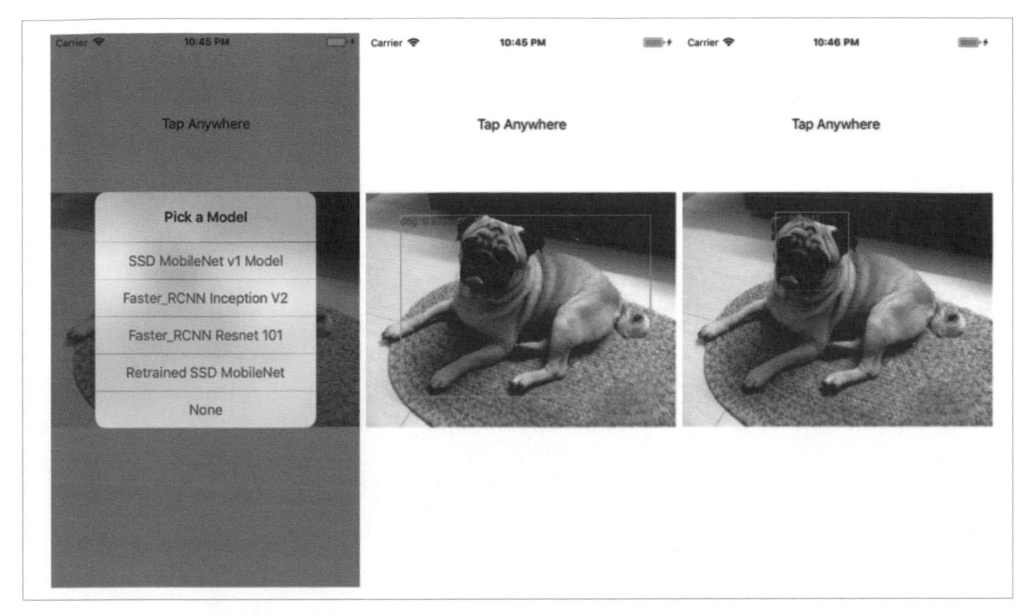

圖 3.9 比較預先訓練與重新訓練後模型的偵測結果

3.5 使用 YOLO2——另一款物件偵測模型

前面提過 YOLO2（https://pjreddie.com/darknet/yolo）是一款很酷的物件偵測模型，採用了 RCNN 家族中的另一種不同作法。它只用了一個神經網路把輸入影像分成多個固定大小的區域（但沒有 RCNN 方法中的候選區域）再去預測各區域的定界框、類別與機率值。

TensorFlow 中有一個 Android 範例 app 就用到了預先訓練好的 YOLO 模型，但沒有 iOS 的範例。由於 YOLO2 是最快速的物件偵測模型之一，精確度也相當不錯（請到它的官方網站看看 mAP 比較），所以值得我們來看看如何在 iOS app 中進行運用。

YOLO 採用了一款特殊的開放原始碼神經網路框架來訓練其模型，稱為 Darknet（https://pjreddie.com/darknet）。另外還有一款叫做 darkflow（https://github.com/thtrieu/darkflow）的函式庫，可以把已經用 Darknet

訓練後的 YOLO 模型之神經網路權重轉換為 TensorFlow graph 格式，還能重新訓練已經預先訓練好的模型。

要用 TensorFlow 的格式來建置 YOLO2 模型的話，要先取得 darkflow repo（https://github.com/thtrieu/darkflow）。由於它要求 Python 3 與 TensorFlow 1.0（Python 2.7 搭配 TensorFlow 1.4 之後的版本應該也可以），因此要用到 Anaconda 來設定一個支援 Python 3 的 TensorFlow 1.0 環境：

```
conda create --name tf1.0_p35 python=3.5
source activate tf1.0_p35
conda install -c derickl tensorflow
```

請執行 `conda install -c menpo opencv3` 指令來安裝 OpenCV 3，這是另一個 darkflow 要用到的相依套件。現在切換到 darkflow 目錄下並執行 `pip install .` 來安裝 darkflow。

接著，要下載預先訓練好的 YOLO 模型權重。在此會用到兩款 Tiny-YOLO 模型，執行速度相當快但準確度相較於完整的 YOLO 模型就稍微差一點。用來執行 Tiny-YOLO 與 YOLO 模型的 iOS 程式碼都是一樣的，所以這邊只會示範如何執行 Tiny-YOLO 模型。

請由 YOLO2 官方網站或 darkflow repo 來下載 `tiny-yolo-voc`（搭配 20 種物件類別的 PASCAL VOC 資料集來訓練）與 tiny-yolo（搭配 80 種物件類別的 MS COCO 資料集來訓練）的權重與設定檔。現在執行以下指令將權重轉換為 TensorFlow graph 檔：

```
flow --model cfg/tiny-yolo-voc.cfg --load bin/tiny-yolo-voc.weights --
savepb
flow --model cfg/tiny-yolo.cfg --load bin/tiny-yolo.weights --savepb
```

執行後產生的兩個檔案：`tiny-yolo-voc.pb` 與 `tiny-yolo.pb` 會放在 `built_graph` 目錄下。現在請切換到你的 TensorFlow 的根目錄，並執行以下指令來產生前一章所提過的量化模型：

```
python tensorflow/tools/quantization/quantize_graph.py --
input=darkflow/built_graph/tiny-yolo.pb --output_node_names=output --
```

```
output=quantized_tiny-yolo.pb --mode=weights
python tensorflow/tools/quantization/quantize_graph.py --
input=darkflow/built_graph/tiny-yolo-voc.pb --output_node_names=output --
output=quantized_tiny-yolo-voc.pb --mode=weights
```

現在，請根據以下步驟把這兩個 YOLO 模型加入你的 iOS app 中：

1. 把 `quantized_tiny-yolo-voc.pb` 與 `quantized_tiny-yolo.pb` 這兩個檔案加入 `TFObjectDetectionAPI` 專案中。
2. 在 `ViewController.mm` 中新增兩個警告動作，這樣當執行這個 app 時就可以看到有哪些模型可用，如圖 3.10：

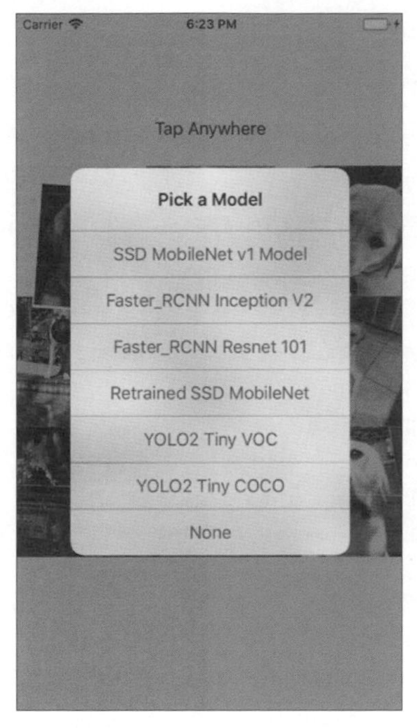

圖 3.10　在 iOS app 再加入兩款 YOLO 模型

3. 加入以下程式碼，將輸入影像轉成 tensor 才能接著丟給輸入節點，並執行一個已載入 YOLO 模型 graph 的 TensorFlow session 來產生偵測之輸出結果：

```
tensorflow::Tensor
image_tensor(tensorflow::DT_FLOAT,tensorflow::TensorShape({1,
```

```
wanted_height, wanted_width, wanted_channels}));
auto image_tensor_mapped = image_tensor.tensor<float, 4>();
tensorflow::uint8* in = image_data.data();
float* out = image_tensor_mapped.data();
for (int y = 0; y < wanted_height; ++y) {
    ...
    out_pixel[c] = in_pixel[c] / 255.0f;
}
std::vector<tensorflow::Tensor> outputs;
tensorflow::Status run_status = session->Run({{"input",
image_tensor}}, {"output"}, {}, &outputs);
```

請注意，這裡上一章的影像分類範例，與本章先前運用其他模型的物件偵測範例，兩者程式中的 `for` 迴圈與 `session->Run` 有一些重要的小差異（其他程式碼都一樣就不秀出來了）。為了讓影像正確轉換，你需要理解模型的各項細節，並從可運作的 Python、Android 或 iOS 範例中來學習，當然還有必要的除錯技巧。再者，為了讓輸入與輸出節點名稱正確，你可使用 `summarize_graph` 工具，或之前用過蠻多次的那段 Python 程式。

4. 把輸出結果傳給 `YoloPostProcess` 函式，有點類似於 `tensorflow/examples/android/src/org/tensorflow/demo/TensorFlowYoloDetector.java` 這個 Android 範例的實作：

```
tensorflow::Tensor* output = &outputs[0];
std::vector<std::pair<float, int> > top_results;
YoloPostProcess(model, output->flat<float>(), &top_results);
```

其他的程式碼就不放上來了。完整的 iOS app 請參考本書範例的 `ch3/ios`。

5. 執行這個 app，選擇 YOLO2 Tiny VOC 或 YOLO2 Tiny COCO，你會發現執行速度差不多，但是偵測準確度略遜於 SSD MobileNet v1 模型。

TensorFlow 物件偵測模型與 YOLO2 模型在行動裝置上的執行速度都很不錯，但 MobileNet 為基礎的 TensorFlow 模型與 Tiny YOLO2 模型的準確度就稍稍遜色。更大型的 Faster RNN 模型與完整版的 YOLO2 模型雖然準確度較高，但在行動裝置上的執行時間就過久或根本跑不起來。因此在行動裝置上做到快速物件辨識功能的最佳做法是採用 SSD MobileNet 或 Tiny-YOLO2 模型，或者根據這兩者重新訓練並好好調校過的模型。後續發表的新模型很有可能在效能與準確度上都大幅提升，但以本章所介紹的內容來說，你應該可以很快搞定一個具備物件偵測功能的 iOS app 了。

3.6 總結

本章一開始先簡介了各種以深度學習為基礎的物件偵測方法，接著深入探討了如何運用 TensorFlow 物件偵測 API 搭配預先訓練好的模型來立即進行推論，以及如何使用 Python 來重新訓練各種已經預先訓練好的 TensorFlow 物件偵測模型。另外，也詳細介紹了如何自行建置一個 TensorFlow iOS 函式庫、使用這個函式庫來建立新的 iOS app、以及如何在 iOS 系統中使用現成的或重新訓練後的 SSD MobileNet 與 Faster RCNN 模型。最後，則是說明如何在你的 iOS app 中運用另一個相當厲害的物件偵測模型：YOLO2。

下一章是本書第三個與電腦視覺相關的任務，會深入探討如何使用 Python 與 TensorFlow 來訓練與建置有趣的深度學習模型，並且將其加入你的 iOS 與 Android app 中來產生各種酷炫的藝術風格影像。

4

將圖片轉換為藝術風格

自從深度神經網路在 2012 年以 AlexNet 勝出 ImageNet 大賽之後，AI 研究者們就開始把各種深度學習技術，包含預先訓練之深度 CNN 模型，應用在愈來愈多不同的問題領域裡。還有什麼比藝術創作更具有原創性了呢？有一個想法，叫做「神經風格遷移」（neural style transfer），被提出來之後也確實被實踐了，讓你可運用一個預先訓練好的深度神經網路模型把某張影像的風格（例如梵谷或莫內的畫作）遷移到另一張影像，像是你的履歷大頭照或你最愛的狗狗相片，至終產生一張融合了你所提供的影像內容與大師畫作風格的全新影像。

榮獲 2016 年度最佳 app 的 iOS app：Prisma，就是在做這件事；只要幾秒鐘就能把一張照片轉換成你所指定的風格。

本章首先會介紹三種神經風格遷移方法，包含最原本的、大幅改良版以及未來改良版。接著會深入討論如何使用第二種方法來訓練一個快速神經風格遷移模型，並可用於你的 iOS 或 Android 智慧型手機上來做到類似 Prisma 的效果。接著，會實際把這個模型用在 iOS 與 Android app 中，並帶你從頭走完所有流程。最後，我們會談談 TensorFlow Magenta 這個開放原始碼專案，你可用它來建置以深度學習為基礎的音樂與藝術生成的 app，並示範如何運用一個預先訓練好的風格遷移模型，該模型是以神經風格遷移最新的研究成果為基礎，包含了 26 種很酷的藝術風格，且在 iOS 與 Android app 上能有更好的執行速度與轉換效果。

本章內容如下：

- 神經風格遷移簡介
- 訓練快速神經風格遷移模型
- 在 iOS 中使用快速神經風格遷移模型
- 在 Android 中使用快速神經風格遷移模型
- 在 iOS 中使用 TensorFlow Magenta 多重風格模型
- 在 Android 中使用 TensorFlow Magenta 多重風格模型

4.1 神經風格遷移簡介

使用深度神經網路來將某張影像的內容與另一張的內容融合起來，原初的想法與演算法首見於 2015 年夏天的一篇論文，名為 ***A Neural Algorithm of Artistic Style***（`https://arxiv.org/abs/1508.06576`）。它是以 VGG-19（`https://arxiv.org/pdf/1409.1556.pdf`）這款預先訓練好的深度 CNN 模型（該模型為 2014 年 ImageNet 影像辨識大賽的冠軍模型）為基礎，其中包含了 16 個卷積層（或稱為特徵圖），代表影像內容不同程度的特徵。在原始論文所提出的方法中，最終的遷移完成影像首先會用一張白雜訊影像去融合另一張內容影像來初始化。內容損失函數的定義為內容影像與結果影像被送入 VGG-19 網路之後，兩者之卷積層（`conv4_2`）中某一組特徵表示之平方誤差損失。風格損失函數會計算這五個卷積層中，風格影像與結果影像之間的總誤差。總誤差的定義為內容損失與風格損失之和。在訓練過程中，損失會慢慢降到最低，至終產生一個融合了某張影像與另一張影像之風格的新影像。

雖然神經風格遷移演算法的效果真的很炫，但它的效能卻相當糟糕——訓練它屬於風格遷移影像生成過程的一部分，通常用 GPU 也需要數分鐘，如果只有 CPU 的話，可能要接近一小時才會有比較好的結果。

info

如果你對於原本的演算法有興趣的話，原本的論文當然要拜讀一下，還有下列網址中的 Python 範例也很棒：

https://github.com/log0/neural-style-painting/blob/master/art.py

由於原本的演算法並非針對行動裝置來設計，在此就不討論了，但它真的相當有趣且能讓你更加理解如何把一個預先訓練好的深度 CNN 模型用在各種的電腦視覺任務上。

後來到了 2016 年，*Justin Johnson* 等人在 ***Perceptual Losses for Real-Time Style Transfer and Super-Resolution***（https://cs.stanford.edu/people/jcjohns/eccv16/）這篇文章中提出了一款新的演算法，號稱「速度提升了三個數量級」。該論文採用了獨立的訓練流程，並設計了更棒的損失函數（自身就是深度神經網路）。訓練完成（下一節就會談到，這件事就算用 GPU 也要好幾個小時！）之後，就能用這個訓練好的模型來產生一張風格遷移影像，在電腦上可說是立即完成，而在智慧型手機上也只要幾秒鐘。

這款快速神經遷移演算法還有一個使用上的缺點：一款模型只能針對一種風格來訓練，因此如果要在 app 中納入多種風格的話，你得一個一個把這些風格訓練好才行。2017 年的 ***A Learned Representation For Artistic Style***（https://arxiv.org/abs/1610.07629）這篇文章提出了單一深度神經網路模型就能將多個不同的風格進行一般化。TensorFlow Magenta 專案（https://github.com/tensorflow/magenta/tree/master/magenta/models/image_stylization）中就有一個具備多重風格的預先訓練模型，本章最後兩節就會說明，把這樣的模型用於 iOS 與 Android app 來產生豐富又迷人的藝術效果，原來是這麼簡單的事情呢！

4.2 訓練快速神經風格遷移模型

本節要說明如何使用快速神經風格遷移演算法搭配 TensorFlow 來訓練模型。請根據以下步驟來訓練模型：

1. 在 Mac 或建議具備 GPU 的 Ubuntu 機器開啟新的終端機視窗，執行 `git clone https://github.com/jeffxtang/fast-style-transfer`，這個分支於 Justin Johnson 的快速風格遷移的 TensorFlow 實作相當不錯，已經修改完成讓訓練後的模型可用於 iOS 與 Android app 中。
2. 切換到 `fast-style-transfer` 目錄，執行 `setup.sh` 來下載預先訓練 VGG-19 模型檔與 MS COCO 訓練資料集，這在上一章談過了，請注意這些檔案相當大，下載可能需要好幾個小時。
3. 執行以下指令來建立檢查點檔案，需搭配叫做 `starry_night.jpg` 的風格影像，還有一張叫做 `ww1.jpg` 的內容影像：

```
mkdir checkpoints
mkdir test_dir
python style.py --style images/starry_night.jpg --test
images/ww1.jpg --test-dir test_dir --content-weight 1.5e1 --
checkpoint-dir checkpoints --checkpoint-iterations 1000 --batch-size 10
```

`images` 目錄下有一些不同風格的影像，你可用它們來建立不同的檢查點檔。在此使用的 `starry_night.jpg` 風格影像正是梵谷的知名畫作之一，如圖 4.1：

圖 4.1　使用梵谷畫作為風格影像

如果使用配備 NVIDIA GTX 1070 GPU 顯示卡的 Ubuntu 機器（建置流程請參考第 1 章），整體訓練時間大約要 5 小時，如果只有 CPU 的話需要更久的時間。

> **info**
>
> 這個程式最早是根據 TensorFlow 0.12 來寫的，但後續修改後也適用於 TensorFlow 1.1，我們已根據稍早所完成的 TensorFlow 1.4 搭配 Python 2.7 環境來測試，都能正常運作。

4. 在文字編輯器中開啟 evaluate.py，取消以下兩行程式碼的註解（158 與 159）：

```
# saver = tf.train.Saver()
# saver.save(sess, "checkpoints_ios/fns.ckpt")
```

5. 執行以下指令來建立一個新的檢查點，參數是名為 img_placeholder 的輸入影像以及名為 preds 遷移後影像：

```
python evaluate.py -checkpoint checkpoints \
--in-path examples/content/dog.jpg \
--out-path examples/content/dog-output.jpg
```

6. 執行以下指令來建置一個包含了 graph 定義與檢查點中各權重的 TensorFlow graph 檔。這會建立一個大約 6.7 MB 的 .pb 檔：

```
python freeze.py --model_folder=checkpoints_ios --output_graph
fst_frozen.pb
```

7. 假設 /tf_files 目錄已經建好，請把 fst_frozen.pb 檔複製到 /tf_files 中。接著切換到你的 TensorFlow 根目錄（例如 ~/tensorflow-1.4.0），執行以下指令來產生這個 .pb 檔的量化模型（請回顧第 2 章）：

```
bazel-bin/tensorflow/tools/quantization/quantize_graph \
--input=/tf_files/fst_frozen.pb \
--output_node_names=preds \
--output=/tf_files/fst_frozen_quantized.pb \
--mode=weights
```

這樣會把凍結後的 graph 檔大小從原本的 6.7MB 一口氣縮小到只有 1.7MB，代表如果要把 50 個不同風格對應的 50 個模型檔放入 app 中的話，總共就是 85MB 左右。Apple 公司在 2017 年 9 月宣布行動網路的下載流量限制提高到 150MB，因此使用者應該還是可以透過行動網路來下載這個包含 50 種不同風格的 app。

關於如何使用風格影像搭配輸入影像來訓練並量化一個快速神經遷移模型，到此都講完了。你可以檢查步驟 3 在 `test_dir` 目錄中的生成影像來看看風格遷移的效果。有必要的話也可以玩看看各個超參數，文件請參考以下網址，裡面有各種很棒的風格遷移效果：

https://github.com/jeffxtang/fast-style-transfer/blob/master/docs.md#style

在介紹如何將這些模型用於 iOS 與 Android app 之前，有個重點要提醒，就是要記下步驟 5 中 `--in-path` 參數值所指定的正確影像寬度與高度，並把這組數值填入你的 iOS 或 Android 程式碼中（後續就會介紹怎麼做），不然當這個 app 要執行模型時就會發生以下的錯誤訊息：

```
Conv2DCustomBackpropInput: Size of out_backprop doesn't match computed
```

4.3 在 iOS 中使用快速神經風格遷移模型

現在要在透過 TensorFlow-experimental pod（請回顧第 2 章）所建置的 iOS app 中執行 `fst_frozen_quantized.pb` 模型檔（步驟 7 產生）已經沒問題了，但 TensorFlow Magenta 專題（本章稍後會提到）中的預先訓練之多重風格模型檔並不會與 TensorFlow pod（時間點是 2018 年 1 月）一起被載入，反而是在載入多重風格模型檔時依然會產生以下錯誤：

```
Could not create TensorFlow Graph: Invalid argument: No OpKernel was
registered to support Op 'Mul' with these attrs. Registered devices: [CPU],
Registered kernels:
  device='CPU'; T in [DT_FLOAT]
```

```
   [[Node: transformer/expand/conv1/mul_1 =
Mul[T=DT_INT32](transformer/expand/conv1/mul_1/x,
transformer/expand/conv1/strided_slice_1)]]
```

我們在第 3 章解釋過為什麼會發生這個錯誤，以及如何透過自行建置的 TensorFlow 函式庫來搞定這件事。由於後續要在同一個 iOS app 中用到兩款模型，因此要建置一個新的 iOS app，並可使用自行建置、更厲害的 TensorFlow 函式庫。

加入與測試快速神經遷移模型

如果你尚未自行建置過 TensorFlow 函式庫，請參考先前的章節來操作過一次會比較好。接著執行以下步驟，在你的 iOS app 中加入 TensorFlow 與快速神經風格遷移模型檔，並且實際執行看看：

1. 如果你的 iOS app 已經具備手動建置的 TensorFlow 函式庫，可以跳過本步驟。否則請按照類似上一章所說的步驟來建立一個新的 Objective-C iOS app，名稱可叫做 `NeuralStyleTransfer`。如果是既有的 app，也可以在 **PROJECT** 的 **Build Settings** 下建立一個名為 `TENSORFLOW_ROOT` 的使用者定義設定，內容請輸入 `$HOME/tensorflow-1.4.0`（假設這就是你安裝 TensorFlow 1.4.0 的地方），接著在 TARGET 的 **Build Settings** 中把 **Other Linker Flags** 設定為以下內容：

```
-force_load
$(TENSORFLOW_ROOT)/tensorflow/contrib/makefile/gen/lib/libtensorflo
w-core.a
$(TENSORFLOW_ROOT)/tensorflow/contrib/makefile/gen/protobuf_ios/lib
/libprotobuf.a
$(TENSORFLOW_ROOT)/tensorflow/contrib/makefile/gen/protobuf_ios/lib
/libprotobuf-lite.a
$(TENSORFLOW_ROOT)/tensorflow/contrib/makefile/downloads/nsync/buil
ds/lipo.ios.c++11/nsync.a
```

再把 Header Search Paths 內容設定為：

```
$(TENSORFLOW_ROOT)
```

```
$(TENSORFLOW_ROOT)/tensorflow/contrib/makefile/downloads/protobuf/src
$(TENSORFLOW_ROOT)/tensorflow/contrib/makefile/downloads
$(TENSORFLOW_ROOT)/tensorflow/contrib/makefile/downloads/eigen
$(TENSORFLOW_ROOT)/tensorflow/contrib/makefile/gen/proto
```

2. 把 `fst_frozen_quantized.pb` 檔案與一些測試影像拖放到你的專案資料夾中。把上一章那個 iOS 中的 `ios_image_load.mm` 與 `.h` 這兩個檔案（或從本書程式碼資料夾 `ch4/ios` 下的 `NeuralStyleTransfer` app 資料夾中找找看）複製到專案中。

3. 將 `ViewController.m` 改名為 `ViewController.mm`，並把它與 `ViewController.h` 換成 `ch4/ios/NeuralStyleTransfe` 下的 `ViewController.h` 與 `.mm` 檔。後續在執行這個 app 之後，會詳細介紹重點的程式片段。

4. 於 iOS 模擬器或你的 iOS 裝置中執行這個 app，你會看到一張狗狗的照片，如圖 4.2：

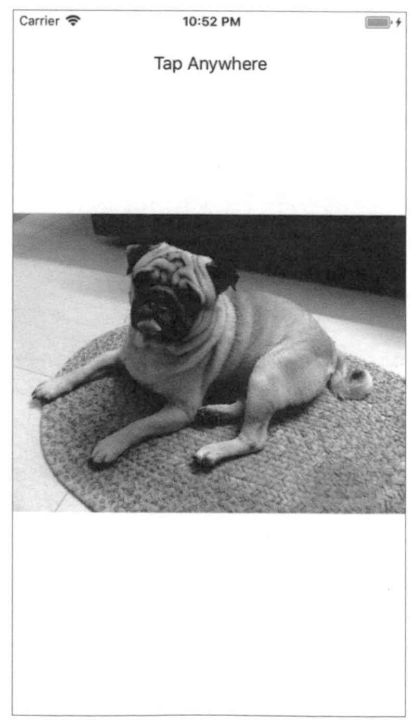

圖 4.2　套用風格之前的原始狗狗圖片

5. 點擊畫面，選擇 **Fast Style Transfer**，幾秒之後就能看到如圖 4.3 的新圖片，已經轉換為梵谷的星空風格了：

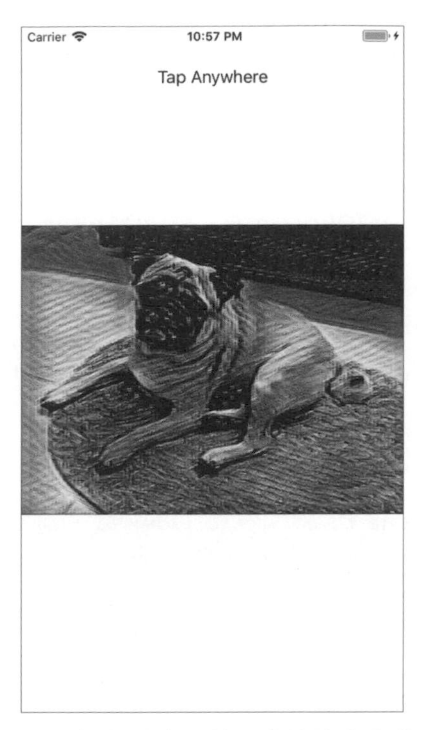

圖 4.3　看起來就像是梵谷來畫這隻狗狗呢！

只要選幾張你喜歡的照片作為風格影像並根據上一段的步驟來操作，就能建置出不同風格的模型。接著根據本節說明，就可以在你的 iOS app 中使用本模型。如果你想知道這個模型是如何訓練出來的話，請參考上一節所列出的 GitHub。現在，就讓我們深入看看這份 iOS 程式碼來理解模型的神奇之處吧！

回顧使用快速神經遷移模型的 iOS 程式碼

`ViewController.mm` 中有幾段針對輸入影像的前處理流程，以及遷移後影像的後處理流程的重要程式片段：

1. `wanted_width` 與 `wanted_height`，這兩個常數值被定義與步驟 5 中 `examples/content/dog.jpg` 之影像寬度 / 高度相同：

```
const int wanted_width = 300;
const int wanted_height = 400;
```

2. iOS 的 dispatch queue 是用來在非 UI 執行緒中載入並執行我們所要的快速神經遷移模型，並且在產生風格遷移影像之後，把影像送往 UI 執行緒來顯示這張影像：

```
dispatch_async(dispatch_get_global_queue(0, 0), ^{
    UIImage *img = imageStyleTransfer(@"fst_frozen_quantized");
    dispatch_async(dispatch_get_main_queue(), ^{
        _lbl.text = @"Tap Anywhere";
        _iv.image = img;
    });
});
```

3. 這邊定義了一個三維浮點數 tensor，用來轉換輸入影像資料：

```
tensorflow::Tensor image_tensor(tensorflow::DT_FLOAT,
tensorflow::TensorShape({wanted_height, wanted_width,
wanted_channels}));
auto image_tensor_mapped = image_tensor.tensor<float, 3>();
```

4. 被送往 TensorFlow 的 `Session->Run` 方法的輸入與輸出節點名稱，必須與訓練模型時的名稱相同：

```
std::string input_layer = "img_placeholder";
std::string output_layer = "preds";
std::vector<tensorflow::Tensor> outputs;
tensorflow::Status run_status = session->執行 ({{input_layer,
image_tensor}} {output_layer}, {}, &outputs);
```

5. 模型執行完畢後會回傳輸出 tensor，其中包含了範圍在 0 到 255 之間的 RGB 值，在此要呼叫 `tensorToUIImage` 這個函數，把 tensor 資料轉換為一個 RGB 緩衝才行：

```
UIImage *imgScaled = tensorToUIImage(model, output->flat<float>(),
image_width, image_height);
```

```
static UIImage* tensorToUIImage(NSString *model, const
Eigen::TensorMap<Eigen::Tensor<float, 1, Eigen::RowMajor>,
Eigen::Aligned>& outputTensor, int image_width, int image_height) {
    const int count = outputTensor.size();
    unsigned char* buffer = (unsigned char*)malloc(count);

    for (int i = 0; i < count; ++i) {
        const float value = outputTensor(i);
        int n;
        if (value < 0) n = 0;
        else if (value > 255) n = 255;
        else n = (int)value;
        buffer[i] = n;
    }
```

6. 在調整這個緩衝大小並將其回傳來顯示之前，先把這個緩衝轉換為一個 `UIImage` 實例：

```
UIImage *img = [ViewController convertRGBBufferToUIImage:buffer
withWidth:wanted_width withHeight:wanted_height];
UIImage *imgScaled = [img scaleToSize:CGSizeMake(image_width,
image_height)];
return imgScaled;
```

完整程式碼與 app 內容請參考 `ch4/ios/NeuralStyleTransfer` 資料夾。

4.4 在 Android 中使用快速神經風格遷移模型

第 2 章介紹過如何把 TensorFlow 加入 Android app 中，但這個 app 沒有介面供我們操作。現在來做一個 Android app，並加入先前訓練好並用在 iOS 系統中的快速風格遷移模型。

由於這支 Android app 只用到了最低限度的 TensorFlow 相關程式碼，以及與 Android UI、執行緒相關的程式碼，就能執行一個完整功能 TensorFlow 模型的 app，我們會從頭介紹每一行程式碼，幫助你進一步了解如何從頭開發一個 Android TensorFlow app 所需的一切步驟：

1. 在 Android Studio 中，點選 **File | New | New Project...**，**Application Name** 輸入 FastNeuralTransfer；採用所有預設設定之後按下 **Finish**。
2. 新增一個 assets 資料夾，如圖 2.13，把訓練好的快速神經遷移模型從上一段的 iOS app 中（如果你上一段有實際操作的話），或從「**訓練快速神經風格遷移模型**」這一節中步驟 7 的 /tf_files 資料夾，搭配一些測試影像拖放到這個 assets 資料夾中。
3. 在 app 的 build.gradle 檔案中，找到 dependencies 並在其後加入這一段：
   compile 'org.tensorflow:tensorflow-android:+'
4. 開啟 res/layout/activity_main.xml 檔，刪除預設的 TextView 元件，並加入一個 ImageView 元件來顯示風格遷移前後的影像：

```
<ImageView
    android:id="@+id/imageview"
    android:layout_width="match_parent"
    android:layout_height="match_parent"
    app:layout_constraintBottom_toBottomOf="parent"
    app:layout_constraintLeft_toLeftOf="parent"
    app:layout_constraintRight_toRightOf="parent"
    app:layout_constraintTop_toTopOf="parent"/>
```

5. 加入一個 Button 元件來初始化風格遷移：

```
<Button
    android:id="@+id/button"
    android:layout_width="wrap_content"
    android:layout_height="wrap_content"
    android:text="Style Transfer""
    app:layout_constraintBottom_toBottomOf="parent"
    app:layout_constraintHorizontal_bias="0.502"
    app:layout_constraintLeft_toLeftOf="parent"
    app:layout_constraintRight_toRightOf="parent"
    app:layout_constraintTop_toTopOf="parent"
    app:layout_constraintVertical_bias="0.965" />
```

6. 在 app 的 MainActivity.java 檔案中，先匯入最重要的套件：

```
import org.tensorflow.contrib.android.TensorFlowInferenceInterface;
```

TensorFlowInferenceInterface 提供了 JAVA 介面來存取原生的 TensorFlow 介面 API。接著請確認 MainActivity 類別去實作了 Runnable 介面，這是因為我們需要讓這個 app 能夠回應，且能在一個 worker 執行緒中正確載入與執行 TensorFlow 模型。

7. 在類別一開頭先定義了 6 個常數，如下：

```
private static final String MODEL_FILE =
"file:///android_asset/fst_frozen_quantized.pb";
private static final String INPUT_NODE = "img_placeholder";
private static final String OUTPUT_NODE = "preds";
private static final String image_NAME = "pug1.jpg";
private static final int WANTED_WIDTH = 300;
private static final int WANTED_HEIGHT = 400;
```

MODEL_FILE 可採用任何你喜歡的以訓練模型檔。INPUT_NODE 與 OUTPUT_NODE 的值需要與先前用於 iOS app 的那個 Python 程式中相同。WANTED_WIDTH 與 WANTED_HEIGHT，同樣也要與 --in-path（請參考「訓練快速神經風格遷移模型」這一節的步驟 5）所設定的影像寬高相同。

8. 宣告 4 個實例變數：

```
private ImageView mImageView;
private Button mButton;
private Bitmap mTransferredBitmap;

private TensorFlowInferenceInterface mInferenceInterface;
```

mImageView 與 mButton 是在 onCreate 方法中透過 findViewById 方法來呼叫。mTransferredBitmap 是用於存放遷移後影像之點陣圖檔，這樣 mImageView 才能顯示它。mInferenceInterface 則是用來載入 TensorFlow 模型、將輸入影像送入模型、執行模型並回傳推論的結果。

9. 再建立一個 Handler 實例。在 TenforFlow 推論執行緒對 Handler 實例發送一個訊息之後，在主執行緒中顯示最終的遷移影像，另外也會建立一個貼心的 Toast 訊息：

```
Handler mHandler = new Handler() {
    @Override
    public void handleMessage(Message msg) {
        mButton.setText("Style Transfer");
        String text = (String)msg.obj;
        Toast.makeText(MainActivity.this, text,
                    Toast.LENGTH_SHORT).show();
        mImageView.setImageBitmap(mTransferredBitmap);
    } };
```

10. 在 onCreate 方法中，會把介面配置 xml 檔中的 ImageView 去綁定 mImageView 實例變數、載入 assets 資料夾中測試影像之點陣圖檔，最後顯示於 ImageView：

```
mImageView = findViewById(R.id.imageview);
try {
    AssetManager am = getAssets();
    InputStream is = am.open(IMAGE_NAME);
    Bitmap bitmap = BitmapFactory.decodeStream(is);
    mImageView.setImageBitmap(bitmap);
} catch (IOException e) {
    e.printStackTrace();
}
```

11. mButton 也是類似的作法，另外也會設定一個點擊監聽器。這樣當按鈕被按下時就會建立並執行一個新的執行緒來呼叫 run 方法：

```
mButton = findViewById(R.id.button);
mButton.setOnClickListener(new View.OnClickListener() {
    @Override
    public void onClick(View v) {
        mButton.setText("Processing...");
        Thread thread = new Thread(MainActivity.this);
        thread.start();
    }
});
```

12. 在執行緒的 run 方法中，首先宣告了三個陣列並配置對應的記憶體大小：intValues 陣列用來存放測試影像的像素值，其中各個像素分別代表一個

32 位元的 ARGB（透明度、紅、綠、藍）值；floatValues 陣列用來分別存放各像素的 RGB 值，這也正是模型所接受的格式，因此它的大小正好是 intValues 陣列的三倍。最後 outputValues 陣列的大小與 floatValues 陣列相同，但是是用來存放模型的輸出值：

```
public void run() {
    int[] intValues = new int[WANTED_WIDTH * WANTED_HEIGHT];
    float[] floatValues = new float[WANTED_WIDTH * WANTED_HEIGHT *3];
    float[] outputValues = new float[WANTED_WIDTH * WANTED_HEIGHT *3];
```

接著要取得測試影像的點陣資料，調整其大小來符合訓練所需的影像大小，並將調整大小後的點陣圖像素載入 intValues 陣列，最後轉換到 floatValues 陣列中：

```
Bitmap bitmap = BitmapFactory.decodeStream(getAssets().open(IMAGE_NAME));
Bitmap scaledBitmap = Bitmap.createScaledBitmap(bitmap, WANTED_WIDTH,
WANTED_HEIGHT, true);
scaledBitmap.getPixels(intValues, 0, scaledBitmap.getWidth(), 0, 0,
scaledBitmap.getWidth(), scaledBitmap.getHeight());

for (int i = 0; i < intValues.length; i++) {
    f inal int val = intValues[i];
    floatValues[i*3] = ((val >> 16) & 0xFF);
    floatValues[i*3+1] = ((val >> 8) & 0xFF);
    floatValues[i*3+2] = (val & 0xFF);
}
```

請注意 val（也就是 intValues 像素陣列中的各個元素）是個 32 位元整數，用於存放其 8 位元區域的 ARGB 值。在此使用位元右移（針對紅色與綠色）與 bitwise AND 運算來取得各像素的 RGB 值，但會省略每個 intValues 陣列元素中最左邊的 8 個位元，也就是 Alpha 值。因此，floatValues[i*3]、floatValues[i*3+1] 與 floatValues[i*3+2] 就可分別存放某個像素的 RGB 值了。

現在要新建一個 TensorFlowInferenceInterface 實例，並將它結合一個 AssetManager 實例搭配 assets 資料夾中的模型檔名稱，最後用這個

TensorFlowInferenceInterface 實例將轉換後的 floatValues 陣列送入 INPUT_NODE。如果模型需要多個輸入節點的話，只要呼叫多個 feed 方法即可。接著，送入包含輸出節點名稱的字串陣列來執行這個模型。我們的快速風格遷移模型完成了，在此的輸入與輸出節點只要各一個就好。最後，送入輸出節點名稱就可以取得模型的輸出值。當然，如果要取得多個輸出節點的話，上述動作多執行幾次就可以了。

```
AssetManager assetManager = getAssets();
mInferenceInterface = new TensorFlowInferenceInterface(assetManager,
MODEL_FILE);
mInferenceInterface.feed(INPUT_NODE, floatValues, WANTED_HEIGHT,
WANTED_WIDTH, 3);
mInferenceInterface.run(new String[] {OUTPUT_NODE}, false);
mInferenceInterface.fetch(OUTPUT_NODE, outputValues);
```

模型所產生的 outputValues 陣列分別存放了各元素的 8 位元 RGB 值的其中一個，數值範圍為 0 到 255，我們首先會對紅色與綠色數值進行位元左移運算，但位移量不同（16 與 8），接著使用位元 OR 運算來把 8 位元 Alpha 值（0xFF）與 8 位元 RGB 值組合起來，最後存入 intValues 陣列中：

```
for (int i=0; i < intValues.length; ++i) {
    intValues[i] = 0xFF000000
                    | (((int) outputValues[i*3]) << 16)
                    | (((int) outputValues[i*3+1]) << 8)
                    | ((int) outputValues[i*3+2]);
```

接著新建一個 Bitmap 實例，並用 intValues 陣列來設定其像素值、把點陣圖調整為與測試影像相等大小，並把縮放後的點陣圖存入 mTransferredBitmap 中：

```
Bitmap outputBitmap = scaledBitmap.copy( scaledBitmap.getConfig(), true);
outputBitmap.setPixels(intValues, 0, outputBitmap.getWidth(), 0, 0,
outputBitmap.getWidth(), outputBitmap.getHeight());
mTransferredBitmap = Bitmap.createScaledBitmap(outputBitmap,
bitmap.getWidth(), bitmap.getHeight(), true);
```

最後，對主執行緒的處理器發送一段訊息，讓它知道現在可以顯示風格遷移之後的影像了：

```
Message msg = new Message();
msg.obj = "Tranfer Processing Done";
mHandler.sendMessage(msg);
```

不到 100 行的程式碼就做好一個完整的 Android app 了，還可對影像進行超酷的風格遷移運算。請在實體 Android 裝置或模擬器上執行這個 app，首先會看到一個按鈕與測試影像，按下按鈕，幾秒之後就能看到風格遷移後的影像，如圖 4.4：

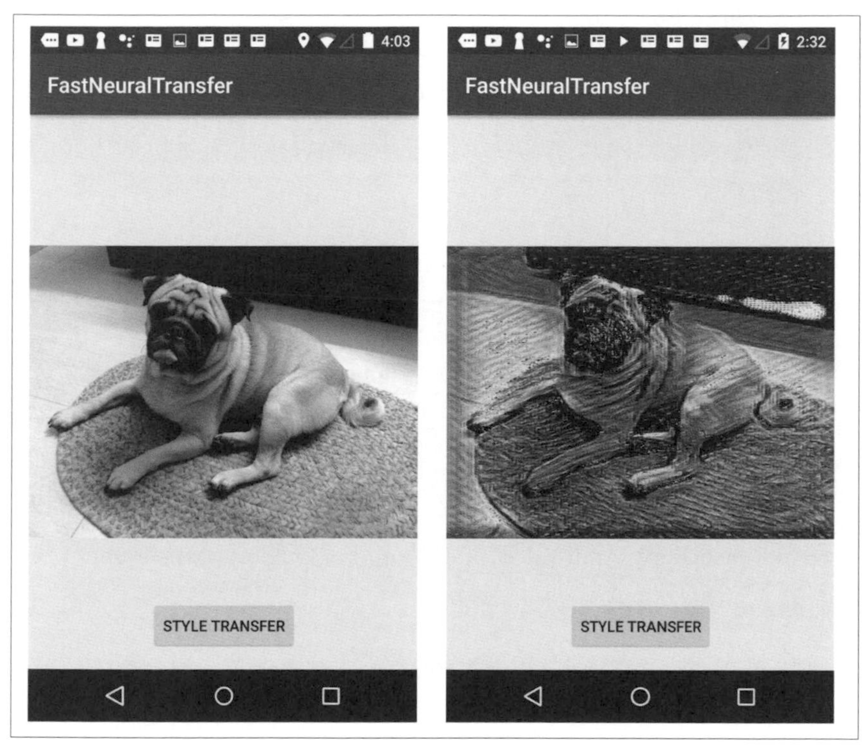

圖 4.4　在 Android 裝置上的原始影像與風格遷移後的影像

使用快速神經風格模型的問題之一在於，就算各個模型在量化之後只剩下 1.7MB，還是需要針對各種風格來個別訓練，因此每個訓練好的模型依舊只能支援一種風格遷移。幸好，這個問題已經有很棒的解決方案了。

4.5 在 iOS 中使用 TensorFlow Magenta 多重風格模型

TensorFlow 的 Magenta 專案（https://github.com/tensorflow/magenta）讓你得以使用超過 10 種預先訓練好的模型來產生全新的音樂與影像。本節與下一節會聚焦在如何使用 Magenta 的影像風格化模型。請根據它的 github 在你的電腦上安裝 Magenta，但如果要在你的行動裝置 app 中使用 Magenta 提供的各種酷炫影像風格遷移模型的話，其實是不用安裝 Magenta 的。Magenta 中的預先訓練好風格遷移模型是根據 2017 年發表的 ***A Learned Representation for Artistic Style*** 這篇論文來實作，不再侷限於一種模型只能有一種風格，而能做到單一模型就能包含多種風格，因此你就可以把這些風格混搭起來玩玩看。請看看以下網址的示範效果：

https://github.com/tensorflow/magenta/tree/master/magenta/models/image_stylization

其中的兩個預先訓練好的檢查點模型雖然可以下載，但不能直接用在你的行動裝置 app 中，原因是檢查點檔案中的一些 NaN（非數字）錯誤。在此不會詳述如何移除這些錯誤以及生成一個可用於你 app 中的 .pb 模型檔（有興趣的話請參考 https://github.com/tensorflow/tensorflow/issues/9678）。所以，我們會直接使用 TensorFlow Android 範例中預先訓練好的 stylize_quantized.pb 模型檔來看看它的執行效果。

如果你真的很想要自行訓練一個模型的話，請根據上述 image_stylization 連結中的步驟來訓練模型。但請先準備好至少 500 GB 的磁碟空間來下載 ImageNet 資料集，以及一顆強大的 GPU 來完成訓練。在看過本節與下一節的程式碼與執行效果之後，你應該會很滿意預先訓練之 stylize_quantized.pb 模型的超酷風格遷移效果才對。

請根據以下步驟，在本章稍早所建立之 iOS app 中使用與執行多重風格模型：

1. 請由 tensorflow/examples/android/assets 資料夾中，把 stylize_quantized.pb 檔拖放到你 Xcode 中的 iOS apps 資料夾。

2. 在點擊處理器中新增一個 UIAlertAction，會用到之前用來載入與處理快速風格遷移模型之同一個 dispatch_async：

```
UIAlertAction* multi_style_transfer = [UIAlertAction
actionWithTitle:@"Multistyle Transfer"
style:UIAlertActionStyleDefault handler:^(UIAlertAction * action) {
    _lbl.text = @"Processing...";
    _iv.image = [UIImage imageNamed:image_name];
    dispatch_async(dispatch_get_global_queue(0, 0), ^{
        UIImage *img = imageStyleTransfer(@"stylize_quantized");
        dispatch_async(dispatch_get_main_queue(), ^{
            _lbl.text = @"Tap Anywhere";
            _iv.image = img;
        });
    });
}];
```

3. 把 input_layer 與 output_layer 換成對應於新模型的正確內容，並新增一個名為 style_num 的輸入節點（這些數值是來自先前 Android 範例中的 StylizeActivity.java，或者你可使用 summarize_graph 工具、TensorBoard 或先前章節示範過程式片段來找到這些數值）：

```
std::string input_layer = "input";
std::string style_layer = "style_num";
std::string output_layer = "transformer/expand/conv3/conv/Sigmoid";
```

4. 與快速風格遷移模型不同之處在於，多風格模型的影像輸入是一個四維度的浮點數張量：

```
tensorflow::Tensor image_tensor(tensorflow::DT_FLOAT,
tensorflow::TensorShape({1, wanted_height, wanted_width,
wanted_channels}));
auto image_tensor_mapped = image_tensor.tensor<float, 4>();
```

5. 另外還要把 style_tensor 定義成另一個形狀為 (NUM_STYLES*1) 的 tensor，其中 NUM_STYLES 是定義於 ViewController.mm 的開頭的 const int NUM_STYLES = 26;。數字 26 代表 stylize_quantized.pb 模型檔內建的風格數量，之後執行 Android TF Stylize app 就能看到這 26 種結果，如圖 4.5。請注意第 20 張影像（左下角）就是我們熟悉的梵谷星空：

圖 4.5　多重風格模型中的 26 種風格影像

```
tensorflow::Tensor style_tensor(tensorflow::DT_FLOAT,
tensorflow::TensorShape({ NUM_STYLES, 1}));
auto style_tensor_mapped =style_tensor.tensor<float, 2>();
float* out_style =style_tensor_mapped.data();
for (int i = 0; i < NUM_STYLES; i++) {
     out_style[i] = 0.0 / NUM_STYLES;
}
out_style[19] = 1.0;
```

out_style 陣列中所有數值總和必須為 1，且最終風格遷移後的影像就是混合後的風格，權重是由 out_style 陣列內容來指定。例如，上述程式碼只會用到星空風格（陣列的索引 19 對應到風格影像的第 20 張，如圖 4.5）。

如果想把星空畫作與右上角的影像均勻混合起來，請把上一段程式碼的最後一行換成以下：

```
out_style[4] = 0.5;
out_style[19] = 0.5;
```

如果你想要把全部 26 種風格都均勻混合的話，請把上述的 for 迴圈改為以下，且 out_style 陣列內容不要另外指定數值：

```
for (int i = 0; i < NUM_STYLES; i++) {
```

```
    out_style[i] = 1.0 / NUM_STYLES;
}
```

後續在圖 4.8 與 4.9 中就能看到這三種設定的風格遷移效果。

6. 把 session->Run 呼叫改為以下內容，將影像 tensor 與風格 tensor 都送入模型來處理：

```
tensorflow::Status run_status = session->Run({{input_layer,
image_tensor}, {style_layer, style_tensor}}, {output_layer}, {},
&outputs);
```

以上就是讓你的 iOS app 可執行多重風格模型所需的修改。執行這個 app 會先看到類似圖 4.6 的畫面：

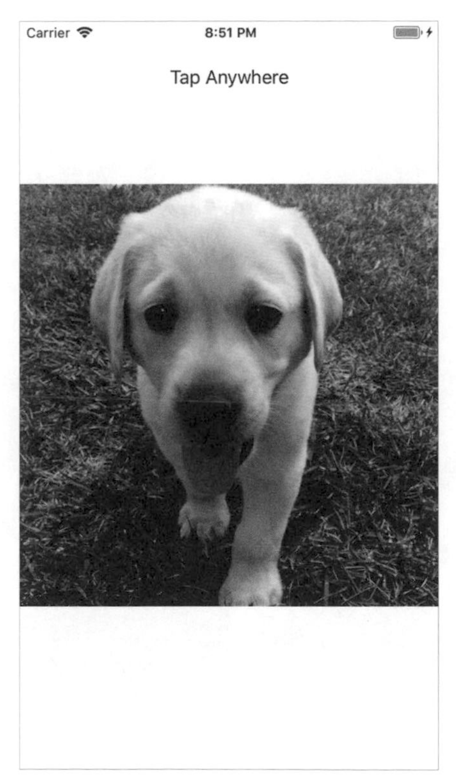

圖 4.6　顯示原本的內容影像

點選畫面任意處，會看到兩個風格選項，如圖 4.7：

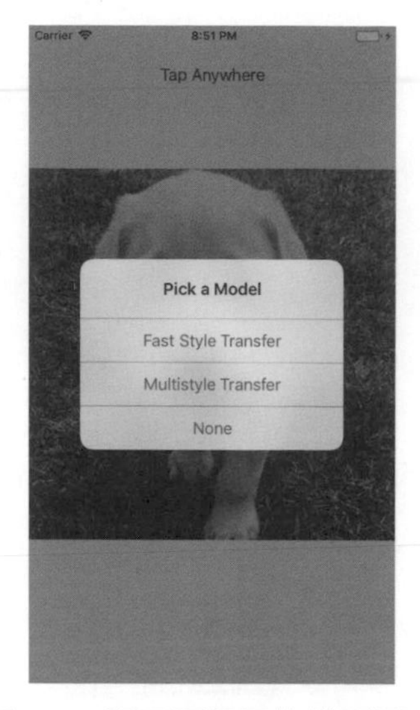

圖 4.7　顯示兩個風格模型選項

兩張遷移後的影像，設定 `out_style[19] = 1.0`，如圖 4.8：

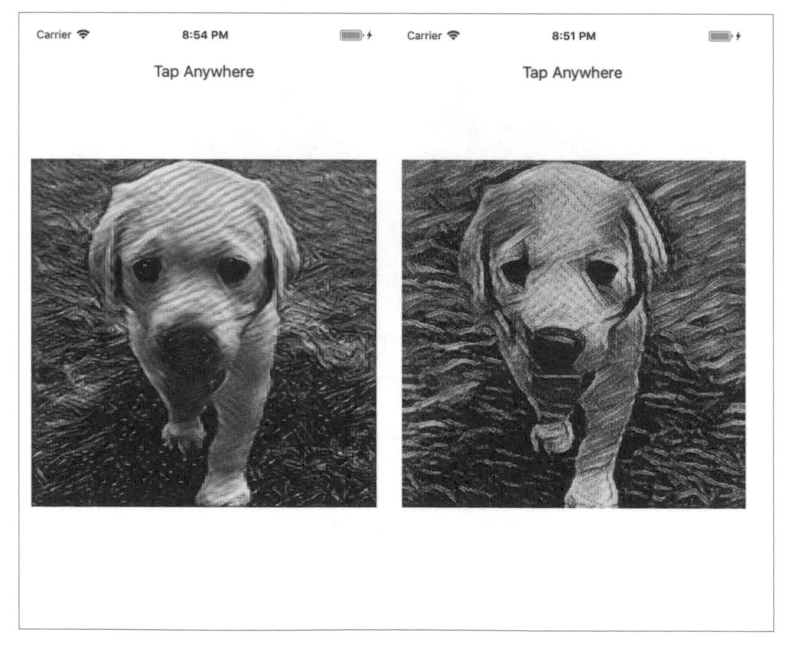

圖 4.8　兩種不同模型的風格遷移結果（左側：快速風格遷移；右側：多重風格）

使用星空影像的均匀混合結果以及全部 26 種風格的均匀混合結果，如圖 4.9：

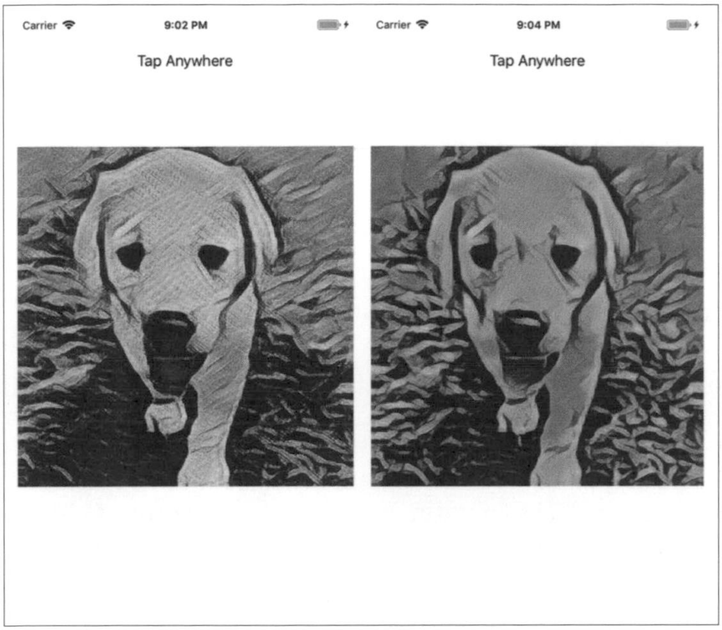

圖 4.9　多重風格的不同混合效果
（左側：一半為星空效果；右側：所有 26 種風格混合）

在 iPhone 6 上執行這個多重風格模型大約要 5 秒鐘，比快速風格遷移模型大約快了 2-3 倍。

4.6 在 Android 中使用 TensorFlow Magenta 多重風格模型

雖然 TensorFlow Android 範例中已經有一個 app 用到了多重風格模型（而上一節也實際把這個來自 Android 範例 app 中的模型用在 iOS app 中了），且這個範例 app 中關於 TensorFlow 與其他關於介面的大量程式碼混在一起之後，成為超過 600 行的 `StylizeActivity.java` 檔。Google Colab 上有一個 TensorFlow Android 風格遷移範例（`https://codelabs.developers.google.com/codelabs/tensorflow-style-transfer-android/index.html`）可以直接玩玩看，但其程

式碼與 TensorFlow Android 範例是差不多的。既然我們已經有一個可以使用 TensorFlow 快速風格遷移模型的小型 Android app，了解一下如何做到只修改極少程式碼就能擁有一個超厲害的多重風格遷移 app 也是相當有趣的事情。這個方法應該更加直覺，讓你知道如何把現有而且很厲害的 TensorFlow 模型加入原本的 Android app 中。

以下是把多重風格遷移模型加入先前所完成的 Android app 所需的步驟：

1. 在 `tensorflow/examples/android/assets` 資料夾中，把 `stylize_quantized.pb` 檔拖放到你的 Android app 的 `assets` 資料夾。

2. 在 Android Studio 中開啟 `MainActivity.java`，找到以下三行程式碼：

```
private static final String MODEL_FILE =
"file:///android_asset/fst_frozen_quantized.pb";
private static final String INPUT_NODE = "img_placeholder";
private static final String OUTPUT_NODE = "preds";
```

   換成以下四行：

```
private static final int NUM_STYLES = 26;
private static final String MODEL_FILE =
"file:///android_asset/stylize_quantized.pb";
private static final String INPUT_NODE = "input";
private static final String OUTPUT_NODE =
"transformer/expand/conv3/conv/Sigmoid";
```

   這些數值與上一節所完成的 iOS app 中的相同。如果你只有實作 Android app 而省略上一段 iOS 的話，只要快速看一遍前一節關於 iOS 設定的步驟 3 即可。

3. 以下程式負責把輸入影像送入快速風格遷移模型，並處理輸出影像：

```
mInferenceInterface.feed(INPUT_NODE, floatValues, WANTED_HEIGHT,
WANTED_WIDTH, 3);
mInferenceInterface.run(new String[] {OUTPUT_NODE}, false);
mInferenceInterface.fetch(OUTPUT_NODE, outputValues);
for (int i = 0; i < intValues.length; ++i) {
    intValues[i] = 0xFF000000
```

```
            | (((int) outputValues[i * 3]) << 16)
            | (((int) outputValues[i * 3 + 1]) << 8)
            | ((int) outputValues[i * 3 + 2]);
}
```

請把上一段程式換成以下程式片段：先建立一個 styleVals 陣列（如果你不太清楚為什麼要用到這個 styleVals，以及如何設定這個陣列的內容的話，請回顧上一節的步驟 5）：

```
final float[]styleVals = new float[NUM_STYLES];
for (int i = 0; i < NUM_STYLES; ++i) {
    styleVals[i] = 0.0f / NUM_STYLES;
}
styleVals[19] = 0.5f;
styleVals[4] = 0.5f;
```

接著會把輸入影像 tensor 與風格值 tensor 送入模型，並執行模型來取得遷移後的影像：

```
mInferenceInterface.feed(INPUT_NODE, floatValues, 1, WANTED_HEIGHT, WANTED_
WIDTH, 3);
mInferenceInterface.feed("style_num", styleVals, NUM_STYLES);
mInferenceInterface.run(new String[] {OUTPUT_NODE}, false);
mInferenceInterface.fetch(OUTPUT_NODE, outputValues);
```

最後，處理輸出結果：

```
for (int i=0; i < intValues.length; ++i) {
    intValues[i] = 0xFF000000
                | (((int) (outputValues[i*3] * 255)) << 16)
                | (((int) (outputValues[i*3+1] * 255)) << 8)
                | ((int) (outputValues[i*3+2] * 255));
}
```

請注意，這個多重風格模型會對 outputValues 陣列回傳一個浮點數陣列，其中每一個都是介於 0.0 ～ 1.0 之間的小數，因此要分別將這些數值乘以 255 再進行位元左移運算來取得紅色與綠色數值，接著才是進行 bitwise OR 運算來取得 intValues 陣列各元素最終的 ARGB 值。

以上就是將這個很酷的多重風格模型加入 Android app 所需的步驟了。現在請執行這個 app，並玩玩看不同的測試影像，但如同 iOS app 一樣是有三個風格組合。

根據步驟 3 把第 5 張與第 20 張影像均勻混和，原始影像與遷移後影像請參考圖 4.10：

圖 4.10　原始內容影像，以及第五張影像與星空影像混合之後的風格遷移影像

如果你把以下兩行程式碼：

```
styleVals[19] = 0.5f;
styleVals[4] = 0.5f;
```

換成只有這一行：`styleVals[19] = 1.5f;`

或把以下程式片段：

```
for (int i = 0; i < NUM_STYLES; ++i) {
```

```
        styleVals[i] = 0.0f / NUM_STYLES;
    }
    styleVals[19] = 0.5f;
    styleVals[4] = 0.5f;
```

換成這一段：

```
    for (int i = 0; i < NUM_STYLES; ++i) {
        styleVals[i] = 1.0f / NUM_STYLES;
    }
```

則這麼做的效果會如圖 4.11：

圖 4.11　左側為只透過星空風格來處理影像，右側為 26 種風格均勻混合的遷移影像

看起來行動程式開發者也可以身兼藝術大師呢！只要有各種強大的 TensorFlow 模型相助，以及了解如何在行動 app 中運用，這樣就沒問題啦！

4.7 總結

本章首先介紹了自 2015 年以來的各種神經風格遷移方法的發展。接著示範如何訓練第二代的風格遷移模型，在行動裝置上的執行速度已經快到幾秒鐘就可完成。接著則是談到如何把這個模型加入 iOS app 與 Android app 中，從零開始用最簡單不到 100 行的程式碼就可能建置完成。最後，我們也聊了一下如何運用 TensorFlow Magenta 多重風格神經遷移模型，只要一個小模型就包含了 26 種超酷的藝術風格，而且在 iOS 與 Android 裝置中都能使用。

下一章會介紹另一個人類與忠實好友（狗狗）都能做到的智能任務：辨識語音指令。誰不希望自己的狗狗能夠理解 "sit"、"come" 或是 "no" 這樣的指令，或小嬰孩們能夠回應 "yes"、"stop" 與 "go" 等字詞呢？來看看如何開發具備這類功能的行動 app 吧！

5

理解簡易語音指令

Apple Siri、Amazon Alexa、Google Assistant 與 Google Translate 這類的語音服務已經愈來愈普遍了，因為語音對人類來說，是某些情境下尋找資料或完成任務最自然也最有效率的方式。許多這類的語音服務都是在雲端上的，因為使用者所說的話可能很長，型態更是五花八門，並且**自動語音辨識**（**automatic Speech Recognition, ASR**）是非常複雜且需要大量的運算資源。事實上多虧了深度學習上的突破，ASR 也是到了這幾年才能在嘈雜的自然環境中達到合理的效能。

但在某些情境下，在裝置上離線辨識一些簡易的語音指令還算合理。像是控制一台以 Raspberry Pi 為核心的機器人就不需要太複雜的聲音指令，再者，可執行於裝置端的 ASR 當然會比雲端來得快也隨時可用，就算現處的環境沒有網路連線也不用擔心。在裝置上執行簡易的語音指令辨識還能節省網路頻寬，當使用者清楚發出了特定的指令，它只會把複雜的使用者語音送往伺服器來處理。

本章首先會簡介各種 ASR 的科技演進，包含以深度學習為基礎的最新系統與最頂尖的開放原始碼專案。接著會討論如何訓練與重新訓練一個 TensorFlow 模型來辨識簡易的語音指令，例如 "left"、"right"、"up"、"down"、"stop" 與 "go"。接著會運用訓練完成的模型來做一個簡單的 Android app 以及兩個完整的 iOS app，分別用 Objective-C 與 Swift 來完成。前兩章還沒有談到如何在以 Swift 所開發的 iOS app 中使用 TensorFlow 模型，本章是個不錯的時間點來複習並加強我們對於建置以 Swift 所開發的 TensorFlow iOS app 所需的相關知識。

本章內容如下：

- 語音辨識簡介
- 訓練簡易的指令辨識模型
- 在 Android 中使用簡易的語音辨識模型
- 使用 Objective-C 在 iOS 中執行簡易的語音辨識模型
- 使用 Swift 在 iOS 中執行簡易的語音辨識模型

5.1 語音辨識簡介

第一個具實用性、獨立於發話者、超大量詞彙與連續型語音辨識系統誕生於 1990 年代。在 2000 年早期，由當時頂尖的新創公司 Nuance 與 SpeechWorks 所提供的語音辨識引擎，催生了許多當年第一代的網路版聲音服務，像是 TellMe、AOL by Phone 與 BeVocal 等等。當時的語音辨識系統主要是以傳統的**隱藏馬可夫模型（Hidden Markov Model, HMM）**為基礎，且需要人類手動輸入的文法與相對安靜的環境才能讓辨識引擎正確運作。

現今的語音辨識引擎在嘈雜環境下去理解人所發出的各種聲音都已經很厲害了，且都是根據端對端的深度學習來開發，特別是指另一類型的深度神經網路，更適合進行自然語言處理，稱為**遞迴神經網路（Recurrent Neural Network, RNN）**。相較於傳統的 HMM 語音辨識，它必須要人類專家參與來建置並精心調校各種手動建置功能以及聲學語言模型。另一方面，以 RNN 為基礎的端對端語音辨識系統可以把聲音輸入直接轉換成文字，不再需要把聲音輸入轉換成音標才能進一步處理。

> **info**
>
> RNN 讓我們得以處理一連串的輸入與（或）輸出，因為這款網路在設計上可以記住輸入序列中的先前項目，也可以產生一段輸出序列。這使得 RNN 更適合進行語音辨識（輸入就是使用者所說的一段字詞）、影像標註（輸出為幾個字詞組成的一段通暢語句）、文字生成以及時間序列預測。如果你對於 RNN 還不太熟，請一定要看看 *Andrey Karpathy* 的部落格：***The Unreasonable Effectiveness of Recurrent Neural Networks***（`http://karpathy.github.io/2015/05/21/rnn-effectiveness`）。本書稍後也會深入介紹幾款 RNN 模型。

使用 RNN 進行端對端語音辨識的論文發表於 2014 年（`http://proceedings.mlr.press/v32/graves14.pdf`），其中用到了**連結時序分類（Connectionist Temporal Classification, CTC）**層。到了 2014 年，百度公司發表了 Deep Speech（`https://arxiv.org/abs/1412.5567`），這是第一款根據以 CTC 為基礎的端對端 RNN 所建置的商用系統，但有著超大型資料集來做支援。相較於傳統的 ASR 系統，它能在相當吵雜的環境達到超低錯誤率。有興趣的話，請參考 Deep Speech 的 TensorFlow 實作（`https://github.com/mozilla/DeepSpeech`），但由於 CTC 這類系統自身的問題，這個產生後的模型需要非常多資源才能在手機上執行。它在部署時需要相當大的語言模型才能訂正所產生文字中的錯誤，這狀況部分可歸因於 RNN 本身的特性（好奇為什麼會這樣的話，回頭看看上頭推薦的 RNN 部落格）。

2015 與 2016 年推出的新版語音辨識系統採用了類似的端對端 RNN 方法，但是把 CTC 層改為一個以注意力為基礎的模型（`https://arxiv.org/pdf/1508.01211.pdf`），這樣在執行模型時就不需要用到大型的語言模型，使其得以部署在記憶體有限的行動裝置上。本書目前不會去討論如何在行動裝置 app 上部署最新最厲害的 ASR 模型，反之會從一個較簡易且確定可在行動裝置上良好執行的語音辨識模型開始。

若要在行動裝置 app 中加入離線語音辨識功能的話，請參考以下這兩個很棒的開放原始碼語音辨識專案：

- CMU Sphinx（https://cmusphinx.github.io），這個專案在 20 年前左右就啟動了，但目前依然積極維護中。如果要建置一個可進行語音辨識的 Android app，請參考它為 Android 系統建置的 PocketSphinx（https://github.com/cmusphinx/pocketsphinx-android）。如果是 iOS app，請參考 OpenEars 框架（https://www.politepix.com/openears），這款 SDK 運用了 CMU PocketSphinx 來在 iOS app 中建置離線語音辨識與文字轉語音等功能。
- Kaldi（https://github.com/kaldi-asr/kaldi），始於 2009 年且直到今天都很活躍，2018 年 1 月時共有 165 位貢獻者。如果想在 Android 裝置上跑跑看的話，請參閱這篇部落格文章：http://jcsilva.github.io/2017/03/18/compile-kaldi-android。iOS 使用者請參考這個在 iOS 上運用 Kaldi 的專案：https://github.com/keenresearch/keenasr-ios-poc

由於本書主要在探討如何在行動裝置上使用 TensorFlow，以及如何使用 TensorFlow 來建置針對影像處理、語音辨識、文字處理與其他各種智能任務的強大模型，在其餘章節則會介紹如何使用 TensorFlow 來訓練一個簡易的語音辨識模型，並將其執行於行動 app 中。

5.2 訓練簡易的指令辨識模型

本節將介紹 TensorFlow 簡易的語音辨識教學（https://www.tensorflow.org/versions/master/tutorials/audio_recognition）中所採用的步驟，並介紹一些在訓練模型時可能會派上用場的小技巧。

現在要建置的簡易語音指令辨識模型將可辨識 10 個字詞："yes"、"no"、"up"、"down"、"left"、"right"、"on"、"off"、"stop" 與 "go"。它還能偵測環境是否靜默，如果模型發現有聲音且任何不屬於以上 10 個字詞中的狀況，它會回傳 "unknown"。在此需要下載語音指令資料集並用這個資料集來訓練模型，後續所執行的 tensorflow/example/speech_commands/train.py，這支程式實際上包含了比之前那 10 個字詞再多了 20 個以上："zero"、"two"、"three"

到 "ten"（這 20 個你目前已經看過的字詞稱為核心字詞）與 10 個輔助字詞："bed"、"bird"、"cat"、"dog"、"happy"、"house"、"marvin"、"sheila"、"tree" 與 "wow"。核心字詞的 .wav 錄音檔數量（約 2350 個）會比輔助字詞多一點（約 1750 個）。

語音指令資料集是來自 Open Speech Recording（https://aiyprojects.withgoogle.com/open_speech_recording）。你可以玩玩看，最好能花個幾分鐘貢獻你的聲音來協助改善網站內容，這樣就能知道，日後有需要的話如何自行收集語音指令資料集。Kaggle 也有舉辦比賽（https://www.kaggle.com/c/tensorflow-speech-recognition-challenge），使用這個資料集來建置模型，從該網站可以學到更多關於語音模型與一些小技巧。

要被訓練以及被部署在行動裝置 app 上的模型是根據 ***Convolutional Neural Networks for Small-footprint Keyword Spotting***（http://www.isca-speech.org/archive/interspeech_2015/papers/i15_1478.pdf）這篇論文，有別於其他大多數以 RNN 為基礎的大型語音辨識模型。這款以 CNN 為基礎的模型使得語音辨識終於可行，而且原理有趣，做法也相當合理，這是因為對於簡單的語音指令辨識來說，可以把一段短時間中的聲音訊號轉換為影像，或說得精確一點，頻譜（spectrogram），也就是聲音訊號在該時窗（time window）中的頻率分布（請參考本章開頭的 TensorFlow 教學，其中用了 wav_to_spectrogram 這個程式來抽樣頻譜影像）。換言之，我們可以把一個聲音訊號從原本的時域表示式轉換為頻域表示式。這類轉換的最佳演算法是**離散傅立葉轉換（Discrete Fourier Transform, DFT）**與**快速傅立葉轉換（Fast Fourier Transform, FFT）**，後者為前者一個效率更好的演算法實作。

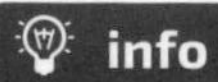

身為行動應用程式開發者，其實你不用懂 DFT 與 FFT。但最理想的方法是在將這類模型運用於行動 app 的同時，還能多理解一點其訓練過程，讓你明白 TensorFlow 簡易語音指令模型背後的原理正是 FFT 這個 20 世紀十大演算法之一，它使得以 CNN 為基礎的語音指令辨識模型終於能夠被訓練。請參考這篇關於 DFT 的絕佳教學的文章：`http://practicalcryptography.com/miscellaneous/machine-learning/intuitive-guide-discrete-fourier-transform`

請根據以下步驟來訓練一個簡易語音指令辨識的模型：

1. 在終端機中，`cd` 切換到你的 TensorFlow 根目錄，例如 `~/tensorflow-1.4.0`。

2. 執行以下指令來下載先前提過的語音指令資料集：

   ```
   python tensorflow/examples/speech_commands/train.py
   ```

   有很多參數可以運用：`--wanted_words` 預設就是以 "yes" 開頭的那十個核心字詞；你可以修改這個引數加入更多模型可辨識的字詞。如果想自行訓練專屬語音指令資料集的話，請改用 `--data_url --data_dir=<path_to_your_dataset>` 來取消下載語音指令資料集，並存取你自己準備的資料集，各個指令應放在獨立且恰如其名的資料夾中，其中要有 1000-2000 個長度大約 1 秒鐘的聲音片段；如果聲音片段較長，請修改 `--clip_duration_ms` 引數值。詳細說明請參考 `train.py` 原始碼與 TensorFlow Simple Audio Recognition 教學。

3. 如果你對 `train.py` 全部採用預設參數的話，在下載好 1.48 GB 語音指令資料集之後，如果是在具備 GTX-1070 GPU 的 Ubuntu 系統上完成 18,000 步驟的訓練過程大約要 90 分鐘。訓練完成之後，應該會在 `/tmp/speech_commands_train` 資料夾中看到一串檢查點檔，還有 `conv.pbtxt` graph 定義檔與 `conv_labels.txt` 標籤檔，其中包含了所有指令組成的清單（其預設內容與 `--wanted_words` 引數相同，你也可以在檔案開頭額外加入兩個字詞："_silence" 與 "_unknown"）：

```
-rw-rw-r-- 1 jeff jeff 75437 Dec 9 21:08 conv.ckpt-18000.meta
-rw-rw-r-- 1 jeff jeff 433 Dec 9 21:08 checkpoint
-rw-rw-r-- 1 jeff jeff 3707448 Dec 9 21:08
conv.ckpt-18000.data-00000-of-00001
-rw-rw-r-- 1 jeff jeff 315 Dec 9 21:08 conv.ckpt-18000.index
-rw-rw-r-- 1 jeff jeff 75437 Dec 9 21:08 conv.ckpt-17900.meta
-rw-rw-r-- 1 jeff jeff 3707448 Dec 9 21:08
conv.ckpt-17900.data-00000-of-00001
-rw-rw-r-- 1 jeff jeff 315 Dec 9 21:08 conv.ckpt-17900.index
-rw-rw-r-- 1 jeff jeff 75437 Dec 9 21:07 conv.ckpt-17800.meta
-rw-rw-r-- 1 jeff jeff 3707448 Dec 9 21:07
conv.ckpt-17800.data-00000-of-00001
-rw-rw-r-- 1 jeff jeff 315 Dec 9 21:07 conv.ckpt-17800.index
-rw-rw-r-- 1 jeff jeff 75437 Dec 9 21:07 conv.ckpt-17700.meta
-rw-rw-r-- 1 jeff jeff 3707448 Dec 9 21:07
conv.ckpt-17700.data-00000-of-00001
-rw-rw-r-- 1 jeff jeff 315 Dec 9 21:07 conv.ckpt-17700.index
-rw-rw-r-- 1 jeff jeff 75437 Dec 9 21:06 conv.ckpt-17600.meta
-rw-rw-r-- 1 jeff jeff 3707448 Dec 9 21:06
conv.ckpt-17600.data-00000-of-00001
-rw-rw-r-- 1 jeff jeff 315 Dec 9 21:06 conv.ckpt-17600.index
-rw-rw-r-- 1 jeff jeff 60 Dec 9 19:41 conv_labels.txt
-rw-rw-r-- 1 jeff jeff 121649 Dec 9 19:41 conv.pbtxt
```

conv_labels.txt 檔案中包含了以下指令：

```
silence_
_unknown_
yes
no
up
down
left
right
on
off
stop
go
```

現在執行以下指令，把 graph 定義檔與檢查點檔組合成同一個模型檔，之後要用在行動 app 中：

```
python tensorflow/examples/speech_commands/freeze.py \
--start_checkpoint=/tmp/speech_commands_train/conv.ckpt-18000 \
--output_file=/tmp/speech_commands_graph.pb
```

4. 或者，你可以在把 speech_commands_graph.pb 模型檔部署於行動 app 之前，用以下指令來快速測試：

```
python tensorflow/examples/speech_commands/label_wav.py \
--graph=/tmp/speech_commands_graph.pb \
--labels=/tmp/speech_commands_train/conv_labels.txt \
--wav=/tmp/speech_dataset/go/9d171fee_nohash_1.wav
```

會看到類似以下的輸出結果：

```
go (score = 0.48427)
no (score = 0.17657)
_unknown_ (score = 0.08560)
```

5. 使用 summarize_graph 工具來找出所有輸入輸出節點的名稱：

```
bazel-bin/tensorflow/tools/graph_transforms/summarize_graph --
in_graph=/tmp/speech_commands_graph.pb
```

輸出結果應該會長這樣：

```
Found 1 possible inputs: (name=wav_data, type=string(7), shape=[])
No variables spotted.
Found 1 possible outputs: (name=labels_softmax, op=Softmax)
```

糟糕，只有輸出名稱是對的，但是其他可能的輸入並未顯示出來。就算先輸入 tensorboard --logdir /tmp/retrain_logs 指令，並在網路瀏覽器中開啟 http://localhost:6006 來操作這個 graph 也無效。但是前一章有一段用來找出輸入與輸出名稱的程式，這時就能派上用場了——以下是在 iPython 中的執行過程：

```
In [1]: import tensorflow as tf
In [2]: g=tf.GraphDef()
```

```
In [3]:
g.ParseFromString(open("/tmp/speech_commands_graph.pb","rb").read())
In [4]: x=[n.name for n in g.node]
In [5]: x
Out[5]:
[u'wav_data',
 u'decoded_sample_data',
 u'AudioSpectrogram',
 ...
 u'MatMul',
 u'add_2',
 u'labels_softmax']
```

可看到 wav_data 與 decoded_sample_data 為可能的輸入。現在要深入介紹訓練模型的程式碼，好了解如果在執行 freeze.py 時若未出現以下訊息的話，究竟要使用哪些輸入名稱：**"The resulting graph has an input for WAV-encoded data named wav_data, one for raw PCM data (as floats in the range -1.0 to 1.0) called decoded_sample_data, and the output is called labels_softmax."**。事實上，就本模型來說有一個名為 TF Speech 的示範性質 TensorFlow Android app，有一部分在第 1 章介紹過了，其中明確定義了這些輸入與輸出的名稱。本書稍後的章節中就會說明，如何在必要時在訓練模型的程式碼中找出關鍵的輸入與輸出節點名稱，不論是否使用上述三種方法都可以做到。或者偷偷許願一下，希望 TensorFlow summarize_graph 工具在你看到本書時已經變得更厲害，可以直接列出正確的輸入與輸出節點名稱了。

現在，可以把這款熱騰騰的模型放到行動裝置 app 中了。

5.3 在 Android 中使用簡易的語音辨識模型

TensorFlow 在 Android 系統上進行簡易語音指令辨識的範例 app 路徑在 tensorflow/example/android，其中的 SpeechActivity.java 檔可以做到聲音錄製與辨識，其假設 app 需要隨時準備好來接受新的聲音指令。雖然這個假設多數情況下是沒錯的，但也使得程式碼會比那種按下按鈕之後才進行錄音與辨識來得更複雜，後者的運作方式類似 Apple Siri。

本節將介紹如何建立新的 Android app，只要更少的程式碼就能錄製使用者的語音指令並顯示辨識結果。這樣就更容易把模型整合到你的 Android app 中了。但如果你希望隨時都能自動錄製語音指令並辨識的話，請參考 TensorFlow 的 Android 範例 app。

使用先前模型來建置新 app

請執行以下步驟來建置一個全新的 Android app，會用到上一節所建置的 `speech_commands_graph.pb` 模型檔：

1. 新建一個名為 `AudioRecognition` 的 Android app，採用前一章提過的所有預設設定，接著在 app 的 `build.gradle` 檔案中，找到 `dependencies` 並在其後加入這一段：`compile 'org.tensorflow:tensorflow-android:+'`

2. 在 app 的 `AndroidManifest.xml` 檔案中加入 `<uses-permissionandroid:name="android.permission.RECORD_AUDIO" />`，以允許這個 app 進行錄音。

3. 新增一個 `assets` 資料夾，接著把 `speech_commands_graph.pb` 與 `conv_actions_labels.txt` 這兩個檔案放入 `assets` 資料夾中。這兩個檔案是在上一節的第 2 與第 3 步驟中所產生的。

4. 修改 `activity_main.xml` 檔來放入三個 UI 元素。第一個是用來顯示辨識結果的 `TextView`：

```
<TextView
    android:id="@+id/textview"
    android:layout_width="wrap_content"
    android:layout_height="wrap_content"
    android:text=""
    android:textSize="24sp"
    android:textStyle="bold"
    app:layout_constraintBottom_toBottomOf="parent"
    app:layout_constraintLeft_toLeftOf="parent"
    app:layout_constraintRight_toRightOf="parent"
    app:layout_constraintTop_toTopOf="parent" />
```

第二個 `TextView` 是用來顯示之前用 `train.py` 所訓練的 10 個預設指令，請回顧上一節的步驟 2：

```
<TextView
    android:layout_width="wrap_content"
    android:layout_height="wrap_content"
    android:text="yes no up down left right on off stop go"
    app:layout_constraintBottom_toBottomOf="parent"
    app:layout_constraintHorizontal_bias="0.50"
    app:layout_constraintLeft_toLeftOf="parent"
    app:layout_constraintRight_toRightOf="parent"
    app:layout_constraintTop_toTopOf="parent"
    app:layout_constraintVertical_bias="0.25" />
```

最後一個 UI 元素是按鈕，按下它就會錄音一秒鐘，然後把錄音結果送入模型來辨識：

```
<Button
    android:id="@+id/button"
    android:layout_width="wrap_content"
    android:layout_height="wrap_content"
    android:text="Start"
    app:layout_constraintBottom_toBottomOf="parent"
    app:layout_constraintHorizontal_bias="0.50"
    app:layout_constraintLeft_toLeftOf="parent"
    app:layout_constraintRight_toRightOf="parent"
    app:layout_constraintTop_toTopOf="parent"
    app:layout_constraintVertical_bias="0.8" />
```

5. 開啟 `MainActivity.java`，先讓 `MainActivity` 去實作 `Runnable` 類別。接著加入以下參數來定義模型名稱、標籤名稱、輸入名稱與輸出名稱：

```
private static final String MODEL_FILENAME =
"file:///android_asset/speech_commands_graph.pb";
private static final String LABEL_FILENAME =
"file:///android_asset/conv_actions_labels.txt";
private static final String INPUT_DATA_NAME =
"decoded_sample_data:0";
private static final String INPUT_SAMPLE_RATE_NAME =
"decoded_sample_data:1";
private static final String OUTPUT_NODE_NAME = "labels_softmax";
```

6. 宣告四個實例變數：

```
private TensorFlowInferenceInterface mInferenceInterface;
private List<String> mLabels = new ArrayList<String>();
private Button mButton;
private TextView mTextView;
```

7. 在 onCreate 方法中首先建立 mButton 與 mTextView 的實例，接著設定按鈕的點擊事件處理器，它會先改變按鈕標題，然後再啟動一個執行緒來進行錄音與辨識：

```
mButton = findViewById(R.id.button);
mTextView = findViewById(R.id.textview);
mButton.setOnClickListener(new View.OnClickListener() {
    @Override
    public void onClick(View v) {
        mButton.setText("Listening...");
        Thread thread = new Thread(MainActivity.this);
        thread.start();
    }
});
```

在 onCreate 方法的最後會逐行讀取標籤檔的內容，並把各列存放於 mLabels 陣列清單中。

8. 在 public void run() 方法中，一開始先處理 Start 按鈕的點擊狀態，接著加入以下程式碼來取得建立 Android AudioRecord 物件所需的最低緩衝大小，接著使用 buffersize 來建立一個新的 AudioRecord 實例，設定 SAMPLE_RATE 為 16,000 以及 16 位元單音格式（模型可接受的原始聲音格式），最後則是透過 AudioRecord 實例開始錄音：

```
int bufferSize = AudioRecord.getMinBufferSize(SAMPLE_RATE,
AudioFormat.CHANNEL_IN_MONO, AudioFormat.ENCODING_PCM_16BIT);
AudioRecord record = new
AudioRecord(MediaRecorder.AudioSource.DEFAULT, SAMPLE_RATE,
AudioFormat.CHANNEL_IN_MONO, AudioFormat.ENCODING_PCM_16BIT,
bufferSize);
```

```
if (record.getState() != AudioRecord.STATE_INITIALIZED) return;
record.startRecording();
```

Android 有兩個用於錄製聲音的類別：MediaRecorder 與 AudioRecord。MediaRecorder 使用上比 AudioRecord 來得簡單，但它在 Android API Level 24（Android 7.0）之前都只能儲存壓縮後的聲音檔，但該 API 版本卻只支援未壓縮的原始聲音格式。根據原廠文件（https://developer.android.com/about/dashboards/index.html），截至 2018 年 1 月為止，市面上還有超過 70% 的 Android 裝置版本還在 7.0 之前。有鑒於此，你應該不會想把 app 的最低可執行版本設為 Android 7.0 以上才對。再者，你需要使用 MediaCode 才能解碼被 MediaRecorder 壓縮後的聲音檔，而這個工具也相當複雜。AudioRecord 的 API 版本雖然比較舊，事實上非常適合用來錄製未經壓縮的原始聲音資料，後續就可送給語音指令辨識模型來進一步處理。

9. 產生兩個 16 位元的短整數陣列，audioBuffer 與 recordingBuffer。為了錄製 1 秒鐘的聲音，每當 AudioRecord 物件讀取並填滿 audioBuffer 陣列之後，讀取到的資料就會被加在 recordingBuffer 的末端：

```
long shortsRead = 0;
int recordingOffset = 0;
short[] audioBuffer = new short[bufferSize / 2];
short[] recordingBuffer = new short[RECORDING_LENGTH];
while (shortsRead < RECORDING_LENGTH) { // 1 second of recording
    int numberOfShort = record.read(audioBuffer, 0, audioBuffer.length);
    shortsRead += numberOfShort;
    System.arraycopy(audioBuffer, 0, recordingBuffer,
recordingOffset, numberOfShort);
    recordingOffset += numberOfShort;
}
record.stop();
record.release();
```

10. 錄音完成之後，先把按鈕的標題改為 Recognizing：

```
runOnUiThread(new Runnable() {
    @Override
    public void run() {
        mButton.setText("Recognizing...");
    }
});
```

接著把 recordingBuffer 這個短陣列轉換為浮點數陣列，並把其中所有元素的數值範圍調整為 -1.0 到 1.0，因為這個模型只接受 -1.0 與 1.0 之間的浮點數：

```
float[] floatInputBuffer = new float[RECORDING_LENGTH];
for (int i = 0; i < RECORDING_LENGTH; ++i) {
    floatInputBuffer[i] = recordingBuffer[i] / 32767.0f;
}
```

11. 參考前一章的方法建立一個新的 TensorFlowInferenceInterface，接著用兩個輸入節點的名稱與值來呼叫其 feed 方法，其中一個是抽樣速度，另一個則是存放於 floatInputBuffer 陣列中的原始聲音資料：

```
AssetManager assetManager = getAssets();
mInferenceInterface = new
TensorFlowInferenceInterface(assetManager, MODEL_FILENAME);

int[] sampleRate = new int[] {SAMPLE_RATE};
mInferenceInterface.feed(INPUT_SAMPLE_RATE_NAME, sampleRate);

mInferenceInterface.feed(INPUT_DATA_NAME, floatInputBuffer,
RECORDING_LENGTH, 1);
```

接著呼叫 run 方法在這個模型上進行辨識推論，取得這 10 個語音指令，以及 **"unknown"** 與 **"silence"** 的輸出分數：

```
String[] outputScoresNames = new String[] {OUTPUT_NODE_NAME};
mInferenceInterface.run(outputScoresNames);
```

```
float[] outputScores = new float[mLabels.size()];
mInferenceInterface.fetch(OUTPUT_NODE_NAME, outputScores);
```

12. outputScores 陣列會對應到 mLabels 清單，方便我們尋找最高的分數並接續取得其指令名稱：

```
float max = outputScores[0];
int idx = 0;
for (int i=1; i<outputScores.length; i++) {
    if (outputScores[i] > max) {
        max = outputScores[i];
        idx = i;
    }
}
final String result = mLabels.get(idx);
```

最後在 TextView 中顯示結果，並把按鈕的標題改為 "Start"，讓使用者可以再次錄製與辨識語音指令：

```
runOnUiThread(new Runnable() {
    @Override
    public void run() {
        mButton.setText("Start");
        mTextView.setText(result);
    }
});
```

顯示加入模型之後的辨識結果

在你的 Android 裝置上執行這個 app 吧，初始畫面如圖 5.1：

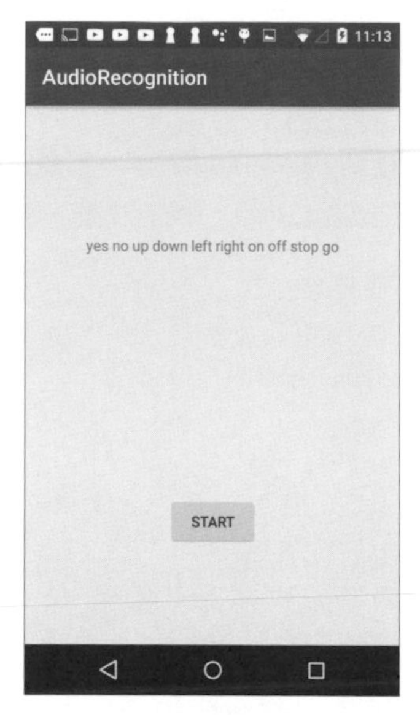

圖 5.1　app 啟動後的初始畫面

按一下 **START** 按鈕，對著手機說出畫面上那 10 個指令中的其中一個。會看到按鈕標題先變成了 **Listening...** 然後是 **Recognizing...**，如圖 5.2：

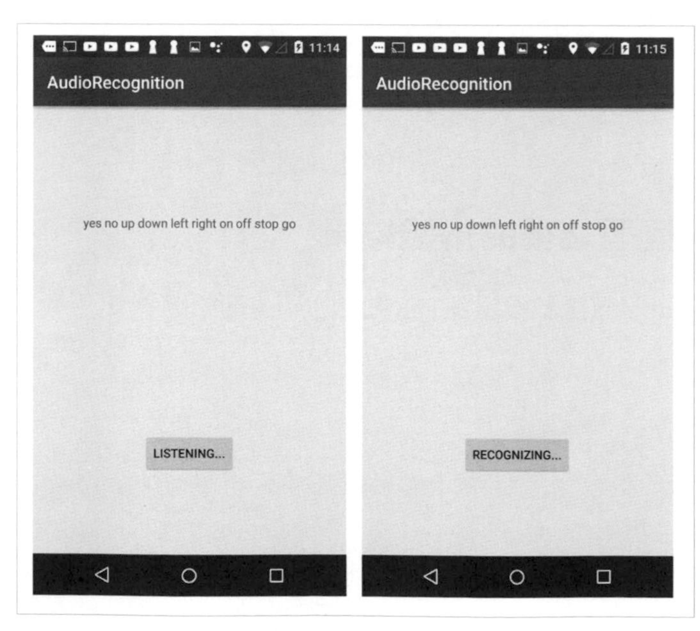

圖 5.2　app 錄音，以及辨識已錄好的聲音

辨識的結果幾乎是按下按鈕的同時就顯示在畫面中間了，如圖 5.3：

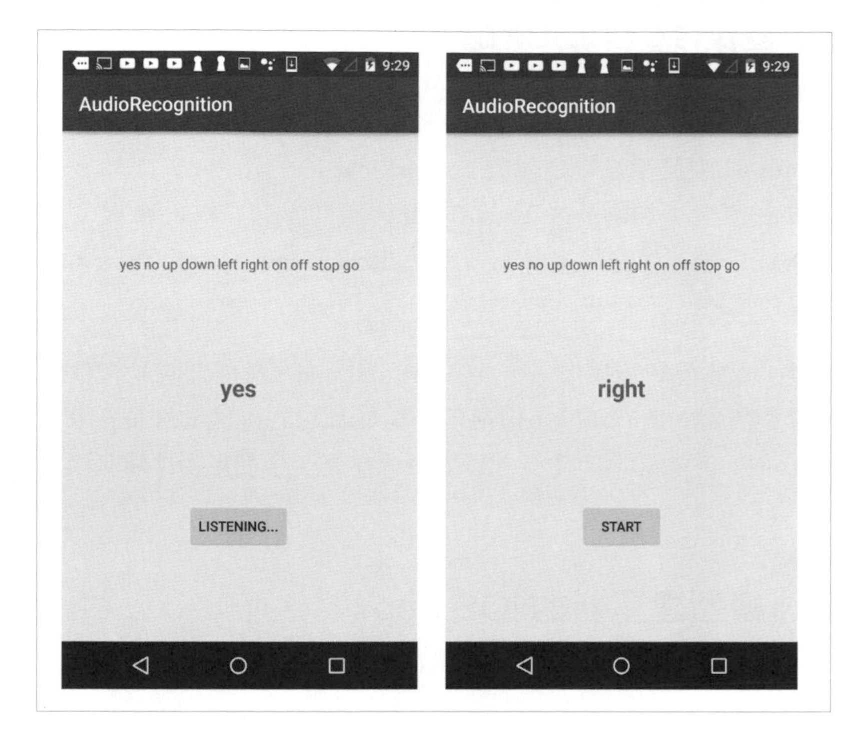

圖 5.3 顯示辨識完成後的語音指令

整個辨識流程幾乎是立刻完成，這是因為用於辨識的 speech_commands_graph.pb 模型大小只有 3.7 MB。當然，它只聽得懂 10 個語音指令，但就算用 train.py 的 --wanted_words 參數或你自定義的資料集來加入更多指令也不會變太大，這在之前討論過了。

這個 app 的畫面確實不像先前章節的那樣色彩豐富，也不太吸引人（一圖勝千言！），不過語音辨識確實做到了一些藝術家做不到的事情，例如透過語音指令來控制機器人的動作。

這個 app 的完整原始碼請參考本書 Github 的 ch5/android 資料夾。現在要介紹如何運用這個模型來做出一個 iOS app，其中會用到一些刁鑽的 TensorFlow iOS 函式庫建置與聲音資料的準備步驟才能讓模型正確執行。

5.4 使用 Objective-C 在 iOS 中執行簡易的語音辨識模型

如果你有把前三章的 iOS app 玩過一次的話，應該會傾向在 TensorFlow experimental pod 中使用自行建置的 TensorFlow iOS 函式庫，因為這個方法可讓你對於要在模型中加入那些 TensofloFlow 操作上有較高的掌握度，且這個較高的控制性也是為什麼第 1 章較著重於 TensorFlow Mobile 而非 TensorFlow Lite 的原因之一。

閱讀本書時，你當然可以操作一下 TensorFlow pod，來看看它是否推出了新版來支援本模型所需的所有運算，但從現在開始都會在你的 iOS app 中使用自行建置的 TensorFlow 函式庫（請參考第 3 章「**在 iOS 中使用物件偵測模型**」一節的步驟 1 與 2）。

使用上述模型建置新的 iOS app

請根據以下步驟來新增一個可執行語音指令辨識模型的 iOS app：

1. 在 Xcode 中新建一個 Objective-C app，取名為 `AudioRecognition`。設定本專案使用自行建置的 TensorFlow 函式庫（請回顧第 4 章「**在 iOS 中使用快速神經風格遷移模型**」一節的步驟 1）。接著在 **Target** 的 **Link Binary With Libraries** 選單中加入 `AudioToolbox.framework`、`AVFoundation.framework`, 與 `Accelerate.framework`。

2. 將 `speech_commands_graph.pb` 模型檔加入專案中。

3. 將 `ViewController.m` 的副檔名改為 `mm`，接著加入以下用於錄製與處理聲音的標頭：

```
#import <AVFoundation/AVAudioRecorder.h>
#import <AVFoundation/AVAudioSettings.h>
#import <AVFoundation/AVAudioSession.h>
#import <AudioToolbox/AudioToolbox.h>
```

也要加入 TensorFlow 的標頭：

```
#include <fstream>
#include "tensorflow/core/framework/op_kernel.h"
#include "tensorflow/core/framework/tensor.h"
#include "tensorflow/core/public/session.h"
```

現在定義一個關於聲音的 SAMPLE_RATE 常數，一個指向浮點數陣列（用來存放要送給模型之聲音資料）的 C 指位器、關鍵的 audioRecognition 函式簽章，以及兩個用來存放錄音檔路徑與 iOS AVAudioRecorder 實例的屬性。另外也要用 ViewController 來實作 AudioRecorderDelegate 好讓它能知道何時錄音結束：

```
const int SAMPLE_RATE = 16000;
float *floatInputBuffer;
std::string audioRecognition(float* floatInputBuffer, int length);
@interface ViewController () <AVAudioRecorderDelegate>
@property (nonatomic, strong) NSString *recorderFilePath;
@property (nonatomic, strong) AVAudioRecorder *recorder;
@end
```

這裡會用到兩個 UI 元件，但程式碼就不放了。元件包含一個按鈕，按下它就會開始錄製聲音一秒鐘，接著把這個聲音送往模型來進行辨識，以及一個用來顯示辨識結果的標籤。但下一節會介紹一些 UI 的 Swift 程式碼來複習一下。

4. 在按鈕的 UIControlEventTouchUpInside 處理器中，首先建立一個 AVAudioSession 實例，接著設定其下用來錄音的目錄並啟用它：

```
AVAudioSession *audioSession = [AVAudioSession sharedInstance];
NSError *err = nil;
[audioSession setCategory:AVAudioSessionCategoryPlayAndRecord
error:&err];
if(err){
    NSLog(@"audioSession: %@", [[err userInfo] description]);
    return;
}
```

```
[audioSession setActive:YES error:&err];
if(err){
    NSLog(@"audioSession: %@", [[err userInfo] description]);
    return;
}
```

建立一個關於錄音設定的 dictionary：

```
NSMutableDictionary *recordSetting = [[NSMutableDictionary alloc] init];
[recordSetting setValue:[NSNumber numberWithInt:kAudioFormatLinearPCM]
forKey:AVFormatIDKey];
[recordSetting setValue:[NSNumber numberWithFloat:SAMPLE_RATE]
forKey:AVSampleRateKey];
[recordSetting setValue:[NSNumber numberWithInt: 1]
forKey:AVNumberOfChannelsKey];
[recordSetting setValue :[NSNumber numberWithInt:16]
forKey:AVLinearPCMBitDepthKey];
[recordSetting setValue :[NSNumber numberWithBool:NO]
forKey:AVLinearPCMIsBigEndianKey];
[recordSetting setValue :[NSNumber numberWithBool:NO]
forKey:AVLinearPCMIsFloatKey];
[recordSetting setValue:[NSNumber numberWithInt:AVAudioQualityMax]
forKey:AVEncoderAudioQualityKey];
```

最後在按鈕的點擊處理器中，定義了儲存已錄製聲音的路徑、建立一個 AVAudioRecorder 實例，設定它的委派方法並開始錄音 1 秒鐘：

```
self.recorderFilePath = [NSString
stringWithFormat:@"%@/recorded_file.wav", [NSHomeDirectory()
stringByAppendingPathComponent:@"tmp"]];
NSURL *url = [NSURL fileURLWithPath:_recorderFilePath];
err = nil;
_recorder = [[ AVAudioRecorder alloc] initWithURL:url
settings:recordSetting error:&err];
if(!_recorder){
    NSLog(@"recorder: %@", [[err userInfo] description]);
    return;
}
[_recorder setDelegate:self];
[_recorder prepareToRecord];
```

```
[_recorder recordForDuration:1];
```

5. 在 AVAudioRecorderDelegate 的委派方法（audioRecorderDidFinishRecording）中，會用到 Apple 的 **Extended Audio File Services**，這是用來讀寫壓縮後且經過線性處理的 PCM 聲音檔、載入已錄製的聲音檔、轉換為模型所需的格式，最後把模型讀取到記憶體中。這些程式在此就不談了，你可以參考這篇部落格：https://batmobile.blogs.ilrt.org/loading-audio-file-on-an-iphone/。完成之後，floatInputBuffer 就會指回原始的聲音樣本。現在可以把資料傳給在 worker 執行緒中的 audioRecognition 方法，並在 UI 執行緒中顯示結果：

```
dispatch_async(dispatch_get_global_queue(0, 0), ^{
    std::string command = audioRecognition(floatInputBuffer,
totalRead);
    delete [] floatInputBuffer;
    dispatch_async(dispatch_get_main_queue(), ^{
        NSString *cmd = [NSString stringWithCString:command.c_str()
encoding:[NSString defaultCStringEncoding]];
        [_lbl setText:cmd];
        [_btn setTitle:@"Start" forState:UIControlStateNormal];
    });
});
```

6. 在 audioRecognition 方法中，首先定義了一個 C++ 字串陣列，其中包含了那 10 個要被辨識的指令與兩個特殊值："_silence_" 與 "_unknown_"：

```
std::string commands[] = {"_silence_", "_unknown_", "yes", "no",
"up", "down", "left", "right", "on", "off", "stop", "go"};
```

在標準的 TensorFlow Session、Status 與 GraphDef 設定完成（作法如同先前章節中的 iOS app 做法）之後，首先會讀取模型檔與用它來建立一個 TensorFlow Session：

```
NSString* network_path =
FilePathForResourceName(@"speech_commands_graph", @"pb");

PortableReadFileToProto([network_path UTF8String], &tensorflow_graph);
```

```
tensorflow::Status s = session->Create(tensorflow_graph);
if (!s.ok()) {
    LOG(ERROR) << "Could not create TensorFlow Graph: " << s;
    return "";
}
```

如果 session 建立成功的話，接著定義兩個輸入節點名稱，以及一個用於模型的輸出節點名稱：

```
std::string input_name1 = "decoded_sample_data:0";
std::string input_name2 = "decoded_sample_data:1";
std::string output_name = "labels_softmax";
```

7. 關於 "decoded_sample_data:0"，要把抽樣率數值作為一個純量（否則在呼叫 TensorFlow Session 的 run 方法時會發生錯誤），與一個在 TensorFlow C++ API 中定義的 tensor 送出去，說明如下：

```
tensorflow::Tensor samplerate_tensor(tensorflow::DT_INT32,
tensorflow::TensorShape());
samplerate_tensor.scalar<int>()() = SAMPLE_RATE;
```

而對於 "decoded_sample_data:1"，格式為浮點數的聲音資料需要從原本的 floatInputBuffer 陣列轉換為 TensorFlow 的 audio_tensor，定義與設定方式類似於先前章節中的 image_tensor ：

```
tensorflow::Tensor audio_tensor(tensorflow::DT_FLOAT,
tensorflow::TensorShape({length, 1}));
auto audio_tensor_mapped = audio_tensor.tensor<float, 2>();
float* out = audio_tensor_mapped.data();
for (int i = 0; i < length; i++) {
    out[i] = floatInputBuffer[i];
}
```

現在可搭配輸入來執行模型並取得輸出結果了，做法和之前類似：

```
std::vector<tensorflow::Tensor> outputScores;
tensorflow::Status run_status = session->Run({{input_name1,
audio_tensor}, {input_name2, samplerate_tensor}},{output_name}, {},
&outputScores);
```

```
if (!run_status.ok()) {
    LOG(ERROR) << "Running 模型 failed: " << run_status;
    return "";
}
```

8. 在此對模型輸出的 `outputScores` 解析一下並回傳最高的數值。`outputScores` 是一個 TensorFlow tensor 的向量，第一個元素中是那 12 個可能的辨識結果之對應分數值。這 12 個分數值可用 `flat` 方法來取出，這樣就能取得最高分了：

```
tensorflow::Tensor* output = &outputScores[0];
const Eigen::TensorMap<Eigen::Tensor<float, 1, Eigen::RowMajor>,
Eigen::Aligned>& prediction = output->flat<float>();
const long count = prediction.size();
int idx = 0;
float max = prediction(0);
for (int i = 1; i < count; i++) {
    const float value = prediction(i);
    printf("%d: %f", i, value);
    if (value > max) {
        max = value;
        idx = i;
    }
}

return commands[idx];
```

在這個 app 錄製聲音之前還有一件事要做，就是在 app 的 `Info.plist` 檔案中新建一個 *Privacy - Microphone Usage Description* 屬性，並把屬性值設定為類似 **"to hear and recognize your voice commands"** 這樣的敘述。

請在 iOS 模擬器或實體 iPhone 上執行這個 app（如果你的 Xcode 版本不到 9.2 或 iOS 模擬器不到 10.0 版的話，可能要在實體 iOS 裝置上才能執行，因為 10.0 版之前的 iOS 模擬器無法錄音），會先看到初始畫面中央有一個 **Start** 按鈕，接著按下這個按鈕並說出那 10 個指令中的某一個，應該會看到辨識結果，如圖 5.4：

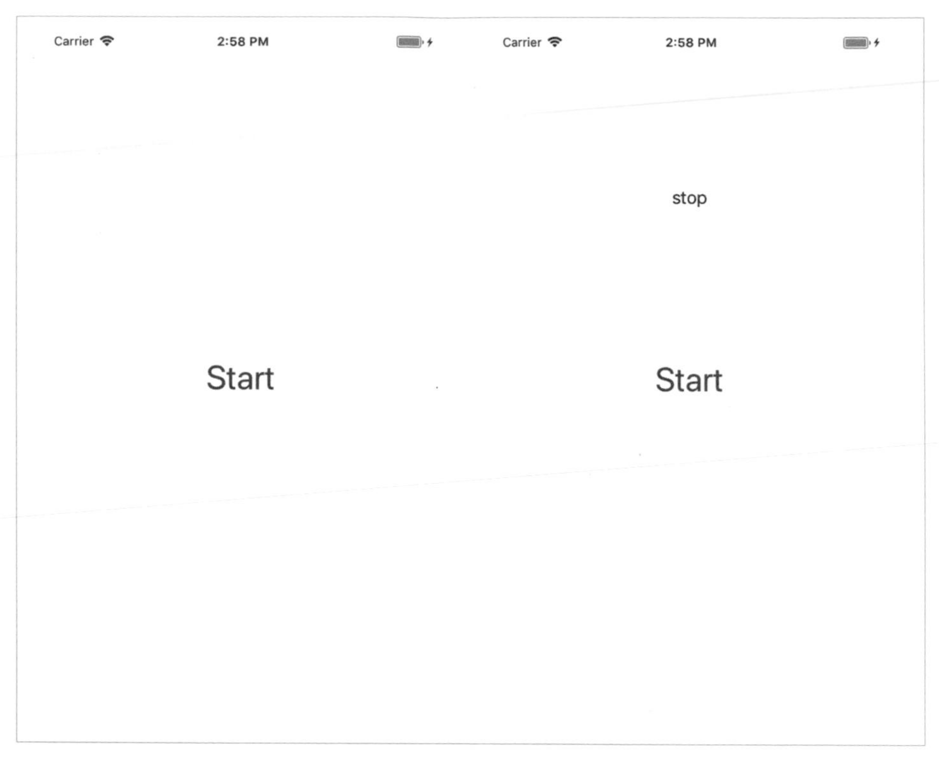

圖 5.4　顯示初始畫面與辨識結果

沒錯，我們期待辨識結果「應該會」出現，但實際上沒有，反而是在 Xcode 輸出面板中出現了一個錯誤：

```
Could not create TensorFlow Graph: Not found: Op type not registered
'DecodeWav' in binary running on XXX's-MacBook-Pro.local. Make sure the Op
and Kernel are registered in the binary running in this process.
```

使用 tf_op_files.txt 修正模型載入的錯誤

前幾章已經看過這個討厭的錯誤了，除非你真的知道它在說什麼，否則除錯起來非常痛苦。TensorFlow 的運算包含了兩個部分：定義，又稱為 ops（這實際上有點困擾，因為 op 可同時代表其定義與其實作，或只代表其定義），位於 tensorflow/core/ops 資料夾；另一個是實作，又稱為 kernel，位於 tensorflow/core/kernels 資料夾。

此外，在 tensorflow/contrib/makefile 資料夾中還有一個 tf_op_files.txt 檔案，其中列出了在手動建置函式庫時，需要包進 TensorFlow iOS 函式庫之各個 ops 的定義與實作。tf_op_files.txt 檔案中理論上會包含所有的 ops 定義檔，請參考這篇關於行動裝置部署的文章：TensorFlow Preparing Models（https://www.tensorflow.org/lite），因為它們幾乎不占空間。

但對於 TensorFlow 1.4 或 1.5 來說，並非所有運算的定義都會被包含在 tf_op_files.txt 檔案中。因此當看到 "**Op type not registered**" 這個錯誤時，要做的事情是找出哪個 op 定義與實作檔案和這個 op 有關。以本專案來說，op type 叫做 DecodeWav。請執行以下兩個 shell 指令來取得相關資訊：

```
$ grep 'REGISTER.*"DecodeWav"' tensorflow/core/ops/*.cc
tensorflow/core/ops/audio_ops.cc:REGISTER_OP("DecodeWav")

$ grep 'REGISTER.*"DecodeWav"' tensorflow/core/kernels/*.cc
tensorflow/core/kernels/decode_wav_op.cc:REGISTER_KERNEL_BUILDER(Name("Deco
deWav").Device(DEVICE_CPU), DecodeWavOp);
```

在 TensorFlow 1.4 的 tf_op_files.txt 檔中已經有這一段：tensorflow/core/kernels/decode_wav_op.cc，但可以確定的是找不到 tensorflow/core/ops/audio_ops.cc。因此要做的事情是在 tf_op_files.txt 檔中加入這一段：tensorflow/core/ops/audio_ops.cc，並執行 tensorflow/contrib/makefile/build_all_ios.sh 來重新建置 TensorFlow iOS 函式庫，如第 3 章介紹過的一樣。接著再次執行這個 iOS app，按下 **Start** 按鈕並說一些指令看看辨識效果，直到你玩膩為止。

Tips

修正 "Not found: Op type not registered" 錯誤的做法其實與本章內容不太相關，但知道怎麼做的話，就能在未來碰到其他 TensorFlow 模型時省下許多寶貴的時間。

在進入下一章不同類型的 TensorFlow AI 模型之前，先照顧一下那些喜歡用更新更酷的 Swift 程式語言（至少他們是這樣覺得的啦）的 iOS 開發者吧！

5.5 使用 Swift 在 iOS 中使用簡易語音辨識模型

我們在第 2 章就已經用 Swift 做過一個 iOS app，並在其中加入了 TensorFlow pod。現在請新建一個 Swift app 並搭配上一節所建置的 TensorFlow iOS 函式庫，並在這個 Swift app 中使用語音指令模型：

1. 在 Xcode 中新建一個 Single View iOS 專案，設定方式與上一節的步驟 1、2 完全相同，但程式語言請選擇 Swift。

2. 點選 **File | New | File ...**，接著選擇 **Objective-C File**。名稱請輸入`RunInference`，系統會詢問你 **"Would you like to configure an Objective-C bridging header?"** 按一下 **Create Bridging Header** 選項，把原本的檔名 `RunInference.m` 改名為 `RunInfence.mm`，因為之後要把 C、C++ 與 Objective -C 程式碼混搭起來進行聲音錄製後處理與辨識。這個 Swift app 中還是會用到 Objective-C，這是因為如果要從 Swift 來呼叫 TensorFlow C++ 程式碼的話，需要一個 Objective-C 類別作為 C++ 程式碼的封裝。

3. 建立一個名為 `RunInference.h` 的標頭檔，並加入以下內容：

```
@interface RunInference_Wrapper : NSObject
- (NSString *)run_inference_wrapper:(NSString*)recorderFilePath;
@end
```

你的 Xcode 設定畫面應該會如圖 5.5：

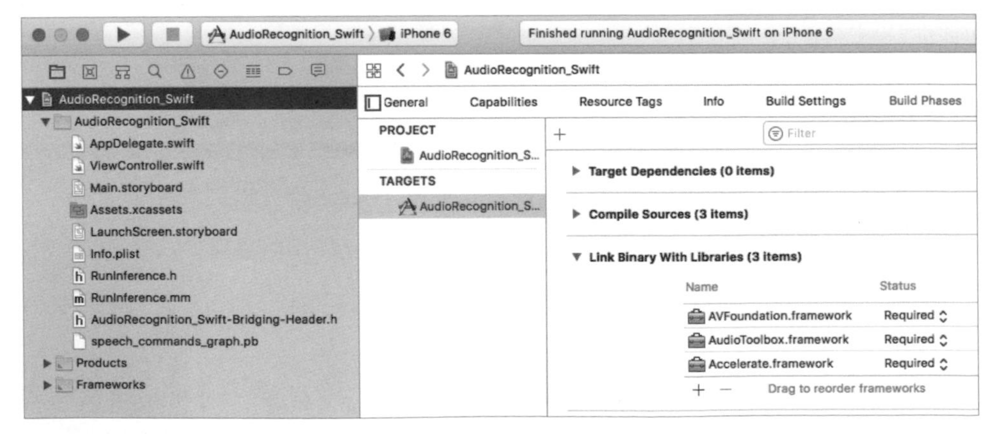

圖 5.5　使用 Swift 語言的 iOS 專案

4. 開啟 ViewController.swift，在 import UIKit 之後加入這一段：

```
import AVFoundation

let _lbl = UILabel()
let _btn = UIButton(type: .system)
var _recorderFilePath: String!
```

這會讓 ViewController 看起來像這樣（用來定義 _btn 與 _lbl 的 NSLayoutConstraint，以及呼叫 addConstraint 的程式碼在此省略）：

```
class ViewController: UIViewController, AVAudioRecorderDelegate {
    var audioRecorder: AVAudioRecorder!
override func viewDidLoad() {
    super.viewDidLoad()
    _btn.translatesAutoresizingMaskIntoConstraints = false
    _btn.titleLabel?.font = UIFont.systemFont(ofSize:32)
    _btn.setTitle("Start", for: .normal)
    self.view.addSubview(_btn)
    _btn.addTarget(self, action:#selector(btnTapped), for:
.touchUpInside)

    _lbl.translatesAutoresizingMaskIntoConstraints = false
self.view.addSubview(_lbl)
```

5. 加入按鈕點擊處理器，並於其中先要求錄音的使用者權限：

```
@objc func btnTapped() {
    _lbl.text = "..."
    _btn.setTitle("Listening...", for: .normal)
    AVAudioSession.sharedInstance().requestRecordPermission () {
        [unowned self] allowed in
        if allowed {
            print("mic allowed")
        } else {
            print("denied by user")
            return
        }
    }
```

接著建立一個 AudioSession 實例，將其類別設定為 record 並設為啟用狀態，作法如之前的 Objective-C 版本一樣：

```
let audioSession = AVAudioSession.sharedInstance()

do {
    try audioSession.setCategory(AVAudioSessionCategoryRecord)
    try audioSession.setActive(true)
} catch {
    print("recording exception")
    return
}
```

定義 AVAudioRecorder 會用到的相關設定：

```
let settings = [
    AVFormatIDKey: Int(kAudioFormatLinearPCM),
    AVSampleRateKey: 16000,
    AVNumberOfChannelsKey: 1,
    AVLinearPCMBitDepthKey: 16,
    AVLinearPCMIsBigEndianKey: false,
    AVLinearPCMIsFloatKey: false,
    AVEncoderAudioQualityKey: AVAudioQuality.high.rawValue
    ] as [String : Any]
```

設定儲存錄音的檔案路徑、建立一個 AVAudioRecorder 實例、設定其委派方法並開始錄音 1 秒鐘：

```
do {
    _recorderFilePath =
NSHomeDirectory().stringByAppendingPathComponent(path:
"tmp").stringByAppendingPathComponent(path: "recorded_file.wav")
    audioRecorder = try AVAudioRecorder(url: NSURL.fileURL(withPath: _
recorderFilePath), settings: settings)
    audioRecorder.delegate = self
    audioRecorder.record(forDuration: 1)
} catch let error {
    print("error:" + error.localizedDescription)
}
```

6. 在 ViewController.swift 檔的末端加入一個 AVAudioRecorderDelegate 方法，名為 audioRecorderDidFinishRecording。在其實作中主要會呼叫來進行聲音的後處理與辨識：

```
func audioRecorderDidFinishRecording(_recorder: AVAudioRecorder,
successfully flag: Bool) {
    _btn.setTitle("Recognizing...", for: .normal)
    if flag {
        let result =
RunInference_Wrapper().run_inference_wrapper(_recorderFilePath)
        _lbl.text = result
    }
    else {
        _lbl.text = "Recording error"
    }
    _btn.setTitle("Start", for: .normal)
}
```

在 AudioRecognition_Swift-Bridging-Header.h 檔案中加入 #include "RunInference.h"，這樣上述的 Swift 程式碼 RunInference_Wrapper().run_inference_wrapper(_recorderFilePath) 才能順利運作。

7. 在 RunInference.mm 的 run_inference_wrapper 方法中，請把 Objective-C AudioRecognition app 中 ViewController.mm（請回顧上一節的步驟 5 ～ 8）的程式碼複製過來。這段程式碼可將已錄好的聲音檔轉換為 TensorFlow 模型可接受的格式，並將這筆資料與抽樣頻率一併丟給模型來取得辨識結果：

```
@implementation RunInference_Wrapper
(NSString *)run_inference_wrapper:(NSString*)recorderFilePath {
...
}
```

如果你希望把更多程式碼轉換為 Swift 的話，可以把用 C 語言實作的聲音檔轉換程式碼用 Swift 改寫（細節請參考以下網址）：https://developer.apple.com/documentation/audiotoolbox/extended_audio_file_services

另外，還有一些非官方的開放原始碼專案提供了正式 TensorFlow C++ API 的 Swift 封裝。但如果要兼顧簡潔性的話，我們會把 TensorFlow 模型的推論過程與本範例要用到的聲音檔案讀取與轉換維持在 C++ 與 Objective-C，再與 Swift 程式碼協同運作，後者是用來控制 UI、錄製聲音並初始化用於進行聲音處理與辨識的呼叫。

以上就是建置一個具備語音指令辨識模型的 Swift iOS app 的所有步驟。現在請在 iOS 模擬器或實體裝置上執行這個 app，結果應該與 Objective-C 版本完全相同才對。

5.6 總結

本章從認識語音辨識，以及如何透過端對端深度學習方法來建置目前各種主流 ASR 系統開始。接著，談到了如何訓練一個 TensorFlow 模型來辨識一些簡易的語音指令，並一步步說明如何將這個模型用於 Android app 以及 iOS app 中（用 Objective-C 與 Swift 語言都可以）。我們也示範了如何解決 iOS 常見的模型載入錯誤，做法是找到遺漏的 TensorFlow op（或稱為 kernel 檔案），將其重新加入並再次建置 TensorFlow iOS 函式庫。

ASR 可以把語音轉換為文字。下一章會介紹另一種可輸出文字的模型，而且這些文字不只是本章看過的那些簡易指令而已，而是接近自然語言的完整句子。我們會介紹如何建置一個能將影像轉換為文字的模型，以及如何將這個模型用在行動 app 中。要用自然語言來觀察並敘述所看到的事物，就需要真正的人類智慧才行。這件事的頭號好手應該就是福爾摩斯，我們當然不會馬上和他一樣厲害，但先來看看如何邁出第一步吧！

6
用自然語言描述影像

如果影像辨識和物件偵測是一種智慧型任務的話，那麼用自然語言描述影像絕對是一項需要更多的情報、更具挑戰性的任務。想一下，我們每個人如何從新生兒（他們學會辨識物體並判斷其位置）長大為三歲的孩子（學會替一張圖片講故事）。用自然語言描述影像的任務的正式名稱是影像註解。與語音辨識技術有著悠久的研究和開發歷史不同，影像註解（用完整的自然語言描述，而不只是是輸出關鍵字）的研究由於其複雜性和 2012 年才有的深度學習突破，而僅有短暫但令人興奮的歷史。

本章一開始將回顧基於深度學習的影像註解模型如何贏得 2015 年 Microsoft COCO（一個大規模的物件偵測、分割和註解資料集，在第 3 章中曾經簡單介紹過）影像註解挑戰賽。接著，我們將總結在 TensorFlow 中訓練模型的步驟，並詳細介紹如何準備和最佳化要在行動裝置上部署的複雜模型。之後，我們將向你介紹有關如何建立 iOS 和 Android 應用程式以使用該模型生成描述影像的自然語言語句的逐步教學。由於該模型涉及電腦視覺和自然語言處理，因此你將首次看到兩種主流的深度神經網路架構 CNN 和 RNN 如何協同工作，以及如何撰寫 iOS 和 Android 程式碼以存取經過訓練的網路並執行多個推論。

本章內容如下：

- 影像註解的運作原理
- 訓練和凍結影像註解模型
- 轉換和最佳化影像註解模型

- 在 iOS 中使用影像註解模型
- 在 Android 中使用影像註解模型

6.1 影像註解的運作原理

Show and Tell: Lessons learned from the 2015 MSCOCO Image Captioning Challenge（https://arxiv.org/pdf/1609.06647.pdf）這篇論文描述了在 2015 年贏得第一屆 MSCOCO 影像註解挑戰賽的模型。在討論訓練過程之前，讓我們先對模型的工作原理有基本了解，TensorFlow 的 im2txt 模型網站（https://github.com/tensorflow/models/tree/master/research/im2txt）也對此進行了很好的介紹。這也將幫助你了解用於訓練和推論的 Python 程式碼，以及本章稍後將介紹的 iOS 和 Android 中的推論程式碼。

獲獎的 Show and Tell 模型是使用端對端的方法進行訓練的，類似於我們在上一章中簡單介紹過的最新的基於深度學習的語音辨識模型。它使用了 2014 年 MSCOCO 影像註解資料集，可在 http://cocodataset.org/#download 下載，該網站提供了超過 82,000 張的訓練影像，以及描述它們的自然語言句子。模型被訓練成使每張輸入影像的輸出為目標自然語言語句的機率最大化。

不同於使用多個子系統的其他更複雜的訓練方法，端到端方法更為優雅、簡單，並且可以實作出最新的結果。

為了處理和表示輸入影像，Show and Tell 模型使用預先訓練的 Inception v3 模型，該模型與我們在第 2 章用於訓練狗品種的影像辨識模型相同，Inception v3 CNN 網路的最後一個隱藏層用於表示輸入影像。

由於 CNN 模型的性質，較前面的層取得更多的基本影像資訊，而較後面的層會獲得更高階的影像概念。因此，使用輸入影像的最後一個隱藏層來表示影像，就能更好地準備具有高階概念的自然語言輸出。畢竟，我們通常會用諸如「人」或「火車」之類的詞來描述影像，而不是「帶有尖銳邊緣的物體」。

我們使用單字嵌入方法來表示出目標自然語言輸出中的每個單字。單字嵌入只是用向量來表示單字。TensorFlow 網站上有一個不錯的教學（`https://www.tensorflow.org/tutorials/word2vec`），介紹如何建立模型來取得單字的向量代表。

現在，在同時要表示輸入影像又表示輸出單字的情況下（每一對組合都是一個訓練範例），最佳的訓練模型可以在給定輸入影像和單字 w 的前一個單字時，最大化在目標輸出中生成每個單字 w 的機率。而這個模型就是 RNN 序列模型，或更具體地說，是 RNN 模型的**長短期記憶（Long Short Term Memory, LSTM）**類型。LSTM 以解決一般 RNN 模型常有的梯度消失和梯度爆炸問題而聞名。如果想要深入了解 LSTM，你應該看一下這個受歡迎的部落格：

`http://colah.github.io/posts/2015-08-Understanding-LSTMs`

梯度概念在反向傳播過程中用於更新網路權重，因此它可以學會如何生成更好的輸出。如果你不熟悉反向傳播過程，那麼你絕對應該花些時間來理解它，它是神經網路中最基本、功能最強大的演算法之一。只要 Google 搜尋「反向傳播」，排名前五的結果都不會令人失望。梯度消失意味著在深度神經網路反向傳播學習過程中，早期層中的網路權重幾乎沒有更新，因此網路永遠不會收斂。梯度爆炸意味著這些權重更新得過分瘋狂，導致網路差異很大。因此，如果某人頭腦封閉但從不學習，或者某人容易為新事物瘋狂同時又會很快地失去興趣，那麼你就知道他們似乎遇到了什麼樣的梯度問題。

訓練後，可以將 CNN 和 LSTM 模型一起用於推論：給定輸入影像，該模型可以估計每個單字的機率，從而預測最有可能為輸出語句生成的 n 個最佳的第一個單字；接著，給定輸入影像和前 n 個最佳單字，則可以生成 n 個最佳下一個單字，這個過程會持續進行，直到模型回傳句子中特定的單字結尾或生成句子已達到指定的單字長度為止（以防止模型過於冗長），這時就會獲得一個完整的句子。

在每個單字生成時使用 *n* 個最佳單字（意思是末端有 *n* 個最佳句子）稱為集束搜索。當 *n*（所謂的集束大小）為 1 時，這時只會基於模型回傳的所有可能單字中的最高機率值，它便成為貪婪搜索或最佳搜索。下一節中，TensorFlow im2txt 官方模型的 Python 實作的訓練和推論過程使用集束大小設定為 3 的集束搜索；為了方便進行比較，我們的 iOS 和 Android app 將使用更簡單的貪婪或最佳搜索。你將看到哪種方法可以生成更好的註解。

6.2 訓練和凍結影像註解模型

在本節中，我們首先會概述名為 im2txt 的 Show and Tell 模型的訓練過程，該模型記錄在下列網址中，並提供了一些技巧來幫助你更了解過程。接著，我們會介紹 im2txt 模型專案附的 Python 程式碼中一些關鍵修改，以便凍結該模型在行動裝置上使用。

`https://github.com/tensorflow/models/tree/master/research/im2txt`

訓練和測試註解生成

如果你已經完成了第 3 章中「**設定 TensorFlow 物件偵測 API**」這一節的話，則 `im2txt` 資料夾已經安裝完畢；如果沒有，只需前往你的 TensorFlow 資源根目錄，然後執行以下指令：

```
git clone https://github.com/tensorflow/models
```

你可能尚未安裝**自然語言工具套件**（**Natural Language ToolKit, NLTK**）這個 Python 函式庫，這是用於自然語言處理的最受歡迎的 Python 函式庫之一。到它的網站（`http://www.nltk.org`）就可以獲取安裝說明。

現在，請按照以下步驟訓練模型：

1. 開啟終端執行以下命令來設定 2014 年 MSCOCO 影像註解訓練和驗證資料集的儲存位置：

```
MSCOCO_DIR="${HOME}/im2txt/data/mscoco"
```

請注意，儘管要下載和儲存的 2014 年原始資料集約為 20 GB，但該資料集將轉換為 TFRecord 格式（第 3 章已說明如何使用 TFRecord 格式來轉換物件偵測資料集），所以必須執行以下訓練腳本並加入大約 100 GB 的資料。因此，使用 TensorFlow im2txt 專案總共需要約 140 GB 資料來訓練自己的影像註解模型。

2. 前往你的 im2txt 原始程式碼所在的位置，然後下載並處理 MSCOCO 資料集：

```
cd <your_tensorflow_root>/models/research/im2txt
bazel build //im2txt:download_and_preprocess_mscoco
bazel-bin/im2txt/download_and_preprocess_mscoco "${MSCOCO_DIR}"
```

在 download_and_preprocess_mscoco 腳本完成後，你將在 $MSCOCO_DIR 資料夾以 TFRecord 格式儲存所有訓練、驗證和測試資料的檔案。

$MSCOCO_DIR 資料夾中還會生成一個名為 word_counts.txt 的檔案。它總共有 11,518 個單字，每行包含一個單字、一個空格以及該單字在資料集中出現的次數。檔案中僅保存計數大於或等於 4 的單字。像是句子的開頭和結尾這種特殊符號也會儲存（分別以 <S> 和 </S> 表示）。稍後，你將看到我們如何專門在 iOS 和 Android app 中使用和解析檔案來生成註解。

3. 執行以下命令來取得 Inception v3 檢查點檔案：

```
INCEPTION_DIR="${HOME}/im2txt/data"
mkdir -p ${INCEPTION_DIR}
cd ${INCEPTION_DIR}
wget
"http://download.tensorflow.org/models/inception_v3_2016_08_28.tar. gz"
tar -xvf inception_v3_2016_08_28.tar.gz -C ${INCEPTION_DIR}
rm inception_v3_2016_08_28.tar.gz
```

之後，你將在 ${HOME}/im2txt/data 資料夾中看到一個名為 inception_v3.ckpt 的檔案，如下所示：

```
jeff@AiLabby:~/im2txt/data$ ls -lt inception_v3.ckpt
-rw-r----- 1 jeff jeff 108816380 Aug 28 016 inception_v3.ckpt
```

4. 現在，使用以下指令來訓練我們的模型：

```
INCEPTION_CHECKPOINT="${HOME}/im2txt/data/inception_v3.ckpt"
MODEL_DIR="${HOME}/im2txt/model"
cd <your_tensorflow_root>/models/research/im2txt
bazel build -c opt //im2txt/...
bazel-bin/im2txt/train \
 --input_file_pattern="${MSCOCO_DIR}/train-?????-of-00256" \
 --inception_checkpoint_file="${INCEPTION_CHECKPOINT}" \
 --train_dir="${MODEL_DIR}/train" \
 --train_inception=false \
 --number_of_steps=1000000
```

即使是在第 1 章提到的 Nvidia GTX 1070 這種 GPU 上，前面設定的 number_of_steps 參數中的 100 萬次迭代也要花費超過 5 天，所以執行 5 萬次迭代大約需要 6.5 個小時。幸運的是，你很快就會看到，即使只有大約 5 萬次迭代，影像註解的結果也已經相當不錯了。還要注意，你可以隨時取消訓練腳本，然後稍後重新執行它，腳本將從最後儲存的檢查點開始；預設情況下，檢查點會每十分鐘儲存一次，因此在最壞的情況下，你只會損失十分鐘的訓練時間。

訓練幾個小時之後，中斷前面的訓練腳本，然後查看 --train_dir 指向的位置。你將看到類似這樣的內容（預設情況下，將儲存五組檢查點檔案，但此處僅顯示三組）：

```
ls -lt $MODEL_DIR/train
-rw-rw-r-- 1 jeff jeff 2171543 Feb 6 22:17 model.ckpt-109587.meta
-rw-rw-r-- 1 jeff jeff 463 Feb 6 22:17 checkpoint
-rw-rw-r-- 1 jeff jeff 149002244 Feb 6 22:17
model.ckpt-109587.data-00000-of-00001
-rw-rw-r-- 1 jeff jeff 16873 Feb 6 22:17 model.ckpt-109587.index
-rw-rw-r-- 1 jeff jeff 2171543 Feb 6 22:07 model.ckpt-109332.meta
-rw-rw-r-- 1 jeff jeff 16873 Feb 6 22:07 model.ckpt-109332.index
-rw-rw-r-- 1 jeff jeff 149002244 Feb 6 22:07
```

```
model.ckpt-109332.data-00000-of-00001
-rw-rw-r-- 1 jeff jeff 2171543 Feb 6 21:57 model.ckpt-109068.meta
-rw-rw-r-- 1 jeff jeff 149002244 Feb 6 21:57
model.ckpt-109068.data-00000-of-00001
-rw-rw-r-- 1 jeff jeff 16873 Feb 6 21:57 model.ckpt-109068.index
-rw-rw-r-- 1 jeff jeff 4812699 Feb 6 14:27 graph.pbtxt
```

你可以讓每組檢查點檔案（model.ckpt-109068.*、model.ckpt-109332.*、以及 model.ckpt-109587.*）每十分鐘生成一次。graph.pbtxt 是模型的 graph 定義檔（為文字格式），並且 model.ckpt-??????.meta 檔案還包含了模型的 graph 定義以及特定檢查點的其他一些詮釋資料，例如 model.ckpt-109587.data-00000-of-00001（請注意，其大小幾乎為 150MB，因為所有網路參數均儲存在此處）。

5. 測試註解的生成：

```
CHECKPOINT_PATH="${HOME}/im2txt/model/train"
VOCAB_FILE="${HOME}/im2txt/data/mscoco/word_counts.txt"
IMAGE_FILE="${HOME}/im2txt/data/mscoco/raw-
data/val2014/COCO_val2014_000000224477.jpg"
bazel build -c opt //im2txt:run_inference
bazel-bin/im2txt/run_inference \
 --checkpoint_path=${CHECKPOINT_PATH} \
 --vocab_file=${VOCAB_FILE} \
 --input_files=${IMAGE_FILE}
```

CHECKPOINT_PATH 設定為與 --train_dir 設定的相同路徑。run_inference 腳本將生成類似以下內容（不完全相同，具體取決於已執行了多少訓練步驟）：

```
Captions for image COCO_val2014_000000224477.jpg:
 0) a man on a surfboard riding a wave . (p = 0.015135)
 1) a person on a surfboard riding a wave . (p = 0.011918)
 2) a man riding a surfboard on top of a wave . (p = 0.009856)
```

超酷的，如果我們可以在智慧型手機上載入此模型一定更酷。但是在此之前，由於模型的相對複雜性以及 Python 中的 train 和 run_inference 腳本的撰寫方式，我們還需要採取一些額外的步驟。

凍結影像註解模型

在第 4 章以及第 5 章中，我們使用了兩個稍有不同版本的 freeze.py 腳本，將訓練過的網路權重與網路圖形定義合併到一個自給自足的模型檔案中，方便我們在行動裝置上使用。TensorFlow 還有一個更通用的凍結模型腳本，名為 freeze_graph.py，位於 tensorflow/python/tools 資料夾中，可用於建立模型檔案。你需要至少提供四個參數才能讓它運作（想查看所有可用參數，請參考 tensorflow/python/tools/freeze_graph.py）：

- --input_graph 或 --input_meta_graph：模型的 **graph** 定義檔。例如，在上一節的步驟 4 中的 ls -lt $MODEL_DIR/train 的指令輸出中，model.ckpt-109587.meta 是一個詮釋圖形的檔案，其中包含模型的 **graph** 定義和其他與檢查點相關的詮釋資料，而 graph.pbtxt 只包含了模型的 **graph** 定義。
- --input_checkpoint：特定的檢查點檔案，例如：model.ckpt-109587。請注意，你不用指定大型檢查點檔案 model.ckpt-109587.data-00000-of-00001 的完整檔名。
- --output_graph：凍結模型檔案的路徑——這是在行動裝置上使用的路徑。
- --output_node_names：用逗號分隔的輸出節點名稱的列表，說明 freeze_graph 工具凍結模型中應包括模型的哪一部分和權重，因此生成特定輸出節點不需要的節點和權重名稱就不會被留下。

所以對於此模型，我們如何找出必須的輸出節點名稱以及輸入節點名稱，這些對推論也是至關重要，正如我們在前幾章的 iOS 和 Android app 中看到的那樣。因為我們已經使用過 run_inference 腳本來生成測試影像註解，所以我們可以看到它是如何進行推論的。

前往到你的 im2txt 原始程式碼資料夾 models/research/im2txt/im2txt。請用編輯器（如 Atom 或 Sublime Text）開啟，或者在 Python IDE（例如 PyCharm）開啟，也可以用瀏覽器開啟（https://github.com/tensorflow/models/tree/master/research/im2txt/im2txt）都可以。在 run_inference.py 中，inference_utils/inference_wrapper_base.py 中會呼叫 build_graph_from_config，後者在 inference_wrapper.py 中呼叫 build_model，再於 show_ and_tell_model.py 中呼叫 build 方法。最後，build 方法將呼叫 build_input 方法，該方法程式碼如下：

```
if self.mode == "inference":
    image_feed = tf.placeholder(dtype=tf.string, shape=[],
name="image_feed")
    input_feed = tf.placeholder(dtype=tf.int64,
        shape=[None], # batch_size
        name="input_feed")
```

還有一個 build_model 方法，內容為：

```
if self.mode == "inference":
    tf.concat(axis=1, values=initial_state, name="initial_state")
    state_feed = tf.placeholder(dtype=tf.float32,
        shape=[None, sum(lstm_cell.state_size)],
        name="state_feed")
    ...
    tf.concat(axis=1, values=state_tuple, name="state")
    ...
    tf.nn.softmax(logits, name="softmax")
```

因此，名為 image_feed、input_feed 和 state_feed 的三個佔位符應該是輸入節點名稱，而 initial_state、state 和 softmax 應該是輸出節點名稱。此外，inference_wrapper.py 中定義的兩種方法可以確認我們的偵查成果，第一種是：

```
def feed_image(self, sess, encoded_image):
  initial_state = sess.run(fetches="lstm/initial_state:0",
                           feed_dict={"image_feed:0": encoded_image})
  return initial_state
```

因此，我們提供 image_feed 並回傳 initial_state（字串開頭的 lstm/ 僅表示該節點在 lstm 的範圍內）。第二種方法是：

```
def inference_step(self, sess, input_feed, state_feed):
  softmax_output, state_output = sess.run(
      fetches=["softmax:0", "lstm/state:0"],
      feed_dict={
```

```
            "input_feed:0": input_feed,
            "lstm/state_feed:0": state_feed,
        })
    return softmax_output, state_output, None
```

我們輸入 input_feed 和 state_feed，然後回傳 softmax 和 state。總共三個輸入節點名稱和三個輸出名稱。

請注意，僅當 mode 為 **inference** 時才建立這些節點，因為 train.py 和 run_inference.py 都使用 show_and_tell_model.py。這意味著在執行 run_inference.py 腳本後，將修改在步驟 5 中使用 train 生成的 --checkpoint_path 中的模型圖形定義檔案和權重。那麼，我們如何保存更新後的圖形定義和檢查點檔案？

事實證明，在 run_inference.py 中，在建立 TensorFlow 會話後，還會呼叫 restore_fn(sess) 來載入檢查點檔案，它在 inference_utils/inference_wrapper_base.py 中的定義如下：

```
def _restore_fn(sess):
      saver.restore(sess, checkpoint_path)
```

在執行 run_inference.py 後並呼叫 saver.restore 時，已完成了圖形定義的更新，因此我們可以在此處保存新的檢查點和圖形檔案，從而使 _restore_fn 函式如下所示：

```
def _restore_fn(sess):
      saver.restore(sess, checkpoint_path)
      saver.save(sess, "model/image2text")
      tf.train.write_graph(sess.graph_def, "model", 'im2txt4.pbtxt')
      tf.summary.FileWriter("logdir", sess.graph_def)
```

你可以選擇要不要執行 tf.train.write_graph(sess.graph_def, "model", 'im2txt 4.pbtxt') 這一行，因為通過呼叫 saver.save 儲存新的檢查點檔案時，還會生成一個詮釋資料，可以將其與 freeze_graph.py 產生的檢查點檔案一起使用。但是它是為那些希望以純文字格式查看所有內容或者在凍結模型時，更喜歡使用帶有 --in_graph 參數的 **graph** 定義檔的人所生成的。最後一行 tf.summary.FileWriter("logdir", sess.graph_def) 也可以選擇要不要執行，它會生成一個可由 TensorBoard 視覺化的事件檔案。修改之後，再次執行 run_inference.py（記得要先執行 bazel build -c opt //im2txt:run_inference，除非你直接使用 Python 執行 run_inference.py），你將在 model 資料夾中看到以下新的檢查點檔案和新的 model 定義檔：

```
jeff@AiLabby:~/tensorflow-1.5.0/models/research/im2txt$ ls -lt model
-rw-rw-r-- 1 jeff jeff 2076964 Feb 7 12:33 image2text.pbtxt
-rw-rw-r-- 1 jeff jeff 1343049 Feb 7 12:33 image2text.meta
-rw-rw-r-- 1 jeff jeff 77 Feb 7 12:33 checkpoint
-rw-rw-r-- 1 jeff jeff 149002244 Feb 7 12:33 image2text.data-00000-
of-00001
-rw-rw-r-- 1 jeff jeff 16873 Feb 7 12:33 image2text.index
```

並在 logdir 目錄中看到：

```
jeff@AiLabby:~/tensorflow-1.5.0/models/research/im2txt$ ls -lt logdir
total 2124
-rw-rw-r-- 1 jeff jeff 2171623 Feb 7 12:33
events.out.tfevents.1518035604.AiLabby
```

Tips

你可以選擇執行 bazel build 指令來建立 TensorFlow Python 腳本，或是直接執行 Python 腳本。例如，我們可以執行 python tensorflow/python/tools/freeze_graph.py，而無需先使用 bazel build tensorflow/python/tools:freeze_graph 進行建置後，再執行 bazel-bin/tensorflow/python/tools/freeze_graph。但是請注意，直接執行 Python 腳本將使用你用 pip 所安裝的 TensorFlow 版本，該版本可能與 bazel build 指令下載的原始程式碼版本不同。這可能是導致一些惱人錯誤的原因，因此請確保你知道執行腳本的 TensorFlow 是哪一個版本。此外，對於基於 C ++ 的工具，必須先使用 bazel 對其進行建置，然後才能執行它。例如，我們即將看到的 transform_graph 工具是位於 tensorflow/tools/graph_transforms 中的 transform_graph.cc 實作出來的，另一個稍後將在我們的 iOS app 中使用的重要工具 convert_graphdef_memmapped_format，也是由在 tensorflow/contrib/util 中的 C++ 實作而得。

現在，用 TensorBoard 來看看 graph，只需要執行 `tensorboard --logdir logdir`，然後用瀏覽器開啟 `http://localhost:6006`。圖 6.1 顯示了三個輸出節點名稱（最上面為 `softmax`，紅色長方形標記的上方為 `lstm/initial_state` 和 `lstm/state`）和一個輸入節點名稱（`state_feed` 在底部）：

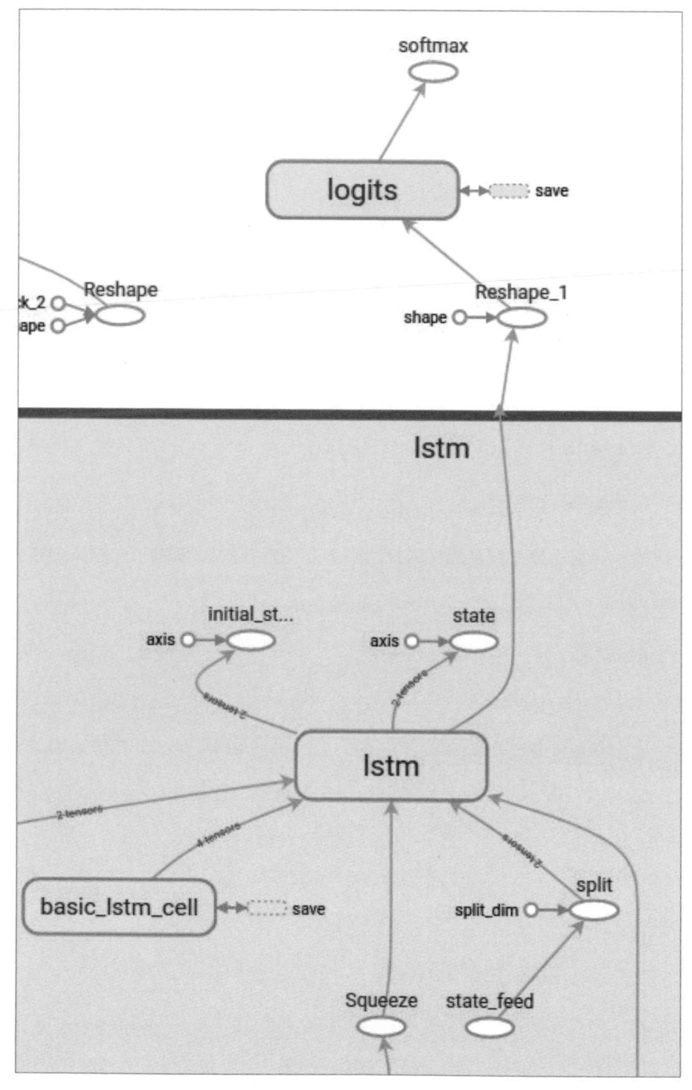

圖 6.1　圖中顯示了三個輸出節點名稱和一個輸入節點名稱

圖 6.2 顯示了另一個輸入節點名稱 image_feed：

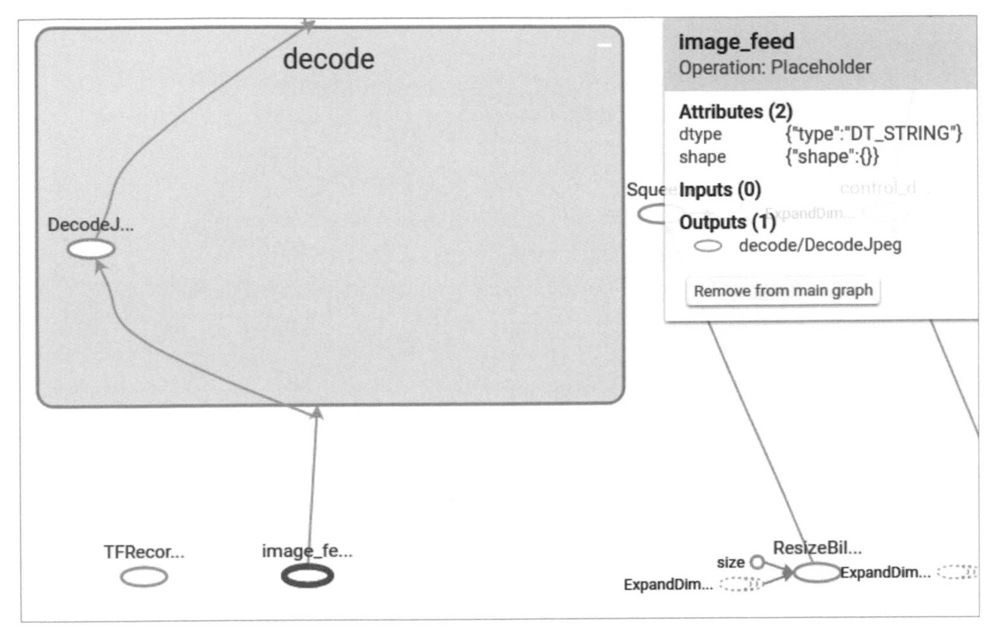

圖 6.2　圖中顯示了另一個輸入節點名稱 image_feed

最後，圖 6.3 顯示了最後一個輸入節點名稱 input_feed：

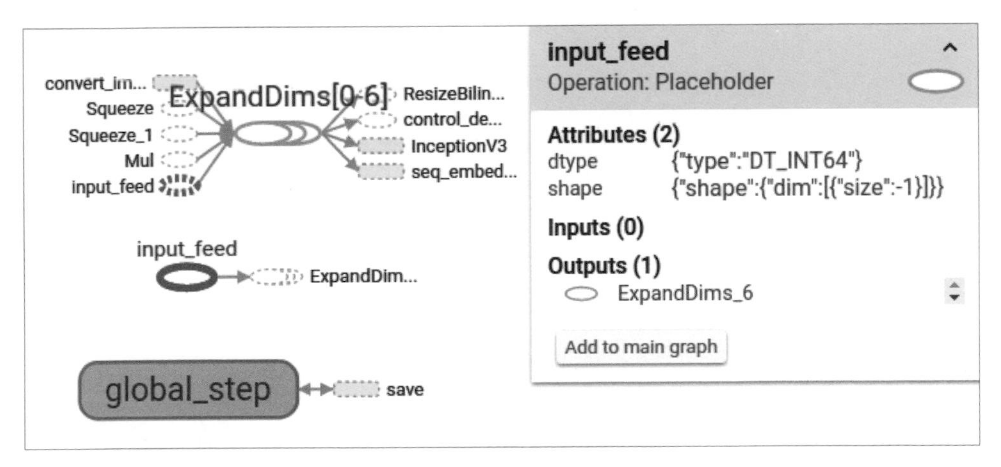

圖 6.3　圖中顯示了最後一個輸入節點名稱 input_feed

當然，這裡還有很多我們沒有也無法涵蓋的細節，但你已經了解整個大方向，以及重要的是已經有足夠的細節可以繼續前進。現在執行 freeze_graph.py 應該易如反掌：

```
python tensorflow/python/tools/freeze_graph.py --
input_meta_graph=/home/jeff/tensorflow-1.5.0/models/research/im2txt/model/i
mage2text.meta --
input_checkpoint=/home/jeff/tensorflow-1.5.0/models/research/im2txt/model/i
mage2text --output_graph=/tmp/image2text_frozen.pb --
output_node_names="softmax,lstm/initial_state,lstm/state" --
input_binary=true
```

請注意，我們在這裡使用詮釋 graph 檔，並將 --input_binary 參數設定為 true，預設情況下為 false，這代表 freeze_graph 工具期望輸入圖形或詮釋圖形檔案為文字格式。

你可以使用文字格式的圖形檔案作為輸入，在這種情況下，無需提供 --input_binary 參數：

```
python tensorflow/python/tools/freeze_graph.py --
input_graph=/home/jeff/tensorflow-1.5.0/models/research/im2txt/model/image2
text.pbtxt --
input_checkpoint=/home/jeff/tensorflow-1.5.0/models/research/im2txt/model/
image2text --output_graph=/tmp/image2text_frozen2.pb --
output_node_names="softmax,lstm/initial_state,lstm/state"
```

兩個輸出圖形檔案 image2text_frozen.pb 和 image2text_frozen2.pb 的大小將稍有不同，但是在經過轉換和可能最佳化後，它們在行動裝置上使用時，行為會完全相同。

6.3 轉換和最佳化影像註解模型

如果你真的等不及了，現在就決定在 iOS 或 Android app 上嘗試熱騰騰的新凍結模型的話，當然是可以，但是你將看到一個致命錯誤：No OpKernel was registered to support Op 'DecodeJpeg' with these attrs，這會迫使你重新考慮自己的決定。

用轉換模型修正錯誤

一般來說，你可以使用名為 strip_unused.py 的工具來刪除 DecodeJpeg 這個未包含在 TensorFlow 核心函式庫（詳細資訊請見 https://www.tensorflow.org/mobile/prepare_models#removing_training-only_nodes）中的操作，該工具位於 tensorflow/python/tools 這個與 freeze_graph.py 相同的位置。但是由於輸入節點 image_feed 需要進行解碼操作（圖 6.2），因此這樣的工具由於 strip_unused 不會將 DecodeJpeg 視為未使用，所以也不會被解碼。你可以執行 strip_unused 指令來驗證這一點，如下所示：

```
bazel-bin/tensorflow/python/tools/strip_unused --
input_graph=/tmp/image2text_frozen.pb --
output_graph=/tmp/image2text_frozen_stripped.pb --
input_node_names="image_feed,input_feed,lstm/state_feed" --
output_node_names="softmax,lstm/initial_state,lstm/state" --
input_binary=True
```

然後在 iPython 中載入輸出 graph，並列出前幾個節點如下：

```
import tensorflow as tf
g=tf.GraphDef()
g.ParseFromString(open("/tmp/image2text_frozen_stripped", "rb").read())
x=[n.name for n in g.node]
x[:6]
```

輸出將如下所示：

```
[u'image_feed',
 u'input_feed',
 u'decode/DecodeJpeg',
 u'convert_image/Cast',
 u'convert_image/y',
 u'convert_image']
```

修復這個 iOS app 錯誤的第二種可能的解決方案是將未註冊的操作實作加入到 tf_op_files 檔案中，並重新建置 TensorFlow iOS 函式庫，就像我們在第 5 章的做法。壞消息是，由於 TensorFlow 中沒有實作 DecodeJpeg 功能，因此無法將 DecodeJpeg 的 TensorFlow 實作加入到 tf_op_files 中。

實際上，在圖 6.2 中也暗示了解決此煩惱的方法，其中使用 `convert_image` 節點作為 `image_feed` 輸入的解碼版本。為了更準確，點擊 TensorBoard 圖中的 **Cast** 和 **decode** 節點，如圖 6.4 所示，你將從右側的 TensorBoard 資訊卡中看到 **Cast** 的輸入和輸出（名為 `convert_image/Cast`）為 `decode/DecodeJpeg` 和 `convert_image`，解碼的輸入和輸出為 `image_feed` 和 `convert_image/Cast`：

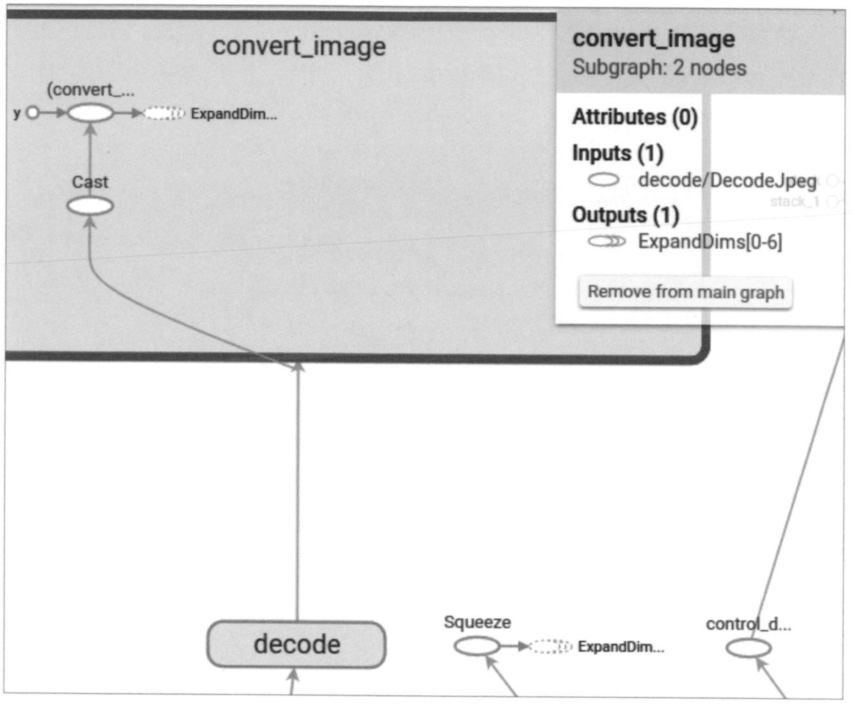

圖 6.4　研究一下解碼和 convert_image 節點

在 `im2txt/ops/image_processing.py` 中，實際上有一行 `image = tf.image.convert_image_dtype(image, dtype=tf.float32)`，會將已解碼的影像轉換為浮點數。讓我們將 TensorBoard 中的顯示名稱以及前面程式碼的輸出，由 `convert_image/Cast` 替換為 `image_feed`，然後再次執行 `strip_unused`：

```
bazel-bin/tensorflow/python/tools/strip_unused --
input_graph=/tmp/image2text_frozen.pb --
output_graph=/tmp/image2text_frozen_stripped.pb --
input_node_names="convert_image/Cast,input_feed,lstm/state_feed" --
```

```
output_node_names="softmax,lstm/initial_state,lstm/state" --
input_binary=True
```

現在重新執行以下程式碼片段：

```
g.ParseFromString (open("/tmp/image2text_frozen_stripped", "rb").read())
x=[n.name for n in g.node]
x[:6]
```

輸出將不再具有 decode/DecodeJpeg 節點：

```
[u'input_feed',
 u'convert_image/Cast',
 u'convert_image/y',
 u'convert_image',
 u'ExpandDims_1/dim',
 u'ExpandDims_1']
```

如果我們在 iOS 或 Android app 中使用新的模型檔案 image2text_frozen_stripped.pb，則 No OpKernel was registered to support Op 'DecodeJpeg' with these attrs. 這個錯誤肯定會消失。但是會發生另一個錯誤：Not a valid TensorFlow Graph serialization: Input 0 of node ExpandDims_6 was passed float from input_feed:0 incompatible with expected int64.。如果你曾經玩　過 TensorFlow for Poets 2（https://colab.research.google.com/github/tensorflow/docs/blob/master/site/en/tutorials/images/transfer_learning_with_hub.ipynb）這個超厲害的 Google TensorFlow 範例的話，你可能會記得還有一個名為 optimize_for_inference 的工具，與 strip_unused 有類似的功能。它非常適合執行 Colab 中的影像辨識任務。你可以這樣執行它：

```
bazel build tensorflow/python/tools:optimize_for_inference

bazel-bin/tensorflow/python/tools/optimize_for_inference \
--input=/tmp/image2text_frozen.pb \
--output=/tmp/image2text_frozen_optimized.pb \
--input_names="convert_image/Cast,input_feed,lstm/state_feed" \
--output_names="softmax,lstm/initial_state,lstm/state"
```

但是，在 iOS 或 Android app 上載入輸出模型檔案 image2text_frozen_optimized.pb 會導致節點 ExpandDims_6 的相同輸入 0 是從 input_feed:0 以浮點數傳遞，與預期的 int64 錯誤不相容。看起來，當我們試著至少在某種程度上做到一些福爾摩斯才能做到的事情之前，有人希望我們先成為福爾摩斯呢。

如果你在其他模型（例如我們在前幾章中看到的模型）上嘗試了 strip_unused 或 optimize_for_inference 工具，則它們可以正常工作。事實證明，儘管官方 TensorFlow 1.4 和 1.5 發行版本中包含了兩個基於 Python 的工具，但在最佳化一些更複雜的模型時卻存在一些錯誤。更新過且正確的工具是基於 C ++ 的 transform_graph 工具，現在是 TensorFlow Mobile 網站（https://www.tensorflow.org/mobile）官方推薦的工具。執行以下指令以消除在行動裝置上部署時關於 float 與 int64 不相容的錯誤：

```
bazel build tensorflow/tools/graph_transforms:transform_graph

bazel-bin/tensorflow/tools/graph_transforms/transform_graph \
--in_graph=/tmp/image2text_frozen.pb \
--out_graph=/tmp/image2text_frozen_transformed.pb \
--inputs="convert_image/Cast,input_feed,lstm/state_feed" \
--outputs="softmax,lstm/initial_state,lstm/state" \
--transforms='
  strip_unused_nodes(type=float, shape="299,299,3")
  fold_constants(ignore_errors=true, clear_output_shapes=true)
  fold_batch_norms
  fold_old_batch_norms'
```

我們不會介紹所有 --transforms 選項的詳細內容，這些選項在 https://github.com/tensorflow/tensorflow/tree/master/tensorflow/tools/graph_transforms 中都有項細說明。基本上，--transforms 設定正確地擺脫了未使用的節點，例如我們模型中的 DecodeJpeg，並且還進行了一些其他的最佳化。

現在，如果你在 iOS 和 Android app 中載入 image2text_frozen_transformed.pb 檔案，則不相容的錯誤將消失。當然，我們還沒有真的撰寫任何 iOS 和 Android 程式碼，但是我們知道該模型很不錯也已經可以使用。模型真的很棒，但是可以再更好。

最佳化轉換模型

真正的最後一步，也是至關重要的一步，尤其是在執行複雜的凍結和轉換模型（像是我們在較舊的 iOS 裝置上訓練過的模型）時，是使用在 tensorflow/contrib/util 裡的另一項工具 convert_graphdef_memmapped_format 進行轉換，將凍結和轉換後的模型轉換為記憶體映射格式。記憶體映射檔案允許現代作業系統（如 iOS 和 Android）將檔案直接映射到主記憶體中，因此無需為檔案分配記憶體，也無需寫回硬碟，因為檔案資料只能被讀取，因此做到非常重要的性能提升。

更重要的是，iOS 不會將已映射的檔案算進記憶體使用量，因此，當記憶體壓力過大時，使用已記憶體映射的檔案的 app，即使大小很大，也不會因為佔用大量記憶體及當機而被 iOS 終止。實際上，正如我們將在下一節中將看到的那樣，如果模型檔案的轉換版本未轉換為記憶體映射格式，則它在較舊的行動裝置（如 iPhone 6）上會當機，轉換在這種情況下是必須的。

建立和執行該工具的指令非常簡單：

```
bazel build tensorflow/contrib/util:convert_graphdef_memmapped_format

bazel-bin/tensorflow/contrib/util/convert_graphdef_memmapped_format \
--in_graph=/tmp/image2text_frozen_transformed.pb \
--out_graph=/tmp/image2text_frozen_transformed_memmapped.pb
```

下一節中將示範如何在 iOS app 中使用 image2text_frozen_transformed_memmapped.pb 模型檔案。它也可以在使用原生程式碼的 Android 中使用，但是由於篇幅所限，我們無法在本章進行介紹。

我們付出了許多的努力，終於為我們的行動裝置 app 準備了一個複雜的影像註解模型。現在是時候來體會模型在使用上的簡易性了。實際上，使用該模型不像前面所有章節中所做的那樣，僅僅是在 iOS 中簡單的呼叫會話及執行，或是在 Android 中呼叫 mInferenceInterface.run；正如上一節中對 run_inference.py 的工作方式進行研究時所看到的，從輸入影像到自然語言輸出的推論，涉及多次呼叫模型的 run 方法。LSTM 模型就是這樣工作的：「繼續向我發送新的輸入（基於我以前的狀態和輸出），我將向你發送下一個狀態和輸出」。簡單來說，我們將示範如何使用簡潔的程式碼來建立在 iOS 和 Android 上使用以自然語言描述影像之模型的 app。這樣在有需要時，你就能輕鬆地在自己的 app 中整合模型及其推論程式碼。

6.4 在 iOS 中使用影像註解模型

由於該模型的 CNN 部分是以 `Inception v3` 為基礎，也就是第 2 章中同一個模型，因此我們可以透過更簡潔的 TensorFlow pod 來建立所要的 Objective-C iOS app。請按照以下步驟，來同時使用 `image2text_frozen_transformed.pb` 和新 iOS app 中的 `image2text_frozen_transformed_memmapped.pb` 模型檔案：

1. 與第 2 章的前四個步驟類似，將 TensorFlow 加入到 Objective-C iOS app 中，建立一個名為 `Image2Text` 的新 iOS 專案，加入一個具有以下內容的名為 `Podfile` 的新檔案：

   ```
   target 'Image2Text'
          pod 'TensorFlow-experimental'
   ```

   然後在終端機上執行 `pod install` 並開啟 `Image2Text.xcworkspace` 檔案。將 `ios_image_load.h`、`ios_image_load.mm`、`tensorflow_utils.h` 和 `tensorflow_utils.mm` 檔案從 TensorFlow iOS 之 Camera 範例 app 中拖放到 Xcode 中的 `Image2Text` 專案，該應用程式位於 `tensorflow/examples/ios/camera`。之前我們已經重新使用 `ios_image_load.*` 檔案，而這裡使用 `tensorflow_utils.*` 檔案，主要用於載入記憶體映射的模型檔案。有 `tensorflow_utils.mm` 中的 `LoadModel` 和 `LoadMemoryMappedModel` 這兩種方法：第一種方法用我們以前的方式載入非映射模型，另一種則是載入記憶體映射模型。如果有興趣的話，可以看看如何實作 `LoadMemoryMappedModel`，`https://www.tensorflow.org/mobile/optimizing#reducing_model_loading_time_andor_memory_footprint` 上的文件會有幫助。

2. 放入上一節結束時生成的兩個模型檔案、在步驟 2 中生成的 word_counts.txt 檔案、以及用於訓練和測試註解生成的一些測試影像 —— 我們保存並使用了這四個 TensorFlow im2txt 模型頁面（https://github.com/tensorflow/models/tree/master/research/im2txt）中的影像，因此可以比較我們的模型與訓練了更多次的模型註解結果。接著將 ViewController.m 的副檔名改為 .mm，從現在開始只會處理 ViewController.mm 檔案以完成這個 app。現在，你的 Xcode Image2Text 專案應如圖 6.5 所示：

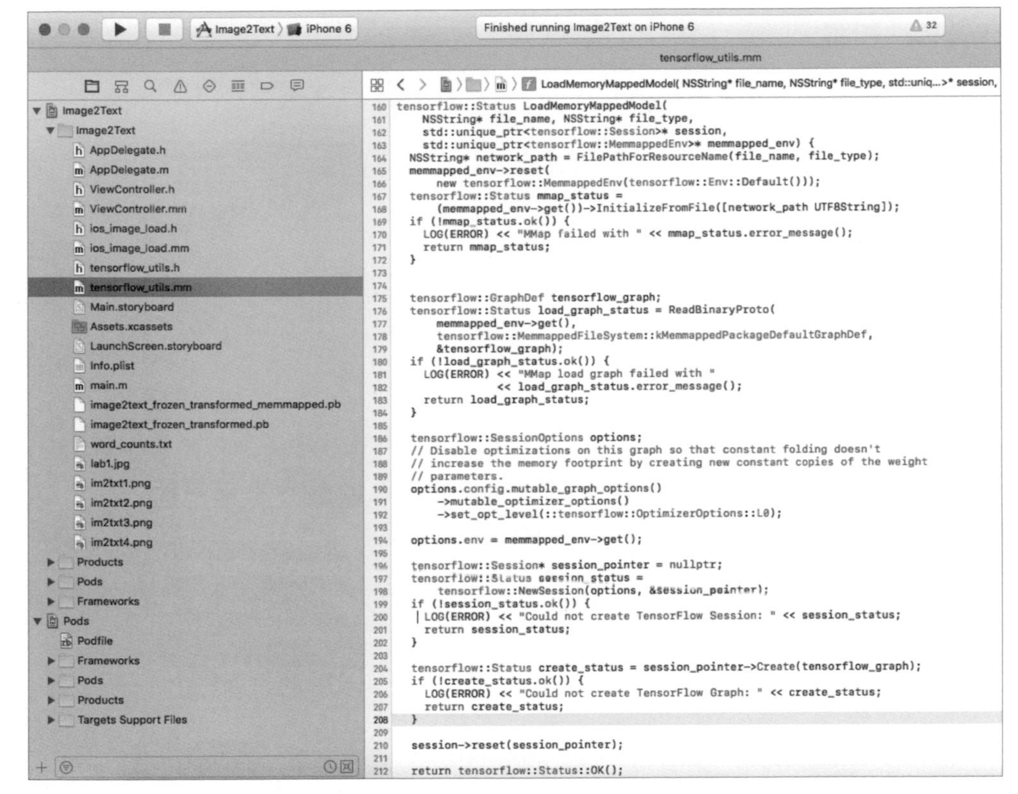

圖 6.5　設定 Image2Text iOS 應用程式，並顯示如何實作 LoadMemoryMappedModel

3. 開啟 ViewController.mm 並加入一些 Objective-C 和 C ++ 常數：

```
static NSString* MODEL_FILE = @"image2text_frozen_transformed";
static NSString* MODEL_FILE_MEMMAPPED =
@"image2text_frozen_transformed_memmapped";
```

```
static NSString* MODEL_FILE_TYPE = @"pb";
static NSString* VOCAB_FILE = @"word_counts";
static NSString* VOCAB_FILE_TYPE = @"txt";
static NSString *image_name = @"im2txt4.png";

const string INPUT_NODE1 = "convert_image/Cast";
const string OUTPUT_NODE1 = "lstm/initial_state";
const string INPUT_NODE2 = "input_feed";
const string INPUT_NODE3 = "lstm/state_feed";
const string OUTPUT_NODE2 = "softmax";
const string OUTPUT_NODE3 = "lstm/state";

const int wanted_width = 299;
const int wanted_height = 299;
const int wanted_channels = 3;

const int CAPTION_LEN = 20;
const int START_ID = 2;
const int END_ID = 3;
const int WORD_COUNT = 12000;
const int STATE_COUNT = 1024;
```

這些程式碼應該相當清楚，如果你完整的讀了本章，應該看起來都很熟悉，除了最後五個常數外：CAPTION_LEN 是我們要在註解中生成的最大單字數量，而 START_ID 是句子起始詞的 ID，<S> 被定義為 word_counts.txt 檔案中的行數，所以 2 表示第二行的單字，3 表示第三行的單字。word_counts.txt 檔案的前幾行是這樣的：

```
a 969108
<S> 586368
</S> 586368
. 440479
on 213612
of 202290
```

WORD_COUNT 是模型假設的總單字數，在你很快將看到的每個呼叫的推論中，模型總共回傳 12,000 筆機率分數值，以及 1,024 個 LSTM 模型的狀態值。

4. 加入一些全域變數和一個函數簽名：

```
unique_ptr<tensorflow::Session> session;
unique_ptr<tensorflow::MemmappedEnv> tf_memmapped_env;

std::vector<std::string> words;

UIImageView *_iv;
UILabel *_lbl;

NSString* generateCaption(bool memmapped);
```

這個與 UI 相關的簡易程式碼類似於第 2 章的 iOS app 的程式碼。基本上，你可以在 app 啟動後點擊任意位置，然後選擇兩個模型之一，影像描述結果將顯示在上方。當使用者在警示視窗中選擇了記憶體映射模型時，將執行以下程式碼：

```
dispatch_async(dispatch_get_global_queue(0, 0), ^{
    NSString *caption = generateCaption(true);
    dispatch_async(dispatch_get_main_queue(), ^{
        _lbl.text = caption;
    });
});
```

如果選擇了非映射模型，則使用 `generateCaption(false)`。

5. 在 `viewDidLoad` 方法的尾端，加入程式碼以載入 `word_counts.txt` 並將這些單字逐行保存在 Objective-C 和 C ++ 中：

```
NSString* voc_file_path = FilePathForResourceName(
VOCAB_FILE, VOCAB_FILE_TYPE);
if (!voc_file_path) {
    LOG(FATAL) << "Couldn't load vocabuary file: " << voc_file_path;
}
ifstream t;
t.open([voc_file_path UTF8String]);
string line;
while(t){
    getline(t, line);
    size_t pos = line.find(" ");
```

```
    words.push_back(line.substr(0, pos));
}
t.close();
```

6. 接下來要實作 generateCaption 函式。首先，先在其中載入正確的模型：

```
tensorflow::Status load_status;
if (memmapped)
    load_status = LoadMemoryMappedModel(MODEL_FILE_MEMMAPPED,
MODEL_FILE_TYPE, &session, &tf_memmapped_env);
else
    load_status = LoadModel(MODEL_FILE, MODEL_FILE_TYPE, &session);
if (!load_status.ok()) {
    return @"Couldn't load model";
}
```

7. 接著，使用類似的影像處理程式碼來準備要輸入到模型中的影像 tensor：

```
int image_width;
int image_height;
int image_channels;
NSArray *name_ext = [image_name componentsSeparatedByString:@"."];
NSString* image_path = FilePathForResourceName(name_ext[0],
name_ext[1]);
std::vector<tensorflow::uint8> image_data =
LoadImageFromFile([image_path UTF8String], &image_width,
&image_height, &image_channels);

tensorflow::Tensor image_tensor(tensorflow::DT_FLOAT,
tensorflow::TensorShape({wanted_height, wanted_width,
wanted_channels}));
auto image_tensor_mapped = image_tensor.tensor<float, 3>();
tensorflow::uint8* in = image_data.data();
float* out = image_tensor_mapped.data();
for (int y = 0; y < wanted_height; ++y) {
    const int in_y = (y * image_height) / wanted_height;
    tensorflow::uint8* in_row = in + (in_y * image_width *
image_channels);
    float* out_row = out + (y * wanted_width * wanted_channels);
    for (int x = 0; x < wanted_width; ++x) {
```

```
        const int in_x = (x * image_width) / wanted_width;
        tensorflow::uint8* in_pixel = in_row + (in_x *
image_channels);
        float* out_pixel = out_row + (x * wanted_channels);
        for (int c = 0; c < wanted_channels; ++c) {
            out_pixel[c] = in_pixel[c];
        }
    }
}
```

8. 現在可以將影像發送給模型，並取得回傳的 `initial_state` **tensor** 向量，該向量包含 1,200（`STATE_COUNT`）個值：

```
vector<tensorflow::Tensor> initial_state;

if (session.get()) {
    tensorflow::Status run_status = session->Run({{INPUT_NODE1,
image_tensor}}, {OUTPUT_NODE1}, {}, &initial_state);
    if (!run_status.ok()) {
        return @"Getting initial state failed";
    }
}
```

9. 定義 `input_feed` 和 `state_feed` **tensor**，並將它們的值分別設定為起始單字的 ID 和回傳的 `initial_state` 值：

```
tensorflow::Tensor input_feed(tensorflow::DT_INT64,
tensorflow::TensorShape({1,}));
tensorflow::Tensor state_feed(tensorflow::DT_FLOAT,
tensorflow::TensorShape({1, STATE_COUNT}));

auto input_feed_map = input_feed.tensor<int64_t, 1>();
auto state_feed_map = state_feed.tensor<float, 2>();
input_feed_map(0) = START_ID;
auto initial_state_map = initial_state[0].tensor<float, 2>();
for (int i = 0; i < STATE_COUNT; i++){
    state_feed_map(0,i) = initial_state_map(0,i);
}
```

10.以 CAPTION_LEN 建立一個 for 迴圈，然後在迴圈內部，首先建立 output_feed 和 output_states **tensor** 向量，然後輸入先前設定的 input_feed 和 state_feed，並執行模型以取得由 softmax 張量和 new_state 張量組成的輸出 **tensor** 向量：

```
vector<int> captions;
for (int i=0; i<CAPTION_LEN; i++) {
    vector<tensorflow::Tensor> output;
    tensorflow::Status run_status = session->Run({{INPUT_NODE2, input_
feed}, {INPUT_NODE3, state_feed}}, {OUTPUT_NODE2, OUTPUT_NODE3}, {},
&output);
    if (!run_status.ok()) {
        return @"Getting LSTM state failed";
    }
    else {
        tensorflow::Tensor softmax = output[0];
        tensorflow::Tensor state = output[1];
        auto softmax_map = softmax.tensor<float, 2>();
        auto state_map = state.tensor<float, 2>();
```

11.現在，找到可能性最大（softmax 值）的單字 ID。如果它是結束字的 ID，則結束 for 迴圈；否則，將 softmax 值最大的單字 ID 加入到註解向量中。請注意，在此使用貪婪搜索，始終選擇機率最大的單字，而不是像 run_inference.py 腳本中那樣將大小設置為 3 的集束搜索。在 for 迴圈的最後，用最大單字 ID 更新 input_feed 值，並使用先前回傳的狀態值更新 state_feed 值，然後再將兩個輸入都輸入模型以取得所有下一個單字和下一個狀態的 softmax 值：

```
        float max_prob = 0.0f;
        int max_word_id = 0;
        for (int j = 0; j < WORD_COUNT; j++){
            if (softmax_map(0,j) > max_prob) {
                max_prob = softmax_map(0,j);
                max_word_id = j;
            }
        }
```

```
        if (max_word_id == END_ID) break;
        captions.push_back(max_word_id);
        input_feed_map(0) = max_word_id;
        for (int j = 0; j < STATE_COUNT; j++){
            state_feed_map(0,j) = state_map(0,j);
        }
    }
}
```

info

我們沒有詳細解釋過如何在 C++ 中取得和設定 TensorFlow 的 tensor 值。但是，如果你看過本書的程式碼，應該可以了解這就像 RNN 學習：只要你受過足夠的程式碼範例的訓練，就可以撰寫出有意義的程式碼。總而言之，首先你要定義一個張量變數，指定變數的資料類型和形狀，然後呼叫 `Tensor` 類別的 `tensor` 方法，在 C++ 版本中傳遞資料類型和形狀的維度，來為 tensor 建立一個映射變數，之後就可以直接使用映射變數來取得或設定 tensor 的值。

12. 最後，只需瀏覽註解向量，略過起始 ID 和結束 ID，將向量中儲存的每個單字 ID 轉換為一個單字，然後再將該單字加入到句子的字串中，然後回傳該句子，並期待該句子是合理的自然語言 ：

```
NSString *sentence = @"";
for (int i=0; i<captions.size(); i++) {
    if (captions[i] == START_ID) continue;
    if (captions[i] == END_ID) break;
    sentence = [NSString stringWithFormat:@"%@ %s", sentence,
words[captions[i]].c_str()];
}

return sentence;
```

以上就是在 iOS app 中執行模型所需要的知識。現在，在 iOS 模擬器或實體裝置中執行這個 app，點擊並選擇一個模型，如圖 6.6 所示：

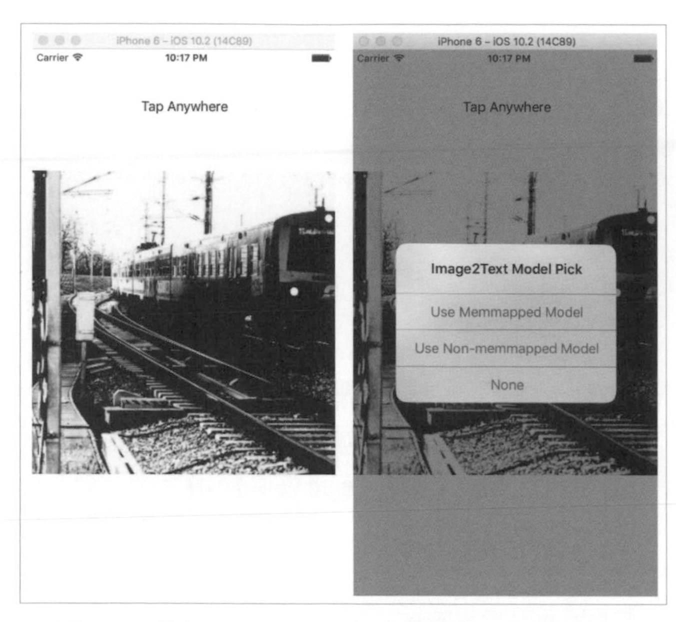

圖 6.6　執行 Image2Text iOS 應用程式並選擇模型

在 iOS 模擬器上執行非映射模型需要 10 秒鐘以上，執行映射模型則需要約 5 秒鐘。在 iPhone 6 上，執行映射模型還需要大約 5 秒鐘，但由於執行大模型檔案和記憶體的關係，會像執行非映射模型時一樣當機。

圖 6.7 顯示了四個測試影像的結果：

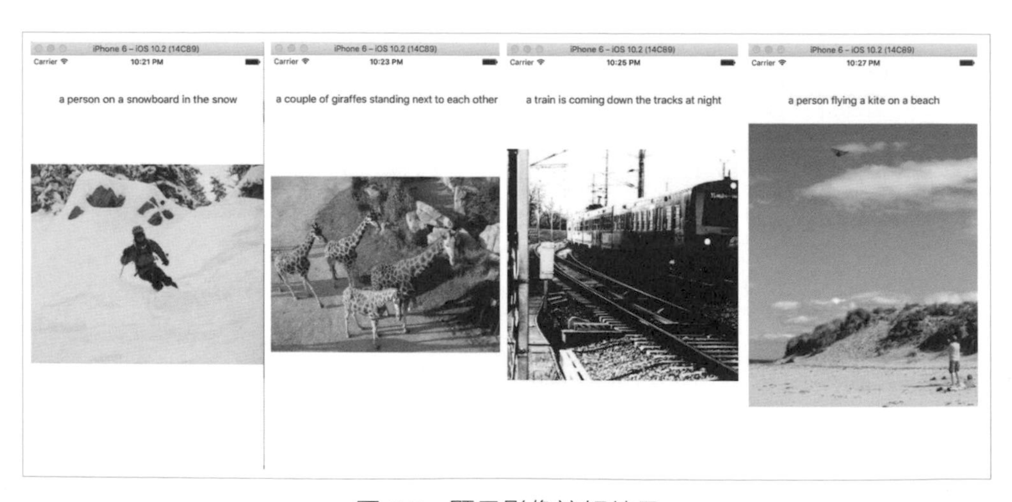

圖 6.7　顯示影像註解結果

圖 6.8 顯示了 TensorFlow im2txt 網站上的結果，你可以看到即便是更簡單的貪婪搜索結果看起來也不錯，但是我們的模型或推論程式碼在長頸鹿影像上似乎表現得不夠好。完成本章中的內容後，希望你會在改良訓練或模型推論方面有所收獲：

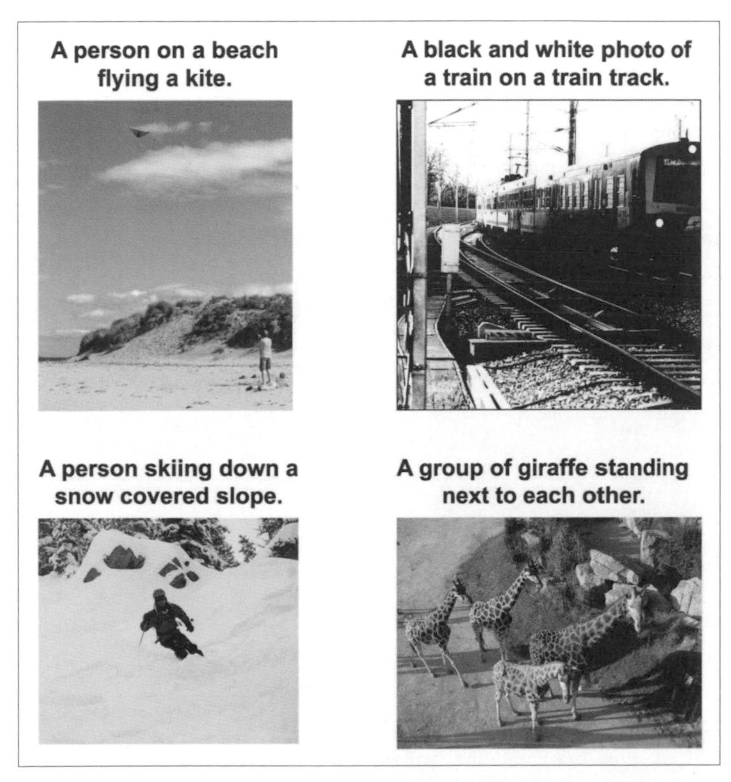

圖 6.8　在 TensorFlow im2txt 模型網站上的影像範例註解成果

在進行下一個智慧型任務之前，是時候給 Android 開發人員一個不錯的選擇方案了。

6.5 在 Android 中使用影像註解模型

遵循相同的簡潔性考量，我們將開發具有最小化 UI 的新 Android app，並著重於如何在 Android 中使用該模型：

1. 建立一個新的 **Android app**，名為 Image2Text，在應用程式 build.gradle 檔案的 dependencies 末端加入 compile 'org.tensorflow:tensorflow-android:+'，建立一個 assets 資料夾，並將 image2text_frozen_transformed.pb 模型檔案、word_counts.txt 檔案和一些測試影像檔案拖放至該資料夾中。

2. 在 activity_main.xml 檔案中加入一個 ImageView 和一個 button 元件：

```
<ImageView
    android:id="@+id/imageview"
    android:layout_width="match_parent"
    android:layout_height="match_parent"
    app:layout_constraintBottom_toBottomOf="parent"
    app:layout_constraintHorizontal_bias="0.0"
    app:layout_constraintLeft_toLeftOf="parent"
    app:layout_constraintRight_toRightOf="parent"
    app:layout_constraintTop_toTopOf="parent"
    app:layout_constraintVertical_bias="1.0"/>

<Button
    android:id="@+id/button"
    android:layout_width="wrap_content"
    android:layout_height="wrap_content"
    android:text="DESCRIBE ME"
    app:layout_constraintBottom_toBottomOf="parent"
    app:layout_constraintHorizontal_bias="0.5"
    app:layout_constraintLeft_toLeftOf="parent"
    app:layout_constraintRight_toRightOf="parent"
    app:layout_constraintTop_toTopOf="parent"
    app:layout_constraintVertical_bias="1.0"/>
```

3. 打開 MainActivity.java，實作出一個 Runnable 介面，然後加入以下常數，在上一節中說明了最後五個，而其他元件也相當直觀：

```
private static final String MODEL_FILE =
"file:///android_asset/image2text_frozen_transformed.pb";
private static final String VOCAB_FILE =

"file:///android_asset/word_counts.txt";
```

```
private static final String IMAGE_NAME = "im2txt1.png";

private static final String INPUT_NODE1 = "convert_image/Cast";
private static final String OUTPUT_NODE1 = "lstm/initial_state";
private static final String INPUT_NODE2 = "input_feed";
private static final String INPUT_NODE3 = "lstm/state_feed";
private static final String OUTPUT_NODE2 = "softmax";
private static final String OUTPUT_NODE3 = "lstm/state";

private static final int IMAGE_WIDTH = 299;
private static final int IMAGE_HEIGHT = 299;
private static final int IMAGE_CHANNEL = 3;

private static final int CAPTION_LEN = 20;
private static final int WORD_COUNT = 12000;
private static final int STATE_COUNT = 1024;
private static final int START_ID = 2;
private static final int END_ID = 3;
```

以及以下實例變數和 Handler 實作：

```
private ImageView mImageView;
private Button mButton;

private TensorFlowInferenceInterface mInferenceInterface;
private String[] mWords = new String[WORD_COUNT];
private int[] intValues;
private float[] floatValues;

Handler mHandler = new Handler() {
    @Override
    public void handleMessage(Message msg) {
        mButton.setText("DESCRIBE ME");
        String text = (String)msg.obj;
        Toast.makeText(MainActivity.this, text,
Toast.LENGTH_LONG).show();
        mButton.setEnabled(true);
}};
```

4. 在 onCreate 方法中，首先將顯示測試影像的程式碼加入到 ImageView 並處理按鈕點擊事件：

```
mImageView = findViewById(R.id.imageview);
try {
    AssetManager am = getAssets();
    InputStream is = am.open(IMAGE_NAME);
    Bitmap bitmap = BitmapFactory.decodeStream(is);
    mImageView.setImageBitmap(bitmap);
} catch (IOException e) {
    e.printStackTrace();
}

mButton = findViewById(R.id.button);
mButton.setOnClickListener(new View.OnClickListener() {
    @Override
    public void onClick(View v) {
        mButton.setEnabled(false);
        mButton.setText("Processing...");
        Thread thread = new Thread(MainActivity.this);
        thread.start();
    }
});
```

然後加入讀取 word_counts.txt 每一行的程式碼，並將每個單字保存在 mWords 陣列中：

```
String filename = VOCAB_FILE.split("file:///android_asset/")[1];
BufferedReader br = null;
int linenum = 0;
try {
    br = new BufferedReader(new
InputStreamReader(getAssets().open(filename)));
    String line;
    while ((line = br.readLine()) != null) {
        String word = line.split(" ")[0];
        mWords[linenum++] = word;
    }
    br.close();
```

```
} catch (IOException e) {
    throw new RuntimeException("Problem reading vocab file!" , e);
}
```

5. 現在找到 DESCRIBE ME 按鈕的 onClick 事件，其下的 public void run() 方法中加入程式碼以調整測試影像的大小，從調整後的點陣圖中讀取像素值，然後將其轉換為浮點數。我們在前三章中看過類似的程式碼：

```
intValues = new int[IMAGE_WIDTH * IMAGE_HEIGHT];
floatValues = new float[IMAGE_WIDTH * IMAGE_HEIGHT * IMAGE_CHANNEL];

Bitmap bitmap = BitmapFactory.decodeStream(getAssets().open(IMAGE_NAME));
Bitmap croppedBitmap = Bitmap.createScaledBitmap(bitmap,IMAGE_WIDTH, IMAGE_
HEIGHT, true);
croppedBitmap.getPixels(intValues, 0, IMAGE_WIDTH, 0, 0,
IMAGE_WIDTH, IMAGE_HEIGHT);
for (int i = 0; i < intValues.length; ++i) {
    final int val = intValues[i];
    floatValues[i * IMAGE_CHANNEL + 0] = ((val >> 16) & 0xFF);
    floatValues[i * IMAGE_CHANNEL + 1] = ((val >> 8) & 0xFF);
    floatValues[i * IMAGE_CHANNEL + 2] = (val & 0xFF);
}
```

6. 建立一個 TensorFlowInferenceInterface 實例，該實例載入模型檔案並向其提供影像值，然後在 initialState 中取得回傳結果並使用該模型進行第一個推論：

```
AssetManager assetManager = getAssets();
mInferenceInterface = new
TensorFlowInferenceInterface(assetManager, MODEL_FILE);

float[] initialState = new float[STATE_COUNT];
mInferenceInterface.feed(INPUT_NODE1, floatValues, IMAGE_WIDTH,
IMAGE_HEIGHT, 3);
mInferenceInterface.run(new String[] {OUTPUT_NODE1}, false);
mInferenceInterface.fetch(OUTPUT_NODE1, initialState);
```

7. 將第一個 input_feed 值設定為起始 ID，並將第一個 state_feed 值設定為要回傳的 initialState 值：

```
long[] inputFeed = new long[] {START_ID};
float[] stateFeed = new float[STATE_COUNT * inputFeed.length];
for (int i=0; i < STATE_COUNT; i++) {
    stateFeed[i] = initialState[i];
}
```

如你所見，由於 Android 中的 TensorFlowInferenceInterface 實作，在 Android 中取得和設定 tensor 值並進行推論比在 iOS 中更簡單。在開始反覆使用 inputFeed 和 stateFeed 進行模型推論之前，我們建立了一對由整數和浮點數組成的註解清單，其中整數為具有最大 softmax 值的單字 ID（在模型呼叫每個推論時的所有的 softmax 值之中），而浮點數為該單字的 softmax 值。我們可以使用一個簡單的向量來保存每個推論回傳中具有最大 softmax 值的單字，但是使用對的清單可以讓我們之後從貪婪搜索方法切換到集束搜索時更加容易：

```
List<Pair<Integer, Float>> captions = new  ArrayList<Pair<Integer,
Float>>();
```

8. 在 for 迴圈中，我們給予剛剛設定的輸入值 input_feed 和 state_feed 資料，然後取得回傳的 softmax 和 newstate 值：

```
for (int i=0; i<CAPTION_LEN; i++) {
    float[] softmax = new float[WORD_COUNT * inputFeed.length];
    float[] newstate = new float[STATE_COUNT * inputFeed.length];

    mInferenceInterface.feed(INPUT_NODE2, inputFeed, 1);
    mInferenceInterface.feed(INPUT_NODE3, stateFeed, 1, STATE_COUNT);
    mInferenceInterface.run(new String[]{OUTPUT_NODE2, OUTPUT_NODE3},
false);
    mInferenceInterface.fetch(OUTPUT_NODE2, softmax);
    mInferenceInterface.    fetch(OUTPUT_NODE3, newstate);
```

9. 現在，建立另一個由整數和浮點對組成的清單，將每個單詞的 ID 和 softmax 值加入清單中，並對清單進行降序排序：

```
    List<Pair<Integer, Float>> prob_id = new
ArrayList<Pair<Integer, Float>>();
    for (int j = 0; j < WORD_COUNT; j++) {
```

```
        prob_id.add(new Pair(j, softmax[j]));
    }

    Collections.sort(prob_id, new Comparator<Pair<Integer, Float>>() {
        @Override
        public int compare(final Pair<Integer, Float> o1, final
Pair<Integer, Float> o2) {
            return o1.second > o2.second ? -1 : (o1.second ==
o2.second ? 0 : 1);
        }
    });
```

10. 如果機率最大的單字是結束單字，則結束迴圈；反之，則將其加到註解清單中，並使用 **softmax** 值最大的單字 **ID** 更新 `input_feed` 並使用回傳的狀態值更新 `state_feed`，以繼續進行下一個推論：

```
if (prob_id.get(0).first == END_ID) break;

captions.add(new Pair(prob_id.get(0).first, prob_id.get(0).first));

inputFeed = new long[] {prob_id.get(0).first};
for (int j=0; j < STATE_COUNT; j++) {

        stateFeed[j] = newstate[j];
    }
}
```

11. 最後，檢視註解清單中的每一對數值，並將每個單字（如果不是起始 **ID** 和結束 **ID** 的話）加入到句子的字串，該字串由 `Handler` 回傳，以向使用者顯示自然語言：

```
String sentence = "";
for (int i=0; i<captions.size(); i++) {
    if (captions.get(i).first == START_ID) continue;
    if (captions.get(i).first == END_ID) break;

    sentence = sentence + " " + mWords[captions.get(i).first];
}
```

```
Message msg = new Message();
msg.obj = sentence;
mHandler.sendMessage(msg);
```

在模擬器或實體 Android 裝置上執行這個 app。大約需要 10 秒鐘才能看到結果。你可以使用上一節中的四個不同的測試影像，並在圖 6.9 中查看結果：

圖 6.9　在 Android 中顯示影像註解結果

這些結果與 iOS 結果以及 TensorFlow im2txt 網站上的結果略有不同。但是它們看起來都很不錯。此外，也可以在相對較舊的 Android 裝置（如 Nexus 5）上執行該模型的非映射版本。但是最好在 Android 中載入記憶體映射模型，性能會顯著提高，我們可能會在本書後面的章節中介紹。

使用功能強大的影像註解模型的 Android app 建立過程的步驟教學到這裡結束了。無論你使用的是 iOS 還是 Android app，你都應該能夠輕鬆地將訓練過的模型和推論程式碼整合到自己的 app 中，或者回到訓練過程中微調模型，然後最佳化並準備一個更好的模型，供你的行動裝置 app 使用。

6.6 總結

本章一開始說明了由現代端對端深度學習技術所支援的影像註解之運作原理，接著概述如何使用 TensorFlow im2txt 模型專案訓練這種模型。我們詳細討論了如何找到正確的輸入節點名稱和輸出節點名稱，以及如何凍結模型，然後使用最新的 graph 轉換工具和映射轉換工具，修復在將模型載入到手機上時會碰到的一些討厭錯誤。之後，我們提供了有關如何使用模型建立 iOS 和 Android app，以及如何使用模型中的 LSTM RNN 進行新的序列推論的詳細教學。

令人驚訝的是，經過訓練了成千上萬個影像註解範例，並在現代的 CNN 和 LSTM 模型的支援下，我們可以建立和使用一個模型來在行動裝置上生成合理的自然語言描述。不難想像可以在此基礎上建立什麼樣的有用的 app。喜歡福爾摩斯了嗎？當然不。那麼，我們正朝著每個方向前進嗎？希望如此。AI 的世界既令人著迷又充滿挑戰，但是只要我們不斷有穩定的進展並改善學習過程，同時避免梯度的消失和爆炸問題。總有一天，我們有很大機會建立一個類似於福爾摩斯的模型，並可以隨時隨地在行動裝置 app 中使用它。

經歷了基於 CNN 和 LSTM 網路模型的實際使用之漫長討論，我們來點輕鬆的。下一章，你將看到如何使用另一個基於 CNN 和 LSTM 的模型來開發有趣的 iOS 和 Android app，這些 app 可以讓你繪製一些東西然後辨識它們是什麼。想要快速體驗下一章要介紹的技術，可以嘗試一下這個網址：

```
https://quickdraw.withgoogle.com
```

7

使用 CNN 及 LSTM 做繪圖辨識

前一章，我們見識到了使用結合 CNN 以及 LSTM RNN 的深度學習模型可以對一張影像產生自然語言描述的強大力量。如果把深度學習的 AI 當新的電力一樣來使用，可以期望在許多不同領域中看到這種混合神經網路模型的應用。相對於幫圖片加上說明這樣嚴肅的應用主題是什麼呢？一個有趣的繪圖 app 看起來是個不錯的選擇，像是 Quick Draw（https://quickdraw.withgoogle.com，在 https://quickdraw.withgoogle.com/data 可以看到有趣的範例）。它是使用了 345 個種類、5000 萬張圖畫訓練出的模型，並將新圖畫歸類到這些類別中。而且有 TensorFlow 官方教學（https://www.tensorflow.org/tutorials/recurrent_quickdraw）介紹如何建立這樣的模型，來幫助我們快速入門。

這項在 iOS 和 Android app 上使用此教學建立模型的任務提供了一個絕佳的機會讓你：

- 加深對模型的正確輸入和輸出節點名稱的理解，讓我們可以適當地準備適用於行動裝置 app 的模型。
- 使用其他方法來修復 iOS 中新模型的載入和推論錯誤。

- 首次為 Android 建立自定義的 TensorFlow 原生函式庫，以修復 Android 中的新模型載入和預測錯誤。
- 認識更多有關如何提供 TensorFlow 模型預期格式的輸入資料，以及如何在 iOS 和 Android 中獲取和處理其輸出的範例。

此外，在處理所有繁瑣但重要的細節，使模型可以像變魔術一樣漂亮的分類繪圖的過程中，你將在 iOS 和 Android 設備上享受塗鴉的樂趣。

本章內容如下：

- 繪圖分類的運作原理
- 訓練、預測、以及準備繪圖分類模型
- 在 iOS 中使用繪圖分類模型
- 在 Android 中使用繪圖分類模型

7.1 繪圖分類的運作原理

TensorFlow（https://www.tensorflow.org/tutorials/recurrent_quickdraw）中內建的圖形分類模型會先將使用者的繪圖輸入以點的清單來表示，然後將正規化輸入轉換為連續點之間增量的 tensor，以及有關每個點是否為新筆劃的開始的資訊。然後經過幾個卷積層和 LSTM 層、以及最後一層 softmax 層處理，對使用者的繪圖進行分類，如圖 7.1 所示：

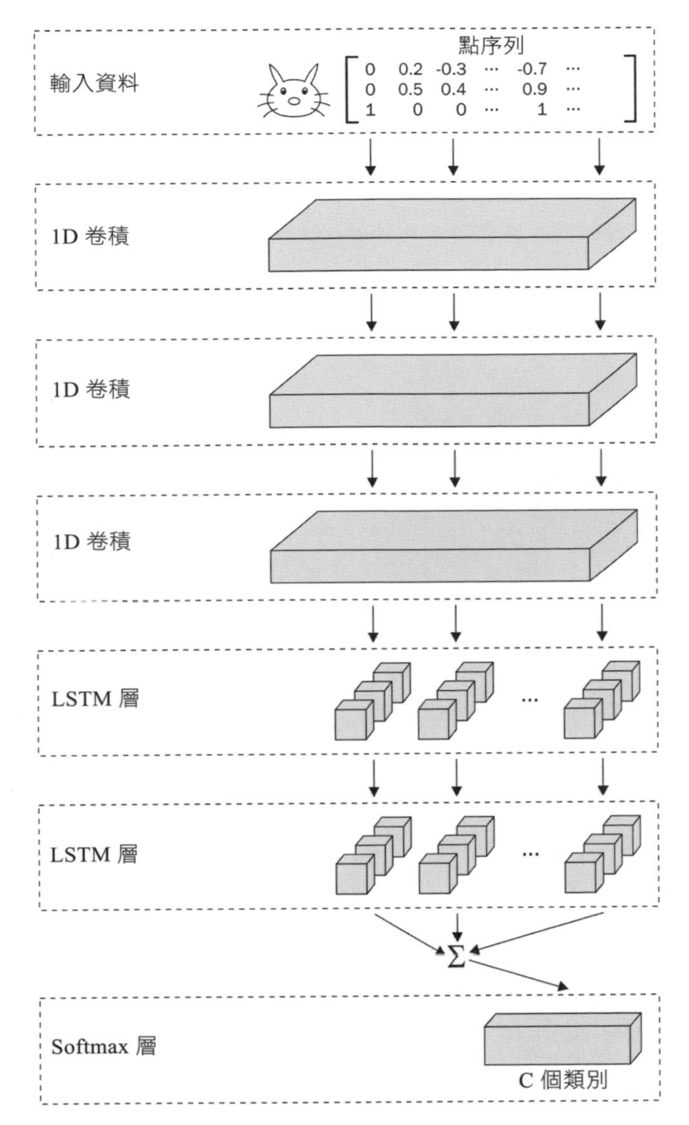

圖 7.1 繪圖分類模型

與接受 2D 圖像輸入的 2D 卷積 API `tf.layers.conv2d` 不同，此處像繪圖這樣的時間性卷積採用了 1D 卷積 API `tf.layers.conv1d`。預設情況下，在圖形分類模型中使用三個 1D 卷積層，每個層具有 48、64 和 96 個卷積核，其長度分別為 5、5 和 3。在卷積層之後，將建立 3 個 LSTM 層，每層具有 128 個正向

BasicLSTMCell 節點和 128 個反向 BasicLSTMCell 節點，然後將其用於建立動態雙向遞迴類神經網絡，其輸出會傳送到最終的完全連接層以計算 logits（未正規化的對數機率分佈）。

info

如果你不瞭解這些細節也無妨，就算不了解，也能使用其他人建立的模型來開發強大的手機 app。下一章，我們將更詳細地討論如何從頭開始建立 RNN 模型以進行股票預測，你將對 RNN 的所有內容更加了解。

如何建置簡潔優雅的模型、以及如何應用 Python 建立模型，在前面提到的有趣教學中有詳細的描述，並在 https://github.com/tensorflow/models 中的 tutorials/rnn/quickdraw 附有程式原始碼。在前往下一部分之前，我們只想說一件事：模型的建立、訓練、評估和預測的程式碼與上一章中看到的程式碼不同，它使用了 Estimator 這個高階的 TensorFlow API（https://www.tensorflow.org/api_docs/python/tf/estimator/Estimator），或更準確地說，是一個自定義的 Estimator。如果你對模型實作的細節感興趣，可以看一下建立和使用自定義 Estimator 的教學（https://www.tensorflow.org/get_started/custom_estimators），以及對該教學有幫助的程式原始碼，網址為：https://github.com/tensorflow/models 中的 models/samples/core/get_started/custom_estimator.py。

基本上，首先要建立一個函式來定義你的模型，指定損失函數和準確度指標，並設定最佳化器和訓練流程，然後建立 tf.estimator.Estimator 類別的實例，並呼叫其 train、evaluate 和 predict 方法。如你將很快看到的那樣，使用 Estimator 簡化了建立、訓練和推論神經網路模型的流程，但是由於它是高階 API，因此它還會執行一些低階任務，例如找出在行動裝置上用於推論的輸入和輸出節點名稱，這件事的難度更高。

7.2 訓練、預測、以及準備繪圖分類模型

訓練模型非常簡單，但準備要部署在行動裝置上的模型則有些棘手。在開始訓練之前，請先確保你已經像在前兩章中所做的那樣，在 TensorFlow 根目錄中複製好了 TensorFlow 模型資料庫（https://github.com/tensorflow/models）。再從 http://download.tensorflow.org/data/quickdraw_tutorial_dataset_v1.tar.gz 下載繪圖分類訓練資料集（大約 1.1 GB），新增一個名為 rnn_tutorial_data 的新資料夾，然後將 dataset tar.gz 檔案解壓縮到該資料夾中。你將看到 10 個訓練 TFRecord 檔案和 10 個評估 TFRecord 檔案，以及兩個副檔名為 .classes 的檔案，它們內容相同，是該資料集分類用的 345 個類別的純文字，例如：「綿羊」、「頭骨」、「甜甜圈」和「蘋果」。

訓練繪圖分類模型

要訓練模型，只需要開啟終端機，前往 tensorflow/models/tutorials/rnn/quickdraw，然後執行以下指令：

```
python train_model.py \
  --training_data=rnn_tutorial_data/training.tfrecord-?????-of-????? \
  --eval_data=rnn_tutorial_data/eval.tfrecord-?????-of-????? \
  --model_dir quickdraw_model/ \
  --classes_file=rnn_tutorial_data/training.tfrecord.classes
```

預設情況下會迭代 10 萬次，在 GTX 1070 GPU 上大約需要 6 個小時才能完成訓練。訓練完成後，你將在 model 目錄中看到熟悉的檔案清單（省略了其他四組 model.ckpt * 檔案）：

```
ls -lt quickdraw_model/
-rw-rw-r-- 1 jeff jeff 164419871 Feb 12 05:56
events.out.tfevents.1518422507.AiLabby
-rw-rw-r-- 1 jeff jeff 1365548 Feb 12 05:56 model.ckpt-100000.meta
-rw-rw-r-- 1 jeff jeff 279 Feb 12 05:56 checkpoint
-rw-rw-r-- 1 jeff jeff 13707200 Feb 12 05:56 model.ckpt-100000.data-00000-
of-00001
-rw-rw-r-- 1 jeff jeff 2825 Feb 12 05:56 model.ckpt-100000.index
```

```
-rw-rw-r-- 1 jeff jeff 2493402 Feb 12 05:47 graph.pbtxt
drwxr-xr-x 2 jeff jeff 4096 Feb 12 00:11 eval
```

請執行 tensorboard --logdir quickdraw_model 指令，然後用瀏覽器打開 http://localhost:6006 啟動 TensorBoard，可看到準確度約為 0.55，損失約為 2.0。如果接著再進行約 20 萬個迭代次數的訓練，則準確度將提高到約 0.65，損失將下降到 1.3，如圖 7.2 所示：

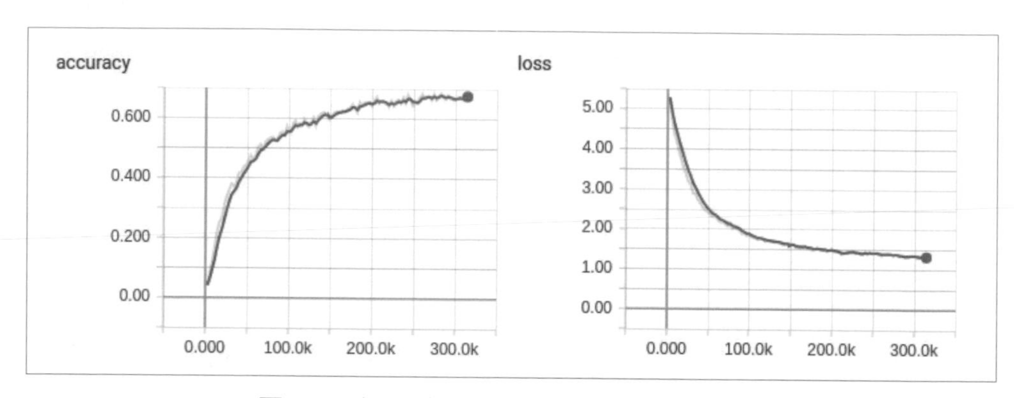

圖 7.2　在 30 萬次迭代後的準確度以及損失

現在可以像上一章一樣執行 freeze_graph.py 工具來產生用於行動裝置的模型檔案，但是在執行之前，我們先來看一下如何在 Python 中使用模型進行一些推論，如同上一章中的 run_inference.py 腳本。

用繪圖分類模型進行預測

看一下 models/tutorial/rnn/quickdraw 資料夾中的 train_model.py 檔案。當它開始執行時，將在 create_estimator_and_specs 函式中建立一個 Estimator 範例：

```
estimator = tf.estimator.Estimator(
    model_fn=model_fn,
    config=run_config,
    params=model_params)
```

回傳給 Estimator 類別的關鍵參數是一個名為 model_fn 的模型函式，該函式定義內容如下：

- 獲取輸入張量並建立卷積、RNN 和最終層的函式
- 呼叫這些函式以構建模型的程式碼
- 損失、最佳化器和預測

在回傳 tf.estimator.EstimatorSpec 實例之前，model_fn 函式有一個名為 mode 的參數，該參數可以為以下三個值之一：

- tf.estimator.ModeKeys.TRAIN
- tf.estimator.ModeKeys.EVAL
- tf.estimator.ModeKeys.PREDICT

實作 train_model.py 可以使用 TRAIN 和 EVAL 模式，但是你不能直接使用它來對特定的圖形輸入進行推論（對繪圖進行分類）。要使用特定輸入來做預測的測試，請按照以下步驟操作：

1. 製作一份 train_model.py 的副本，然後將新檔案重新命名為 predict.py，這樣你就可以更自由地進行預測了。

2. 在 predict.py 中，定義一個用於預測的輸入函式，並將 features 設定為模型期望的圖形輸入（連續點的增量，其中第三個數字代表該點是否為筆劃的起點）：

```
def predict_input_fn():
    def _input_fn():

        features = {'shape': [[16, 3]], 'ink': [[
            -0.23137257, 0.31067961, 0. ,
            -0.05490196, 0.1116505 , 0. ,
            0.00784314, 0.09223297, 0. ,
            0.19215687, 0.07766992, 0. ,
            ...
            0.12156862, 0.05825245, 0. ,
            0. , -0.06310678, 1. ,
            0. , 0., 0. ,
            ...
            0. , 0., 0. ,
        ]]}
```

```
        features['shape'].append( features['shape'][0])
        features['ink'].append( features['ink'][0])
        features=dict(features)

        dataset = tf.data.Dataset.from_tensor_slices(features)
        dataset = dataset.batch(FLAGS.batch_size)

        return dataset.make_one_shot_iterator().get_next()

    return _input_fn
```

我們沒有顯示所有點的值，但是它們是用繪圖分類教學的 TensorFlow RNN 中的貓範例資料產生的，並使用了 parse_line 函式（細節請參閱該教學或 models/tutorials/rnn/quickdraw 資料夾中的 create_dataset.py）。

還要注意的是使用了 tf.data.Dataset 的 make_one_shot_iterator 方法建立了一個迭代器，該迭代器會從資料集中回傳一個範例（在這種情況下，我們在資料集中只有一個範例），這與模型在訓練和評估時，從大型資料集中獲取資料的方式相同，這也就是你稍後會在模型 graph 中看到 OneShotIterator 運算的原因。

3. 在主函式中呼叫估計量的 predict 方法，該方法會根據給定的特徵產生預測，然後顯示下一個預測：

```
predictions = estimator.predict(input_fn=predict_input_fn())
print(next(predictions)['argmax'])
```

4. 在 model_fn 函式中，於 logits = _add_fc_layers(final_state) 後面加上下列程式碼：

```
argmax = tf.argmax(logits, axis=1)

if mode == tf.estimator.ModeKeys.PREDICT:
    predictions = {
        'argmax': argmax,
        'softmax': tf.nn.softmax(logits),
        'logits': logits,
        }

        return tf.estimator.EstimatorSpec(mode, predictions=predictions)
```

現在如果執行 `predict.py`，你將在步驟 2 中獲得基於輸入資料回傳最大值的類別 ID。

大致上了解如何使用 `Estimator` 高階 API 建立的模型進行預測之後，我們現在就可以凍結該模型，以便可以在行動裝置上使用該模型，且需要先弄清楚輸出節點的名稱為何。

準備繪圖分類模型

讓我們使用 TensorBoard 看看能找到什麼。在模型的 TensorBoard 的 GRAPHS 部分中，你可以看到如圖 7.3 所示，以紅色重點標記的 **BiasAdd** 節點是用於計算準確度的 **ArgMax** 運算的輸入，以及 softmax 運算的輸入。我們可以使用 **SparseSoftmaxCrossEntropyWithLogits**（在圖 7.3 中僅顯示為 **SparseSiftnaxCr...**）運算，也可以僅使用 **dense/BiasAdd** 作為輸出節點名稱。但我們將使用 **ArgMax** 和 **dense/BiasAdd** 作為 `freeze_graph` 工具的兩個輸出節點名稱，這樣可以更容易看到最終全連接層的輸出以及 **ArgMax** 結果：

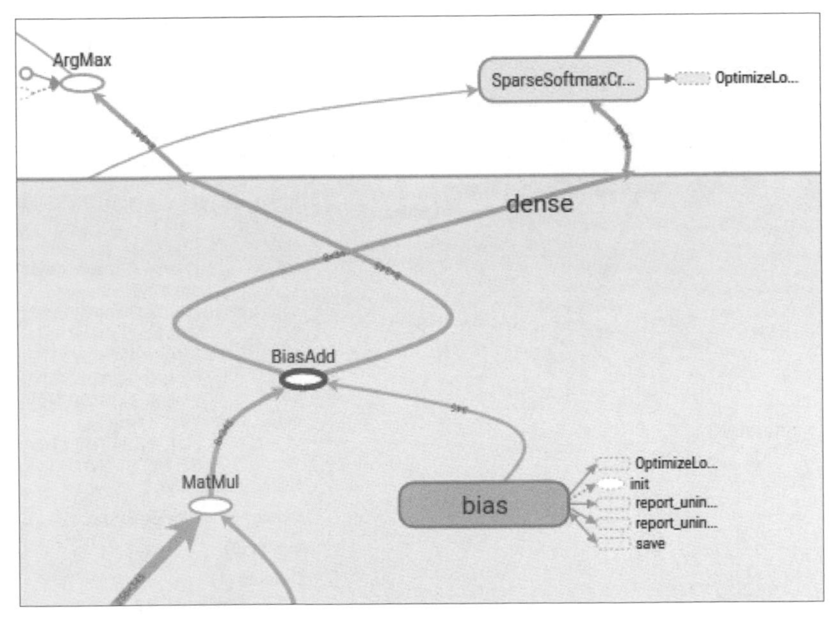

圖 7.3　顯示模型可能的輸出節點名稱

用 graph.pbtxt 檔案路徑以及最新的模型檢查點前置碼替換 --input_graph 和 --input_checkpoint 的值之後，在 TensorFlow 根目錄中執行以下腳本以取得凍結的 graph：

```
python tensorflow/python/tools/freeze_graph.py --
input_graph=/tmp/graph.pbtxt --input_checkpoint=/tmp/model.ckpt-314576 --
output_graph=/tmp/quickdraw_frozen_dense_biasadd_argmax.pb --
output_node_names="dense/BiasAdd,ArgMax"
```

你會看到 quickdraw_frozen_dense_biasadd_argmax.pb 成功被建立。但是如果你嘗試在 iOS 或 Android app 中載入模型，則會收到以下的錯誤訊息：

```
Could not create TensorFlow Graph: Not found: Op type not registered
'OneShotIterator' in binary. Make sure the Op and Kernel are
registered in the binary running in this process.
```

在上一節中，我們討論了 OneShotIterator 的涵義。回到 TensorBoard GRAPHS 部分，我們可以看到如圖 7.4 所示的 OneShotIterator，它以紅色重點標記並且顯示在右下方的訊息介面中，在圖表底部以及上面的幾個階層中，有一個 Reshape 運算作為第一卷積層的輸入：

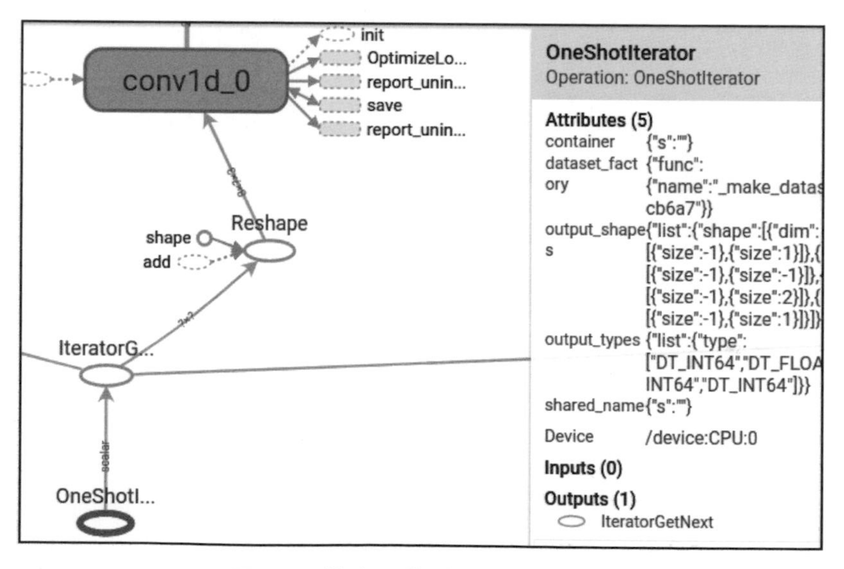

圖 7.4　找出可能的輸入節點名稱

> **info**
>
> 你也許會好奇為什麼我們無法用以前使用的技術來解決 `Not found: Op type not registered 'OneShotIterator'`，例如用以下指令找出哪個原始檔案包含 op：`grep 'REGISTER.*"OneShotIterator"' tensorflow/core/ops/*.cc`
>
> （然後你將看到輸出為 `tensorflow/core/ops/dataset_ops.cc:REGISTER_OP("OneShot Iterator")`），再將 `tensorflow/core/ops/dataset_ops.cc` 添加到 `tf_op_files.txt` 並重新建置 TensorFlow 函式庫。但即使這方法可行，也會使解決方法更複雜，因為現在我們需要向模型提供與 `OneShotIterator` 相關的一些資料，而不是使用者直接繪圖而得的資料點。

此外，在右側的上方另一層（圖 7.5），還有另一個 `Squeeze` 運算，它是 `rnn_classification` 子圖的輸入：

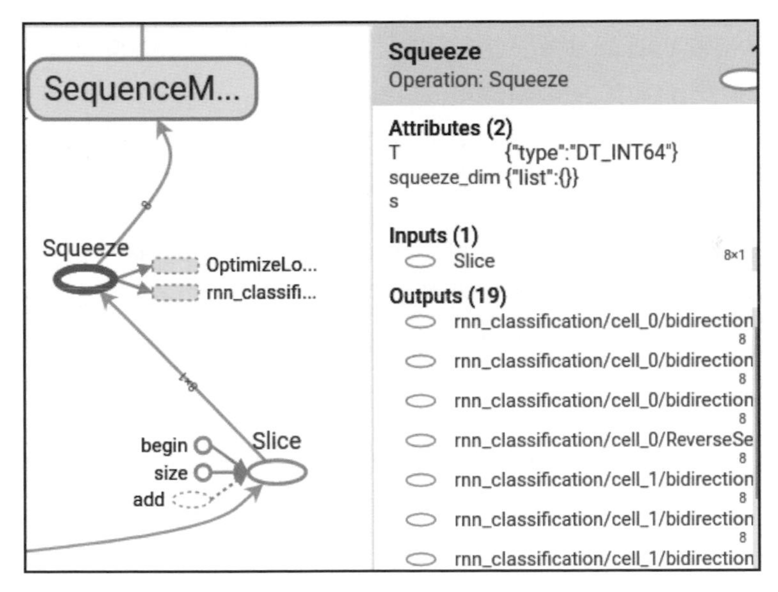

圖 7.5　近一步研究找到輸入節點名稱

不必擔心 `Reshape` 右邊的 `Shape` 運算，因為它實際上是 `rnn_classification` 子圖的輸出。因此，所有這些研究背後的原理是可以使用 `Reshape` 和 `Squeeze` 作為兩個輸入節點，然後使用上一章中看到的 transform_graph 工具，我們應該能夠剝離 Reshape 和 Squeeze 下面的節點，包括 OneShotIterator。

現在到 TensorFlow 根目錄中執行下列指令：

```
bazel-bin/tensorflow/tools/graph_transforms/transform_graph --
in_graph=/tmp/quickdraw_frozen_dense_biasadd_argmax.pb --
out_graph=/tmp/quickdraw_frozen_strip_transformed.pb --
inputs="Reshape,Squeeze" --outputs="dense/BiasAdd,ArgMax" --transforms='
strip_unused_nodes(name=Squeeze,type_for_name=int64,shape_for_name="8",name
=Reshape,type_for_name=float,shape_for_name="8,16,3")'
```

在這裡，我們對 strip_unused_nodes 使用更進階的格式：對於每個輸入節點名稱（Squeeze 和 Reshape），並指定其特定的類別和形狀，以避免以後出現模型載入錯誤。有關 transform_graph 工具的 strip_unused_nodes 的更多細節，請參考 https://github.com/tensorflow/tensorflow/tree/master/tensorflow/tools/graph_transforms 上的文件。

現在在 iOS 或 Android 中載入模型時，OneShotIterator 錯誤將消失。但是，你可能也猜到了又會有新錯誤發生：Could not create TensorFlow Graph: Invalid argument: Input 0 of node IsVariableInitialized was passed int64 from global_step:0 incompatible with expected int64_ref.

我們首先需要了解有關 IsVariableInitialized 的更多訊息。如果回到 TensorBoard 的 **GRAPHS** 標籤，我們會在左側看到一個 IsVariableInitialized 運算，該運算操作以紅色重點標記並在右側的訊息介面中顯示，並以 global_step 作為輸入（圖 7.6）。

即使不知道它的用途，我們也可以確保它與模型推論無關。模型推論只需要一些輸入（圖 7.4 和圖 7.5）並生成圖形分類作為輸出（圖 7.3）：

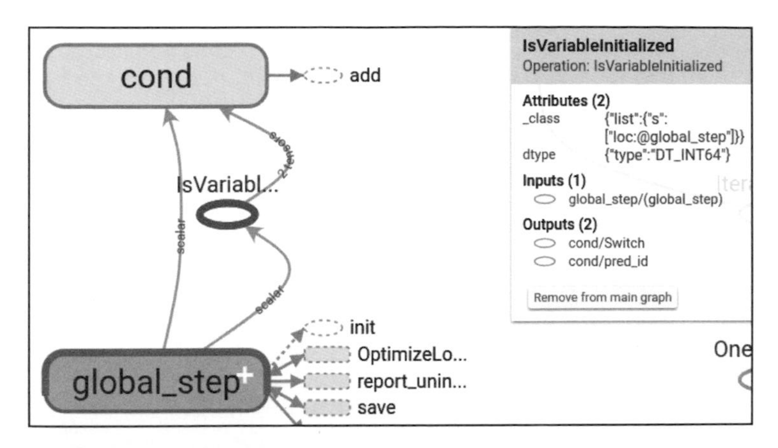

圖 7.6　找出導致模型載入錯誤但與模型推論無關的節點

那麼，如何擺脫掉 global_step 以及其他相關的 cond 節點呢？這些節點由於其隔離性而不會被變換圖工具剝離掉。幸運的是，freeze_graph 腳本支援這一點（僅在其原始碼中記錄了該程式碼，網址為 https://github.com/tensorflow/tensorflow/blob/master/tensorflow/python/tools/freeze_graph.py。我們可以為腳本使用 variable_names_blacklist 參數，以指定應在凍結模型中刪除的節點：

```
python tensorflow/python/tools/freeze_graph.py --
input_graph=/tmp/graph.pbtxt --input_checkpoint=/tmp/model.ckpt-314576 --
output_graph=/tmp/quickdraw_frozen_long_blacklist.pb --
output_node_names="dense/BiasAdd,ArgMax" --
variable_names_blacklist="IsVariableInitialized,global_step,global_step
/Initializer/zeros,cond/pred_id,cond/read/Switch,cond/read,cond/Switch_1,
cond/Merge"
```

在這裡只列出 global_step 和 cond 範圍內的節點。接著，再執行一次 transform_graph 工具：

```
bazel-bin/tensorflow/tools/graph_transforms/transform_graph --
in_graph=/tmp/quickdraw_frozen_long_blacklist.pb --
out_graph=/tmp/quickdraw_frozen_long_blacklist_strip_transformed.pb --
inputs="Reshape,Squeeze" --outputs="dense/BiasAdd,ArgMax" --transforms='
strip_unused_nodes(name=Squeeze,type_for_name=int64,shape_for_name="8",name
=Reshape,type_for_name=float,shape_for_name="8,16,3")'
```

將完成的模型檔案 quickdraw_frozen_long_blacklist_strip_transformed.pb 載入 iOS 或 Android 中，你將再也看不到 IsVariableInitialized 錯誤了。當然，在 iOS 和 Android 上還會看到另一個錯誤。載入先前的模型將產生以下錯誤：

```
Couldn't load model: Invalid argument: No OpKernel was registered to
support Op 'RefSwitch' with these attrs. Registered devices: [CPU],
Registered kernels:
    device='GPU'; T in [DT_FLOAT]
    device='GPU'; T in [DT_INT32]
    device='GPU'; T in [DT_BOOL]
    device='GPU'; T in [DT_STRING]
    device='CPU'; T in [DT_INT32]
    device='CPU'; T in [DT_FLOAT]
    device='CPU'; T in [DT_BOOL]

[[Node: cond/read/Switch = RefSwitch[T=DT_INT64,
_class=["loc:@global_step"], _output_shapes=[[], []]](global_step, cond/
pred_id)]]
```

要修正此錯誤，我們必須以不同的方式為 iOS 和 Android 建立自定義的 TensorFlow 函式庫。在接下來針對 iOS 和 Android 討論如何操作之前，讓我們先做一件事：將模型轉換為記憶體映射版本，以便在 iOS 中更快地載入並使用更少的記憶體：

```
bazel-bin/tensorflow/contrib/util/convert_graphdef_memmapped_format \
--in_graph=/tmp/quickdraw_frozen_long_blacklist_strip_transformed.pb \
--
out_graph=/tmp/quickdraw_frozen_long_blacklist_strip_transformed_memmapped.
pb
```

7.3 在 iOS 中使用繪圖分類模型

如同在其他章節中，要修復先前的 RefSwitch 錯誤，我們必須使用一些新技巧。無論你是否像在第 2 章以及第 6 章，還是使用手動建立的 TensorFlow 函式庫中那樣使用 TensorFlow Pod，都會發生此錯誤。發生錯誤是因為 RefSwitch

運算需要使用 INT64 資料格式，但它不是 TensorFlow 函式庫中內建的已註冊資料類型之一，因為預設情況下要使該函式庫盡可能小，每個操作僅能使用通用資料類型。我們可能會從 Python 的模型端來修復此問題，但是在這裡，我們僅示範如何從 iOS 端修復此問題，當你沒有權限取得原始程式碼來建立模型時，這個方法很有用。

建立 iOS 的自定義 TensorFlow 函式庫

從 `tensorflow/contrib/makefile/Makefile` 中打開 Makefile 後，如果你是使用 TensorFlow 1.4 就搜尋 `IOS_ARCH`。在每種系統架構（總共 5 種：ARMV7、ARMV7S、ARM64、I386、X86_64）中，將 `-D__ANDROID_TYPES_SLIM__` 更改為 `-D__ANDROID_TYPES_FULL__`。TensorFlow 1.5（或 1.6 / 1.7）中的 `Makefile` 稍有不同，儘管它位於同一資料夾中。對於 1.5 / 1.6 / 1.7，搜尋 `ANDROID_TYPES_SLIM` 並將其更改為 `ANDROID_TYPES_FULL`。現在透過執行 `tensorflow/contrib/makefile/build_all_ios.sh` 以重建 TensorFlow 函式庫。之後載入模型文件時，`RefSwitch` 錯誤就會消失。使用 TensorFlow 函式庫建立並支援完整資料類型的應用程式大小約為 70 MB；而使用預設的精簡版資料類型建立的應用程式大小為 37 MB。

好像錯誤還不夠多一樣，居然又發生另一個模型載入錯誤：

```
Could not create TensorFlow Graph: Invalid argument: No OpKernel was registered to support Op 'RandomUniform' with these attrs. Registered devices: [CPU], Registered kernels: <no registered kernels>.
```

如果你已經閱讀了前面的章節，那麼應該非常熟悉如何解決這種錯誤了吧。快速回顧一下：首先找出哪些運算和內核檔案定義並實作了該運算，然後檢查 `tf_op_files.txt` 檔案中是否包含運算或內核檔案，並且應該至少缺少一個檔案，從而導致錯誤；現在只需將運算或內核檔案添加到 `tf_op_files.txt` 並重建函式庫。在我們的情況下，執行以下指令：

```
grep RandomUniform tensorflow/core/ops/*.cc
grep RandomUniform tensorflow/core/kernels/*.cc
```

你會看到以下的檔案作為輸出顯示：

```
tensorflow/core/ops/random_grad.cc
tensorflow/core/ops/random_ops.cc
tensorflow/core/kernels/random_op.cc
```

tensorflow/contrib/makefile/tf_op_files.txt 中只有前兩個檔案，因此只需將最後一個檔案 tensorflow/core/kernels/random_op.cc 添加到 tf_op_files.txt 檔案的末端，並再次執行 tensorflow/contrib/makefile/build_all_ios.sh。

終於！在載入模型時所有錯誤都消失了，我們可以透過實作一些程式邏輯來處理使用者的繪圖，將點轉換為模型期望的格式並取回分類結果，從中獲得一些真正的樂趣。

使用模型開發 iOS app

讓我們使用 Objective-C 建立一個新的 Xcode 專案，然後從上一章建立的 Image2Text iOS 專案中拖放 tensorflow_util.h 和 tensorflow_util.mm 檔案。另外，拖放兩個模型檔案：quickdraw_frozen_long_blacklist_strip_transformed.pb 和 quickdraw_frozen_long_blacklist_strip_transformed_memmapped.pb，以及從 models/tutorials/rnn/quickdraw/rnn_tutorial_data 中取得 training.tfrecord.classes 檔案到 QuickDraw 專案，然後將 training.tfrecord.classes 重新命名為 classes.txt。

還要將 ViewController.m 重新命名為 ViewController.mm，並註解 tensorflow_util.h 中的 GetTopN 函式定義及在 tensorflow_util.mm 中的實作內容，因為我們將在 ViewController.mm 中實作一個修改後的版本。你的專案現在應該如圖 7.7 所示：

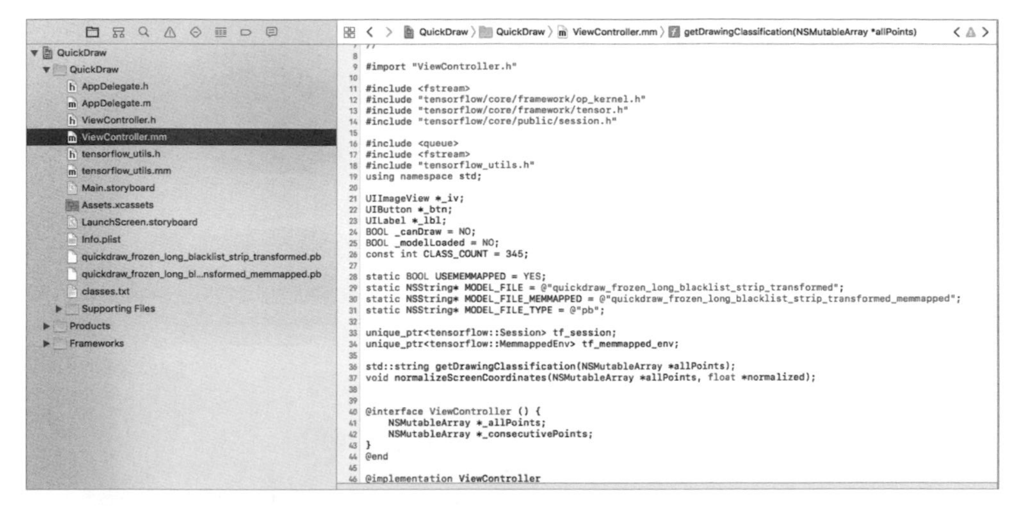

圖 7.7　顯示帶有 ViewController.mm 初始內容的 QuickDraw Xcode 專案

現在，我們準備在 `ViewController.mm` 上完成任務。

1. 如圖 7.6 所示設定基本常數和變數以及兩個函式原型後，在 `ViewController` 的 `viewDidLoad` 中建立一個 `UIButton`、一個 `UILabel` 和一個 `UIImageView`。每個 UI 控制中都有幾個 `NSLayoutConstraint` 設定（完整的程式碼，請參考程式原始碼）。與 `UIImageView` 相關的程式碼如下：

```
_iv = [[UIImageView alloc] init];
_iv.contentMode = UIViewContentModeScaleAspectFit;
[_iv setTranslatesAutoresizingMaskIntoConstraints:NO];
[self.view addSubview:_iv];
```

   `UIImageView` 將用於顯示用 `UIBezierPath` 實作出的使用者繪圖。並初始化兩個用於保存每個連續點和用戶繪製的所有點的陣列：

```
_allPoints = [NSMutableArray array];
_consecutivePoints = [NSMutableArray array];
```

2. 點擊具有初始標題 **"Start"** 的按鈕後，使用者可以開始繪圖；按鈕標題更改為 **"Restart"**，並進行了一些其他重置：

```
-(IBAction)btnTapped:(id)sender {
    _canDraw = YES;
```

```
    [_btn setTitle:@"Restart" forState:UIControlStateNormal];
    [_lbl setText:@""];
    _iv.image = [UIImage imageNamed:@""];
    [_allPoints removeAllObjects];
}
```

3. 為了處理使用者的繪圖，請先建立一個 touchesBegan 方法：

```
-(void) touchesBegan:(NSSet *)touches withEvent:(UIEvent *)event {
    if (!_canDraw) return;
    [_consecutivePoints removeAllObjects];
    UITouch *touch = [touches anyObject];
    CGPoint point = [touch locationInView:self.view];
    [_consecutivePoints addObject:[NSValue
valueWithCGPoint:point]];
    _iv.image = [self createDrawingImageInRect:_iv.frame];
}
```

以及一個 touchesMoved 方法：

```
-(void) touchesMoved:(NSSet *)touches withEvent:(UIEvent *)event {
    if (!_canDraw) return;
    UITouch *touch = [touches anyObject];
    CGPoint point = [touch locationInView:self.view];
    [_consecutivePoints addObject:[NSValue
valueWithCGPoint:point]];
    _iv.image = [self createDrawingImageInRect:_iv.frame];
}
```

最後，還有一個 touchesEnded 方法：

```
-(void) touchesEnded:(NSSet *)touches withEvent:(UIEvent *)event {
    if (!_canDraw) return;
    UITouch *touch = [touches anyObject];
    CGPoint point = [touch locationInView:self.view];
    [_consecutivePoints addObject:[NSValue valueWithCGPoint:point]];
    [_allPoints addObject:[NSArray arrayWithArray:_consecutivePoints]];
    [_consecutivePoints removeAllObjects];
    _iv.image = [self createDrawingImageInRect:_iv.frame];
    dispatch_async(dispatch_get_global_queue(0, 0), ^{
        std::string classes = getDrawingClassification(_allPoints);
```

```
        dispatch_async(dispatch_get_main_queue(), ^{
            NSString *c = [NSString
stringWithCString:classes.c_str() encoding:[NSString
defaultCStringEncoding]];
            [_lbl setText:c];
        });
    });
}
```

這幾段程式碼很清楚，就不另外解釋。除了兩個方法：createDrawingImageInRect 和 getDrawingClassification，我們將在後面介紹說明。

4. createDrawingImageInRect 方法使用了UIBezierPath 的 moveToPoint 和 addLineToPoint 方法顯示使用者的繪圖。它首先透過觸碰事件將所有完成的筆劃的所有點儲存在 _allPoints 陣列中：

```
-(UIImage *)createDrawingImageInRect:(CGRect)rect
{
UIGraphicsBeginImageContextWithOptions(CGSizeMake(rect.size.width, rect.
size.height), NO, 0.0);
    UIBezierPath *path = [UIBezierPath bezierPath];
    for (NSArray *cp in _allPoints) {
        bool firstPoint = TRUE;
        for (NSValue *pointVal in cp) {
            CGPoint point = pointVal.CGPointValue;
            if (firstPoint) {
                [path moveToPoint:point];
                firstPoint = FALSE;
            }
            else
                [path addLineToPoint:point];
        }
    }
```

而當前正在進行的筆劃中的所有點會儲存在 _consecutivePoints 中：

```
bool firstPoint = TRUE;
for (NSValue *pointVal in _consecutivePoints) {
```

```
        CGPoint point = pointVal.CGPointValue;
        if (firstPoint) {
            [path moveToPoint:point];
            firstPoint = FALSE;
        }
        else
            [path addLineToPoint:point];
    }
```

最後，程式會實際繪出圖形並將繪圖作為 UIImage 來回傳，並顯示在 UIImageView 中：

```
        path.lineWidth = 6.0;
        [[UIColor blackColor] setStroke];
        [path stroke];
        UIImage *image = UIGraphicsGetImageFromCurrentImageContext();
        UIGraphicsEndImageContext();
        return image;
    }
```

5. getDrawingClassification 首先使用與上一章相同的程式碼來載入模型或其記憶體映射版本：

```
std::string getDrawingClassification(NSMutableArray *allPoints) {
    if (!_modelLoaded) {
        tensorflow::Status load_status;
        if (USEMEMMAPPED) {
            load_status = LoadMemoryMappedModel(MODEL_FILE_MEMMAPPED, 
MODEL_FILE_TYPE, &tf_session, &tf_memmapped_env);
        }
        else {
            load_status = LoadModel(MODEL_FILE, MODEL_FILE_TYPE, &tf_
session);
        }
        if (!load_status.ok()) {
            LOG(FATAL) << "Couldn't load model: " << load_status;
            return "";
        }
        _modelLoaded = YES;
    }
```

接著，它獲得總點數並分配一個浮點數陣列，然後呼叫另一個函式 normalizeScreenCoordinates（稍後將介紹）將點轉換為模型所需的格式：

```
if ([allPoints count] == 0) return "";
int total_points = 0;
for (NSArray *cp in allPoints) {
    total_points += cp.count;
}
float *normalized_points = new float[total_points * 3];
normalizeScreenCoordinates(allPoints, normalized_points);
```

接下來要定義輸入和輸出節點名稱，並建立一個包含總點數的張量：

```
    std::string input_name1 = "Reshape";
    std::string input_name2 = "Squeeze";
    std::string output_name1 = "dense/BiasAdd";
    std::string output_name2 = "ArgMax"
    const int BATCH_SIZE = 8;

    tensorflow::Tensor seqlen_tensor(tensorflow::DT_INT64,
tensorflow::TensorShape({BATCH_SIZE}));
    auto seqlen_mapped = seqlen_tensor.tensor<int64_t, 1>();
    int64_t* seqlen_mapped_data = seqlen_mapped.data();
    for (int i=0; i<BATCH_SIZE; i++) {
        seqlen_mapped_data[i] = total_points;
    }
```

請注意，在執行 train_model.py 來訓練模型時，批大小必須與 BATCH_SIZE 數值相同，預設為 8。

在這裡建立另一個保存所有轉換點數值的 tensor：

```
    tensorflow::Tensor points_tensor(tensorflow::DT_FLOAT,
tensorflow::TensorShape({8, total_points, 3}));
    auto points_tensor_mapped = points_tensor.tensor<float, 3>();
    float* out = points_tensor_mapped.data();
    for (int i=0; i<BATCH_SIZE; i++) {
        for (int j=0; j<total_points*3; j++)
            out[i*total_points*3+j] = normalized_points[j];
    }
```

6. 現在執行模型並取得預期的輸出結果：

```
    std::vector<tensorflow::Tensor> outputs;
    tensorflow::Status run_status = tf_session->Run({{input_name1,
points_tensor}, {input_name2, seqlen_tensor}}, {output_name1,
output_name2}, {}, &outputs);
    if (!run_status.ok()) {
        LOG(ERROR) << "Getting model failed:" << run_status;
        return "";
    }

    tensorflow::string status_string = run_status.ToString();
    tensorflow::Tensor* logits_tensor = &outputs[0];
```

7. 使用修正版本的 `GetTopN` 並分析 `logits` 以取得最佳結果：

```
    const int kNumResults = 5;
    const float kThreshold = 0.1f;
    std::vector<std::pair<float, int> > top_results;
    const Eigen::TensorMap<Eigen::Tensor<float, 1,
Eigen::RowMajor>, Eigen::Aligned>& logits =
logits_tensor->flat<float>();

    GetTopN(logits, kNumResults, kThreshold, &top_results);
    string result = "";
    for (int i=0; i<top_results.size(); i++) {
        std::pair<float, int> r = top_results[i];
        if (result == "")
            result = classes[r.second];
        else result += ", " + classes[r.second];
    }
```

8. 透過將 `logits` 值轉換為 softmax 值來更改 `GetTopN`，並回傳最高的 softmax 值及其位置：

```
float sum = 0.0;
for (int i = 0; i < CLASS_COUNT; ++i) {
    sum += expf(prediction(i));
}
for (int i = 0; i < CLASS_COUNT; ++i) {
```

```
        const float value = expf(prediction(i)) / sum;
        if (value < threshold) {
            continue;
        }
        top_result_pq.push(std::pair<float, int>(value, i));
        if (top_result_pq.size() > num_results) {
            top_result_pq.pop();
        }
    }
```

9. 最後，normalizeScreenCoordinates 函式會將觸碰事件中獲取的所有點的螢幕坐標轉換為連續點之間的增量。這幾乎就是 https://github.com/tensorflow/models/blob/master/tutorials/rnn/quickdraw/create_dataset.py 中 parse_line 這個 **Python** 方法的一個接口：

```
void normalizeScreenCoordinates(NSMutableArray *allPoints, float
*normalized) {
    float lowerx=MAXFLOAT, lowery=MAXFLOAT, upperx=-MAXFLOAT,
uppery=-MAXFLOAT;
    for (NSArray *cp in allPoints) {
        for (NSValue *pointVal in cp) {
            CGPoint point = pointVal.CGPointValue;
            if (point.x < lowerx) lowerx = point.x;
            if (point.y < lowery) lowery = point.y;
            if (point.x > upperx) upperx = point.x;
            if (point.y > uppery) uppery = point.y;
        }
    }
    float scalex = upperx - lowerx;
    float scaley = uppery - lowery;
    int n = 0;
    for (NSArray *cp in allPoints) {
        int m=0;
        for (NSValue *pointVal in cp) {
            CGPoint point = pointVal.CGPointValue;
            normalized[n*3] = (point.x - lowerx) / scalex;
            normalized[n*3+1] = (point.y - lowery) / scaley;
            normalized[n*3+2] = (m ==cp.count-1 ? 1 : 0);
            n++; m++;
```

```
            }
        }
        for (int i=0; i<n-1; i++) {
            normalized[i*3] = normalized[(i+1)*3] - normalized[i*3];
            normalized[i*3+1] = normalized[(i+1)*3+1] -
    normalized[i*3+1];
            normalized[i*3+2] = normalized[(i+1)*3+2];
        }
    }
```

現在可以在 iOS 模擬器或實體裝置中執行這個 app 了，並用手指畫些東西來看看模型認為你正在畫的內容是什麼。圖 7.8 顯示了一些繪圖和分類結果。雖然繪圖不是最好，但是整個過程都很成功！

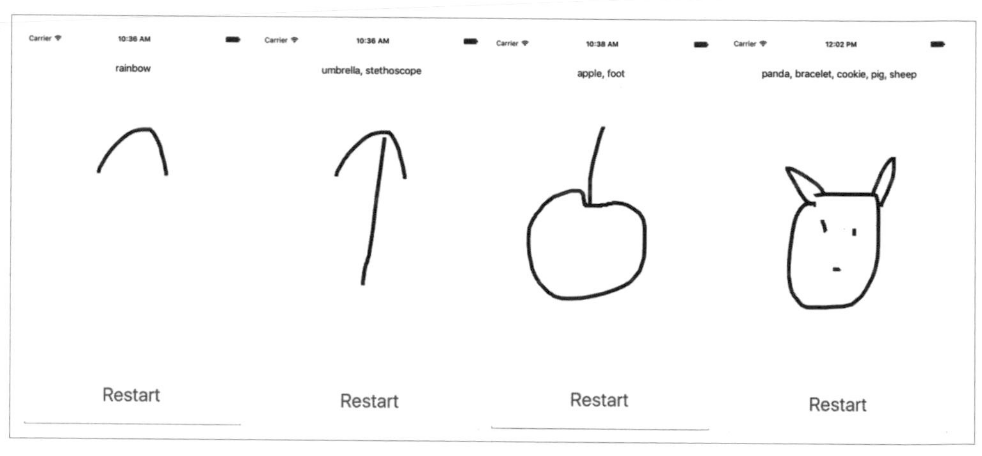

圖 7.8 在 iOS 上顯示繪圖和分類結果

7.4 在 Android 中使用繪圖分類模型

現在該看看如何在 Android 中載入和使用該模型。在之前的章節中，我們僅透過使用 Android app 的 `build.gradle` 檔案並添加了一行 `compile 'org.tensorflow:tensorflow-android:+'` 來添加 TensorFlow 支援。相比於在 iOS 端，我們必須建立一個自定義的 TensorFlow 函式庫來修復不同的模型載入或執行錯誤（如同在第 3、4、5 章的做法），Android 的預設 TensorFlow 函式庫對已註冊的操作和資料類型支援度更高，這可能是因為 Android 是 Google 的一等公民，而 iOS 是第二名或是接近第二名。

事實上，當我們處理各種驚人的模型時，面臨這類不可避免的問題只是時間問題：我們必須手動為 Android 建立 TensorFlow 函式庫以解決預設中的一些無法處理的錯誤。像是 `No OpKernel was registered to support Op 'RefSwitch' with these attrs.` 錯誤就是這類的錯誤之一。對於樂觀的開發人員來說，這是一個增加新技能的機會。

建立 Android 的自定義 TensorFlow 函式庫

請按照以下步驟為 Android 手動建立自定義 TensorFlow 函式庫：

1. 在 TensorFlow 根目錄中，有一個名為 `WORKSPACE` 的文件。編輯它並使 `android_sdk_repository` 和 `android_ndk_repository` 看起來像以下設定（請將 `build_tools_version`、SDK 和 NDK 路徑改為你自己的設定）：

```
android_sdk_repository(
    name = "androidsdk",
    api_level = 23,
    build_tools_version = "26.0.1",
    path = "$HOME/Library/Android/sdk",
)
android_ndk_repository(
    name="androidndk",
    path="$HOME/Downloads/android-ndk-r15c",
    api_level=14)
```

2. 如果你實作過本書中的 iOS app 範例，並且已將 `tensorflow/core/platform/default/mutex.h` 中的 `#include "nsync_cv.h"` 和 `#include "nsync_mu.h"` 更改為 `#include "nsync/public/nsync_cv.h"` 和 `#include "nsync/public/nsync_mu.h"`（如第 3 章所示），你需要將它們改回來以成功建立 TensorFlow Android 函式庫。稍後當你使用手動建立的 TensorFlow 函式庫的 Xcode 和 iOSapp，你需要在兩個標頭之前添加 `nsync/public`。

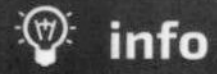

反覆修改 tensorflow/core/platform/default/mutex.h 當然不是理想的解決方案。應該將其作為一種救急方法。僅在要手動建立 TensorFlow iOS 函式庫或建立自定義 TensorFlow 函式庫時才需要對其進行更改，目前可以勉強接受這個作法。

3. 如果你有支援 x86 CPU 的模擬器或 Android 設備，請執行以下指令來建立原生 TensorFlow 函式庫：

```
bazel build -c opt --copt="-D ANDROID_TYPES_FULL "
//tensorflow/contrib/android:libtensorflow_inference.so \
    --crosstool_top=//external:android/crosstool \
    --host_crosstool_top=@bazel_tools//tools/cpp:toolchain \
    --cpu=x86_64
```

如果你的 Android 裝置像大多數 Android 裝置一樣支援 armeabi-v7a，請執行以下指令：

```
bazel build -c opt --copt="-D ANDROID_TYPES_FULL "
//tensorflow/contrib/android:libtensorflow_inference.so \
    --crosstool_top=//external:android/crosstool \
    --host_crosstool_top=@bazel_tools//tools/cpp:toolchain \
    --cpu=armeabi-v7a
```

info

在 Android app 中使用手動建立的原生函式庫時，需要讓這個 app 知道該函式庫是針對哪個 CPU 指令集（也稱為**應用程式的二進位介面**（**Application Binary Interface, ABI**））建立的。Android 支援兩種主要的 ABI：ARM 和 X86，而 armeabi-v7a 是 Android 上最受歡迎的 ABI。要找出你的設備或模擬器使用哪個 ABI，請執行 adb -s <device_id> shell getprop ro.product.cpu.abi。舉例來說，下指令後我的 Nexus 7 平板電腦回傳 armeabi-v7a，而我的模擬器則回傳 x86_64。

如果你想要在開發過程中在支援 x86_64 的模擬器上進行快速測試，並且在實體裝置上進行最終性能測試，則可能要兩種都做。

建置完成後，將可在 `bazelbin/tensorflow/contrib/android` 資料夾中看到 `libtensorflow_inference.so` 這個原生 TensorFlow 函式庫檔案。將其拖到 `android/app/src/main/jniLibs/armeabi-v7a` 或 `android/app/src/main/jniLibs/x86_64` 的資料夾中，如圖 7.9 所示：

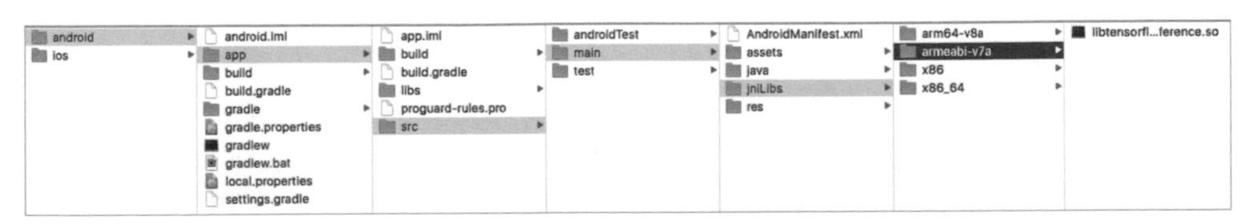

圖 7.9　顯示原生 TensorFlow 函式庫檔案

4. 執行以下指令來建立原生 TensorFlow 函式庫的 Java 介面：

```
bazel build
//tensorflow/contrib/android:android_tensorflow_inference_java
```

這將在 `bazelbin/tensorflow/contrib/android` 中生成檔案 `libandroid_tensorflow_inference_java.jar`。將此檔案移動到 `android/app/libs` 資料夾中，如圖 7.10 所示：

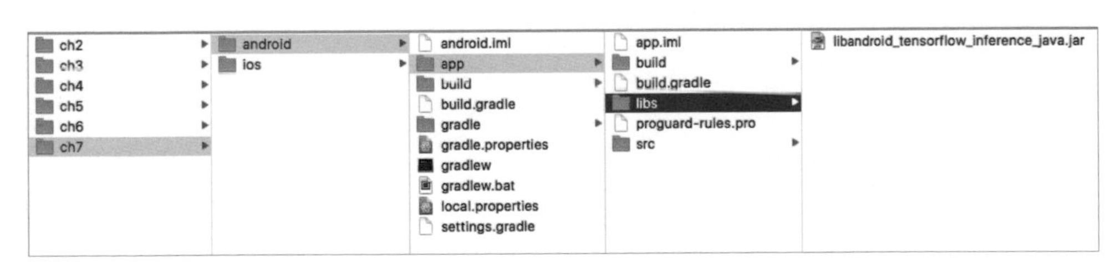

圖 7.10　顯示 TensorFlow 函式庫的 Java 介面檔案

現在，我們準備好撰寫 Android 程式和測試模型了。

使用模型開發 Android app

請按照以下步驟使用 TensorFlow 函式庫和我們先前建立的模型來新增一個新的 Android app：

1. 在 Android Studio 中，新建一個名為 QuickDraw 的新 Android app，接受所有預設設定。然後在應用程式的 build.gradle 中，將 compile files('libs/libandroid_tensorflow_inference_java.jar') 添加到 dependencies 的尾端。像以前一樣建立一個新的 assets 資料夾，並將 quickdraw_frozen_long_blacklist_strip_transformed.pb 和 classes.txt 拖放到該資料夾中。

2. 建立一個名為 QuickDrawView 的新 Java 類別來延伸 View，並按照下面設定欄位及其建構子：

```
public class QuickDrawView extends View {
    private Path mPath;
    private Paint mPaint, mCanvasPaint;
    private Canvas mCanvas;
    private Bitmap mBitmap;
    private MainActivity mActivity;
    private List<List<Pair<Float, Float>>> mAllPoints = new
    ArrayList<List<Pair<Float, Float>>>();
        private List<Pair<Float, Float>> mConsecutivePoints = new
ArrayList<Pair<Float, Float>>();

    public QuickDrawView(Context context, AttributeSet attrs) {
        super(context, attrs);
        mActivity = (MainActivity) context;
        setPathPaint();
    }
```

   mAllPoints 用於保存 mConsecutivePoints 清單。在 MainActivity 的佈局中使用 QuickDrawView 來顯示使用者的繪圖。

3. 按照下面定義 setPathPaint 方法：

```
private void setPathPaint() {
    mPath = new Path();
```

```
    mPaint = new Paint();
    mPaint.setColor(0xFF000000);
    mPaint.setAntiAlias(true);
    mPaint.setStrokeWidth(18);
    mPaint.setStyle(Paint.Style.STROKE);
    mPaint.setStrokeJoin(Paint.Join.ROUND);
    mCanvasPaint = new Paint(Paint.DITHER_FLAG);
}
```

增加兩個實例化 Bitmap 和 Canvas 物件，並在畫布上顯示使用者繪圖的置換方法：

```
@Override
protected void onSizeChanged(int w, int h, int oldw, int oldh) {
    super.onSizeChanged(w, h, oldw, oldh);
    mBitmap = Bitmap.createBitmap(w, h, Bitmap.Config.ARGB_8888);
    mCanvas = new Canvas(mBitmap);
}

@Override
protected void onDraw(Canvas canvas) {
    canvas.drawBitmap(mBitmap, 0, 0, mCanvasPaint);
    canvas.drawPath(mPath, mPaint);
}
```

4. 置換方法 onTouchEvent 是用於產生 mConsecutivePoints 和 mAllPoints、呼叫畫布的 drawPath 方法、使圖形無效（已呼叫 onDraw 方法），以及（每次使用 MotionEvent.ACTION_UP 完成筆劃時）啟動新執行緒使用模型進行繪圖分類：

```
@Override
public boolean onTouchEvent(MotionEvent event) {
    if (!mActivity.canDraw()) return true;
    float x = event.getX();
    float y = event.getY();
    switch (event.getAction()) {
        case MotionEvent.ACTION_DOWN:
            mConsecutivePoints.clear();
            mConsecutivePoints.add(new Pair(x, y));
```

```
                mPath.moveTo(x, y);
                break;
            case MotionEvent.ACTION_MOVE:
                mConsecutivePoints.add(new Pair(x, y));
                mPath.lineTo(x, y);
                break;
            case MotionEvent.ACTION_UP:
                mConsecutivePoints.add(new Pair(x, y));
                mAllPoints.add(new ArrayList<Pair<Float, Float>>
                (mConsecutivePoints));
                mCanvas.drawPath(mPath, mPaint);
                mPath.reset();
                Thread thread = new Thread(mActivity);
                thread.start();
                break;
            default:
                return false;
        }
        invalidate();
        return true;
    }
```

5. 定義兩個將由 `MainActivity` 呼叫的全域方法來取得所有點的資料，並在使用者點擊 **Restart** 按鈕後重置整個畫面：

```
public List<List<Pair<Float, Float>>> getAllPoints() {
    return mAllPoints;
}

public void clearAllPointsAndRedraw() {
    mBitmap = Bitmap.createBitmap(mBitmap.getWidth(),
    mBitmap.getHeight(), Bitmap.Config.ARGB_8888);
    mCanvas = new Canvas(mBitmap);
    mCanvasPaint = new Paint(Paint.DITHER_FLAG);
    mCanvas.drawBitmap(mBitmap, 0, 0, mCanvasPaint);
    setPathPaint();
    invalidate();
    mAllPoints.clear();
}
```

6. 現在打開 MainActivity，並使其實作 Runnable 及其欄位，如下所示：

```
public class MainActivity extends AppCompatActivity implements Runnable {

    private static final String MODEL_FILE = "file:///android_asset/
quickdraw_frozen_long_blacklist_strip_transf ormed.pb";
    private static final String CLASSES_FILE = "file:///android_asset/
classes.txt";

    private static final String INPUT_NODE1 = "Reshape";
    private static final String INPUT_NODE2 = "Squeeze";
    private static final String OUTPUT_NODE1 = "dense/BiasAdd";
    private static final String OUTPUT_NODE2 = "ArgMax";

    private static final int CLASSES_COUNT = 345;
    private static final int BATCH_SIZE = 8;
    private String[] mClasses = new String[CLASSES_COUNT];
    private QuickDrawView mDrawView;
    private Button mButton;
    private TextView mTextView;
    private String mResult = "";
    private boolean mCanDraw = false;

    private TensorFlowInferenceInterface mInferenceInterface;
```

7. 在主畫面配置檔案 activity_main.xml 中，除了像之前所做的之外，要再建立一個 QuickDrawView 元件、一個 TextView 和一個 Button：

```
<com.ailabby.quickdraw.QuickDrawView
    android:id="@+id/drawview"
    android:layout_width="fill_parent"
    android:layout_height="fill_parent"
    app:layout_constraintBottom_toBottomOf="parent"
    app:layout_constraintLeft_toLeftOf="parent"
    app:layout_constraintRight_toRightOf="parent"
    app:layout_constraintTop_toTopOf="parent"/>
```

8. 返回 MainActivity，並在它的 onCreate 方法中綁定 UI 元素 ID 與欄位，為 **Start/Restart** 按鈕設定點擊監聽器，然後將 classes.txt 檔案讀進字串陣列：

```
@Override
protected void onCreate(Bundle savedInstanceState) {
    super.onCreate(savedInstanceState);
    setContentView(R.layout.activity_main);

    mDrawView = findViewById(R.id.drawview);
    mButton = findViewById(R.id.button);
    mTextView = findViewById(R.id.textview);
    mButton.setOnClickListener(new View.OnClickListener() {
        @Override
        public void onClick(View v) {
            mCanDraw = true;
            mButton.setText("Restart");
            mTextView.setText("");
            mDrawView.clearAllPointsAndRedraw();
        }
    });

    String classesFilename =
CLASSES_FILE.split("file:///android_asset/")[1];
    BufferedReader br = null;
    int linenum = 0;
    try {
        br = new BufferedReader(new
InputStreamReader(getAssets().open(classesFilename)));
        String line;
        while ((line = br.readLine()) != null) {
            mClasses[linenum++] = line;
        }
        br.close();
    } catch (IOException e) {
        throw new RuntimeException("Problem reading classes file!", e);
    }
}
```

9. 然後從執行緒的 run 方法中呼叫同步方法 classifyDrawing：

```
public void run() {
    classifyDrawing();
}
```

```
private synchronized void classifyDrawing() {
    try {
        double normalized_points[] = normalizeScreenCoordinates();
        long total_points = normalized_points.length / 3;
        float[] floatValues = new
float[normalized_points.length*BATCH_SIZE];

        for (int i=0; i<normalized_points.length; i++) {
            for (int j=0; j<BATCH_SIZE; j++)
                floatValues[j*normalized_points.length + i] =
(float)normalized_points[i];
            }

            long[] seqlen = new long[BATCH_SIZE];
            for (int i=0; i<BATCH_SIZE; i++)
                seqlen[i] = total_points;
```

即將實作的 normalizeScreenCoordinates 方法會將使用者繪圖的點轉換為模型期望的格式。floatValues 和 seqlen 將作為模型的輸入。請注意，這裡我們必須對 floatValues 使用 float，對 seqlen 使用 long，因為模型需要這些正確的資料格式（float 和 int64），否則在使用模型時會產生錯誤。

10.建立一個 TensorFlow 函式庫的 Java 介面以載入模型，向模型提供輸入並取得輸出結果：

```
AssetManager assetManager = getAssets();
mInferenceInterface = new
TensorFlowInferenceInterface(assetManager, MODEL_FILE);

mInferenceInterface.feed(INPUT_NODE1, floatValues, BATCH_SIZE, total_
points, 3);
mInferenceInterface.feed(INPUT_NODE2, seqlen, BATCH_SIZE);

float[] logits = new float[CLASSES_COUNT * BATCH_SIZE];
float[] argmax = new float[CLASSES_COUNT * BATCH_SIZE];

mInferenceInterface.run(new String[] {OUTPUT_NODE1, OUTPUT_NODE2}, false);
mInferenceInterface.fetch(OUTPUT_NODE1, logits);
mInferenceInterface.fetch(OUTPUT_NODE1, argmax);
```

11. 正規化所取得的 logits 機率值，並對其進行降序排序：

```
double sum = 0.0;
for (int i=0; i<CLASSES_COUNT; i++)
    sum += Math.exp(logits[i]);

List<Pair<Integer, Float>> prob_idx = new ArrayList<Pair<Integer,
Float>>();
for (int j = 0; j < CLASSES_COUNT; j++) {
    prob_idx.add(new Pair(j, (float)(Math.exp(logits[j]) / sum) ));
}

Collections.sort(prob_idx, new Comparator<Pair<Integer, Float>>() {
    @Override
    public int compare(final Pair<Integer, Float> o1, final Pair<Integer,
Float> o2) {
        return o1.second > o2.second ? -1 : (o1.second == o2.second ? 0 :
1);
    }
});
```

取得前五個結果並將其顯示在 TextView 中：

```
mResult = "";
for (int i=0; i<5; i++) {
    if (prob_idx.get(i).second > 0.1) {
        if (mResult == "") mResult = "" + mClasses[prob_idx.get(i).first];
        else mResult = mResult + ", " + mClasses[prob_idx.get(i).first];
    }
}

runOnUiThread(
    new Runnable() {
        @Override
        public void run() {
            mTextView.setText(mResult);
        }
    });
```

12. 最後，實作 normalizeScreenCoordinates 方法，這是實作 iOS 的簡單通訊埠：

```
private double[] normalizeScreenCoordinates() {
    List<List<Pair<Float, Float>>> allPoints = mDrawView.getAllPoints();
    int total_points = 0;
    for (List<Pair<Float, Float>> cp : allPoints) {
        total_points += cp.size();
    }

    double[] normalized = new double[total_points * 3];
    float lowerx=Float.MAX_VALUE, lowery=Float.MAX_VALUE, upperx=-Float.
MAX_VALUE, uppery=-Float.MAX_VALUE;
    for (List<Pair<Float, Float>> cp : allPoints) {
        for (Pair<Float, Float> p : cp) {
            if (p.first < lowerx) lowerx = p.first;
            if (p.second < lowery) lowery = p.second;
            if (p.first > upperx) upperx = p.first;
            if (p.second > uppery) uppery = p.second;
        }
    }
    float scalex = upperx - lowerx;
    float scaley = uppery - lowery;
    int n = 0;
    for (List<Pair<Float, Float>> cp : allPoints) {
        int m = 0;
        for (Pair<Float, Float> p : cp) {
            normalized[n*3] = (p.first - lowerx) / scalex;
            normalized[n*3+1] = (p.second - lowery) / scaley;
            normalized[n*3+2] = (m ==cp.size()-1 ? 1 : 0); n++; m++;
        }
    }

    for (int i=0; i<n-1; i++) {
        normalized[i*3] = normalized[(i+1)*3] - normalized[i*3];
        normalized[i*3+1] = normalized[(i+1)*3+1] -normalized[i*3+1];
        normalized[i*3+2] = normalized[(i+1)*3+2];
    }
    return normalized;
}
```

在你的 Android 模擬器或實體裝置上執行這個 app，並享受塗鴉辨識成果的樂趣。你應該看到類似圖 7.11 的畫面：

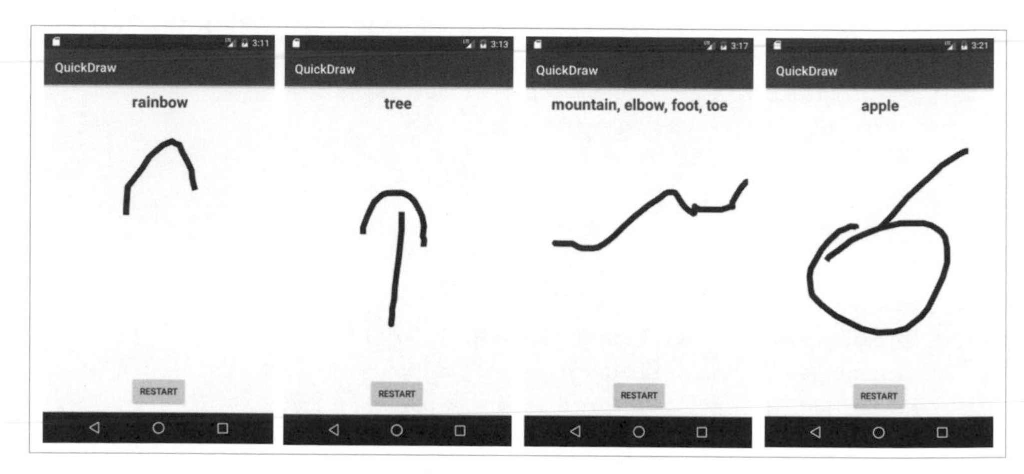

圖 7.11 在 Android 上顯示繪圖和分類結果

在了解了訓練 Quick Draw 模型的全部過程、並在 iOS 和 Android app 中使用之後，你當然可以微調訓練過程使其更加準確，並享受改善行動裝置 app 的樂趣。

在結束本章之前最後要介紹的一個小技巧是：如果你使用錯誤的 ABI 為 Android 建立 TensorFlow 原生函式庫，你仍然可以從 Android Studio 建立和執行這個 app，但是執行時會得到以下錯誤：

```
java.lang.RuntimeException: Native TF methods not found; check that the
correct native libraries are present in the APK.
```

這意味著這個 app 中的 `jniLibs` 資料夾中沒有正確的 TensorFlow 原生函式庫（圖 7.9）。要找出 `jniLibs` 內特定 ABI 資料夾中是否缺少該檔案，可以從 **Android Studio | View | Tool Windows** 中打開 `Device File Explorer`。然後選擇裝置的 **data | app | package | lib** 看一下，如圖 7.12 所示。如果你更喜歡命令行，也可以使用 `adb` 工具來找出它。

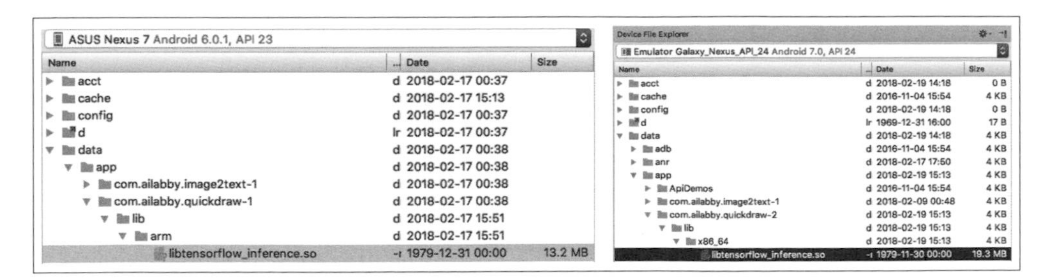

圖 7.12　使用 Device File Explorer 找出 TensorFlow 原生函式庫檔案

7.5 總結

本章從解說繪圖分類模型的工作原理開始，然後說明如何使用高階 TensorFlow Estimator API 來訓練這種模型。我們研究如何撰寫 Python 程式碼以使用經過訓練的模型進行預測，然後詳細討論如何找到正確的輸入和輸出節點名稱，以及如何以正確的方式凍結和轉換模型，讓行動裝置 app 可以使用它。我們還提供了一種新方法來建立新的 TensorFlow 自定義 iOS 函式庫，並提供了一個步驟分解教學，介紹如何為 Android 建立 TensorFlow 自定義函式庫，以修復使用模型時的執行錯誤。最後，我們列出了 iOS 和 Android 程式碼，這些程式碼取得並顯示使用者繪圖，將其轉換為模型所需的資料，並處理和呈現模型回傳的分類結果。希望你在漫長的旅途中學到了很多東西。

到目前為止，除了來自其他開放原始碼的幾個專案之外，我們使用的 iOS 和 Android app 中使用的所有模型都是預先訓練或自己訓練的，這些模型都來自 TensorFlow 開放原始碼的專案，該專案提供了許多強大功能的模型，其中一些模型在強大的 GPU 上進行了數週的訓練。但是，如果你有興趣從頭開始建立自己的模型，並且還對本章中應用的強大 RNN 模型以及概念感到困惑，那麼下一章就是你所需要的：我們將討論如何從頭開始建立自己的 RNN 模型並將其用於行動裝置 app，從而帶來另一種樂趣（從股市中賺錢），至少我們會盡力做到這一點。當然，沒有人能保證你總是能從每次股票交易中獲利，但至少看看 RNN 模型如何幫助我們提高這樣的機會。

8

使用 RNN 預測股票價格

如果你喜歡上一章中在行動裝置上繪圖、建立並執行模型以識別繪圖的話，那麼當你在股市上賺錢時可能也會感到很開心，或是賠錢時變得很認真。從一方面來說，股票價格是時間序列資料，一連串離散的時間資料，而處理有時間序列資料的最佳深度學習方法是 RNN，這是我們在前兩章中使用的方法。Aurélien Géron 在他的暢銷書《**機器學習實戰：基於 Scikit-Learn 和 TensorFlow**》中，建議使用 RNN「分析時間序列資料，例如股票價格，並告訴你何時買賣」。另一方面，其他人則認為股票的過去表現無法預測其未來收益，因此，隨機選擇的投資組合的表現與專家精心挑選的股票一樣好。實際上，基於 TensorFlow 和其他幾個函式庫執行的非常受歡迎的高階深度學習函式庫的 Keras 的作者 François Chollet，在他的暢銷書《Deep learning 深度學習必讀：Keras 大神帶你用 Python 實作》中提到僅使用 RNN 以及開放資料想要擊敗市場是「一項非常困難的事情，你很可能會浪費時間和資源而一事無成。」

因此，冒著「可能」浪費我們時間和資源的風險，但可以肯定我們至少將更了解 RNN、以及為什麼有可能比隨機五五波的策略更好地預測股價。我們將首先概述如何使用 RNN 進行股票價格預測，然後討論如何使用 TensorFlow API 建立 RNN 模型來預測股票價格，以及如何用更易於使用的 Keras API 來建立 RNN LSTM 模型來預測股票價格。我們將測試這些模型是否可以擊敗隨機的買入賣出策略。如果我們對模型提高了在股票市場上佔優勢的機會感到滿意，或者只是想要學習技術，都需要了解如何凍結並準備在 iOS 和 Android app 上執行 TensorFlow 和 Keras 模型。如果該模型可以提高我們的獲利機會，那只要把這個模型加入手機 app 的話，就能隨時隨地建議我們如何買賣股票了。感到有點不確定又有點興奮嗎？歡迎來到股票市場。

本章內容如下：

- 認識與實作 RNN 及股票價格預測
- 使用 TensorFlow RNN API 進行股票價格預測
- 使用 Keras RNN LSTM API 進行股票價格預測
- 在 iOS 中執行 TensorFlow 及 Keras 模型
- 在 Android 中執行 TensorFlow 及 Keras 模型

8.1 認識與實作 RNN 及股票價格預測

前饋網路，例如密集連接的網路，缺少記憶功能且將每個輸入視為一個整體。例如，代表圖像輸入的像素向量在單個步驟中由前饋網路處理。但是，使用具有記憶的網路可以更好地處理像是最近 10 或 20 天的股價這種時間序列資料。假設過去 10 天的價格是 $X_1, X_2, ..., X_{10}$，其中 X_1 是最早的，X_{10} 是最新的，則所有連續 10 天的價格都可以視為一個序列輸入。當 RNN 處理此類輸入時，會執行以下步驟：

1. 連接到序列中的第一個元素 X_1 的特定 RNN 單元，處理 X_1 並獲取其輸出 y_1
2. 連接到序列中下一個元素 X_2 的另一個 RNN 單元，使用 X_2 和上一個輸出 y_1 獲得下一個輸出 y_2
3. 重複以上步驟：在使用 RNN 單元處理在時間步驟 i 的輸入序列之 X_i 元素時，前一個時間步驟 i_{-1} 的輸出 y_{i-1} 會與搭配 X_i 來一同生成時間步驟 i 的新輸出 y_i

因此，在時間步驟 i 的每個 y_i 輸出，都具有輸入序列中直到時間步驟 i 前包含 $X_1, X_2, ... X_{i-1}$ 和 X_i 的所有元素的資訊。在 RNN 訓練期間，將每個時間步驟的預測價格 $y_1, y_2, ..., y_9$ 和 y_{10} 與每個時間步驟的真實目標價格進行比較，即 $X_2, X_3, ..., X_{10}$ 和 X_{11}，接著定義損失函數，並將其用於最佳化以更新網路參數。訓練完成後，在預測期間，X_{11} 為輸入序列 $X_1, X_2, ..., X_{10}$ 的預測結果。

這就是為什麼我們說 RNN 有記憶。RNN 對於處理股票的價格資料似乎可行，因為直覺上今天（以及明天和後天等等）的股票價格可能會受其前 N 天的價格影響。

LSTM 只是解決 RNN 已知的梯度消失問題的一種 RNN，我們在第 6 章探討過這個問題。基本上，在訓練 RNN 模型期間，如果到 RNN 的輸入序列的時間步驟太長，則使用反向傳播來更新較早時間步驟的網路權重，則得到的梯度值可能為 0，從而導致沒有學習發生。例如，當我們使用 50 天的價格作為輸入，並且如果使用 50 天、甚至 40 天這種太長的時間步驟，則一般的 RNN 將無法訓練。LSTM 透過添加一個長期狀態來解決此問題，該狀態決定可以丟棄哪些資訊以及需要在多個時間步驟上儲存和攜帶哪些資訊。

info

可以有效解決梯度消失問題的另一種 RNN 被稱為門控循環單元（Gated Recurrent Unit, GRU），它稍微簡化了標準 LSTM 模型，而且越來越受歡迎。TensorFlow 和 Keras API 均支持基本的 RNN 和 LSTM/GRU 模型。在接下來的兩節中，你將看到使用 RNN 和標準 LSTM 的具體 TensorFlow 和 Keras API，而且可以在程式碼中直接將「LSTM」替換為「GRU」，以將使用 RNN 的 GRU 模型和標準 LSTM 模型一起使用並進行比較。

下列三種常用技巧可以使 LSTM 模型表現更好：

- 堆疊 LSTM 層並增加層中神經元的數量：如果不產生過度擬合，通常這將產生功能更強大、更準確的網路模型。如果還沒有試過，那麼你一定要用 TensorFlow Playground（`http://playground.tensorflow.org`）來玩玩看。
- 使用 dropout 層處理過度擬合。Dropout 代表隨機刪除一層中的隱藏單元和輸入單元。
- 使用雙向 RNN 用兩個方向（正方向和反方向）處理每個輸入序列，希望檢測出可能被正規單向 RNN 忽略的模式。

這些技術都已經被實作出來，並且可以輕鬆透過 TensorFlow 和 Keras API 來使用。

那麼，應該如何使用 RNN 和 LSTM 測試股價預測呢？我們將使用 https://www.alphavantage.co 上的免費 API 收集特定股票代號的每日股票價格資料，將其分成為訓練集和測試集，並每一段時間提供給 RNN/LSTM 模型一批訓練輸入資料（每批具有 20 個時間步驟，也就是連續 20 天的價格），訓練模型並進行測試，以查看模型在測試資料集中的準確性。我們將同時使用 TensorFlow 和 Keras API 進行測試，並比較正規 RNN 和 LSTM 模型之間的差異。我們還將測試三個略有不同的序列輸入和輸出，看看哪個是最好的：

- 根據過去 N 天資料預測一天的價格
- 根據過去 N 天資料預測 M 天的價格
- 根據過去的 N 天皆位移 1 天的資料所產生預測序列的最後輸出，作為第二天的預測價格

現在，讓我們深入研究 TensorFlow RNN API，並撰寫程式碼以訓練模型來預測股票價格，以了解其準確性如何。

8.2 使用 TensorFlow RNN API 進行股票價格預測

首先，請在 https://www.alphavantage.co 申請免費的 API 金鑰，以便取得任何股票代號的股票價格資料。取得 API 金鑰後，打開終端機並執行以下指令（將 <your_api_key> 替換為你自己的金鑰後）以取得 Amazon（amzn）和 Google（goog）的每日股價資料，或將它們替換為你有興趣的任何股票代號：

```
curl -o daily_amzn.csv
"https://www.alphavantage.co/query?function=TIME_SERIES_
DAILY&symbol=amzn&a pikey=<your_api_key>&datatype=csv&outputsize=full"

curl -o daily_goog.csv
"https://www.alphavantage.co/query?function=TIME_SERIES_
DAILY&symbol=goog&a pikey=<your_api_key>&datatype=csv&outputsize=full"
```

這將產生 daily_amzn.csv 及 daily_goog.csv 的 csv 檔案，其第一行為「時間戳、開盤、高、低、收盤、成交量」，其餘各行為每日股價資料。由於我們只關心收盤價，因此執行以下指令以取得所有收盤價：

```
cut -d ',' -f 5 daily_amzn.csv | tail -n +2 > amzn.txt
cut -d ',' -f 5 daily_goog.csv | tail -n +2 > goog.txt
```

截至 2018 年 2 月 26 日，amzn.txt 及 goog.txt 中的行數為 4,566 及 987，這是 Amazon 及 Google 的交易天數。現在讓我們看一下使用 TensorFlow RNN API 訓練和預測模型的完整 Python 程式碼。

用 TensorFlow 訓練 RNN 模型

1. 匯入所需的 Python 函式庫並定義一些常數：

```
import numpy as np
import tensorflow as tf
from tensorflow.contrib.rnn import *
import matplotlib.pyplot as plt

num_neurons = 100
num_inputs = 1
num_outputs = 1
symbol = 'goog' # amzn
epochs = 500
seq_len = 20
learning_rate = 0.001
```

numpy（http://www.numpy.org）是用於處理 n 維陣列最受歡迎的 Python 函式庫，而 Matplotlib（https://matplotlib.org）是 Python 2D 繪圖函式庫中的佼佼者。我們將使用 numpy 來處理資料集，並使用 Matplotlib 將股票價格和預測結果視覺化呈現。num_neurons 是 RNN 的神經元數量，或更準確地說是 RNN 單元在每個時間步驟的神經元數量，每個神經元在該時間步驟接收輸入序列的輸入元素，以及前一個時間步驟的輸出。num_inputs 和 num_outputs 指定每個時間步驟的輸入和輸出數量，每個時間步驟會從連續 20 天的輸入序列中，將一個股票價格提供給具有 num_neurons 神經元的

RNN 單元，並期望每一步驟有一個預測的股票輸出。seq_len 是時間步驟。因此，我們將使用 Google 的連續 20 天股票價格作為輸入序列，並將這些輸入發送給具有 100 個神經元的 RNN 單元。

2. 開啟並讀取包含所有價格的文字檔，將價格製作成浮點數清單，反轉清單順序讓清單從最早的價格開始，然後每次添加 seq_len+1 的值到一個名為 result 的 **numpy** 陣列（第一個 seq_len 值是 RNN 的輸入序列，最後的 seq_len 值將是目標輸出序列），從列表中的第一個開始，每次位移 1 直到清單最後一項：

```
f = open(symbol + '.txt', 'r').read()
data = f.split('\n')[:-1] # get rid of the last '' so float(n)
works
data.reverse()
d = [float(n) for n in data]

result = []
for i in range(len(d) - seq_len - 1):
    result.append(d[i: i + seq_len + 1])

result = np.array(result)
```

3. result 陣列現在包含了模型的整個資料集，但還需要將其進一步處理為符合 RNN API 的格式。我們首先將其分為訓練集（佔整個資料集的 90%）和測試集（佔 10%）：

```
row = int(round(0.9 * result.shape[0]))
train = result[:row, :]
test = result[row:, :]
```

然後按照機器學習模型的標準訓練做法，隨機地排列訓練集資料：

```
np.random.shuffle(train)
```

制定訓練集和測試集 X_train 和 X_test 的輸入序列，以及訓練集和測試集 y_train 和 y_test 的目標輸出序列。請注意，大寫字母 X 和小寫字母 y 是機器學習中約定成俗的常用命名，分別代表輸入和目標輸出：

```
X_train = train[:, :-1] # all rows with all columns except the last one
X_test = test[:, :-1] # each row contains seq_len + 1 columns

y_train = train[:, 1:]
y_test = test[:, 1:]
```

最後，改變四個陣列的維數為 3-D（批量大小、時間步驟以及輸入或輸出數），以完成訓練和測試資料集的準備：

```
X_train = np.reshape(X_train, (X_train.shape[0], X_train.shape[1], num_
inputs))
X_test = np.reshape(X_test, (X_test.shape[0], X_test.shape[1], num_inputs))
y_train = np.reshape(y_train, (y_train.shape[0], y_train.shape[1], num_
outputs))
y_test = np.reshape(y_test, (y_test.shape[0], y_test.shape[1], num_
outputs))
```

請注意，`X_train.shape[1]`、`X_test.shape[1]`、`y_train.shape[1]` 和 `y_test.shape[1]` 與 `seq_len` 相同。

4. 我們已經準備好建立模型，建立兩個佔位變數以接收訓練期間的 `X_train` 及 `y_train`，以及測試期間的 `X_test`：

```
x = tf.placeholder(tf.float32, [None, seq_len, num_inputs])
y = tf.placeholder(tf.float32, [None, seq_len, num_outputs])
```

每個時間步驟中，使用 `BasicRNNCell` 建立一個 RNN 單元，每個單元具有 `num_neurons` 個神經元。

```
cell = tf.contrib.rnn.OutputProjectionWrapper(
    tf.contrib.rnn.BasicRNNCell(num_units=num_neurons,
activation=tf.nn.relu), output_size=num_outputs)
outputs, _ = tf.nn.dynamic_rnn(cell, X, dtype=tf.float32)
```

`OutputProjectionWrapper` 用於在每個單元的輸出之上添加一個完全連接層，因此，在每個時間步驟，RNN 單元的輸出，也就是 `num_neurons` 值的序列，都會簡化為一個值。這就是 RNN 如何在每個時間步驟為輸入序列中的每個值輸出一個值的方式，或者為每個實例中的每個 `seq_len` 數量值的每個輸入序列，輸出總計 `seq_len` 數量的值。

dynamic_rnn 用於在所有時間步驟上循環 RNN 單元，總和為 seq_len（在 X 形狀中定義），它會回傳兩個值：每個時間步驟的輸出清單以及網路的最終狀態。接下來，我們將使用第一個 outputs 回傳值的重塑值來定義損失函數。

5. 以標準方式指定預測張量、損失、最佳化器和訓練操作來完成模型定義：

```
preds = tf.reshape(outputs, [1, seq_len], name="preds")
loss = tf.reduce_mean(tf.square(outputs - y))
optimizer = tf.train.AdamOptimizer(learning_rate=learning_rate)
training_op = optimizer.minimize(loss)
```

要注意的是，當使用 freeze_graph 工具準備在行動裝置上部署模型時，「preds」將作為輸出節點名稱，它還會在 iOS 和 Android 中執行模型進行預測。如你所見，在開始訓練模型之前就知道這個資訊絕對是件好事，而這正是從頭開始建立的模型所帶來的好處。

6. 訓練開始。每個 epoch 中，我們將 X_train 和 y_train 資料輸入並執行 training_op 以把損失降到最低，然後保存模型檢查點檔案。並且每 10 個 epoch 輸出一個損失值：

```
init = tf.global_variables_initializer()
saver = tf.train.Saver()

with tf.Session() as sess:
    init.run()

    count = 0
    for _ in range(epochs):
        n=0
        sess.run(training_op, feed_dict={X: X_train, y: y_train})
        count += 1
        if count % 10 == 0:
            saver.save(sess, "/tmp/" + symbol + "_model.ckpt")
            loss_val = loss.eval(feed_dict={X: X_train, y: y_train})
            print(count, "loss:", loss_val)
```

執行上面的程式會看到類似以下的輸出結果：

```
(10, 'loss:', 243802.61)
(20, 'loss:', 80629.57)
(30, 'loss:', 40018.996)
(40, 'loss:', 28197.496)
(50, 'loss:', 24306.758)
...
(460, 'loss:', 93.095985)
(470, 'loss:', 92.864082)
(480, 'loss:', 92.33461)
(490, 'loss:', 92.09893)
(500, 'loss:', 91.966286)
```

你可以在步驟 4 中用 BasicLSTMCell 替換 BasicRNNCell 並執行訓練程式碼，但是使用 BasicLSTMCell 進行的訓練要慢得多，並且在 500 次迭代後損失值仍然很大。本節將不再使用 BasicLSTMCell，但是為了進行比較，你將在使用 Keras 的下一節中看到堆疊 LSTM 層、dropout 和雙向 RNN 的詳細做法。

測試 TensorFlow RNN 模型

要查看 500 次迭代後的損失值是否夠好的話，請加入以下程式碼來使用測試資料集計算總測試範例中正確預測的數量（更精準的意思是，預測價格的上下波動方向是否與目標價格相對於前一天價格呈現相同的方向）：

```
correct = 0
y_pred = sess.run(outputs, feed_dict={X: X_test})
targets = []
predictions = []
for i in range(y_pred.shape[0]):
input = X_test[i]
    target = y_test[i]
    prediction = y_pred[i]
```

```
    targets.append(target[-1][0])
    predictions.append(prediction[-1][0])

    if target[-1][0] >= input[-1][0] and prediction[-1][0] >=
    input[-1][0]:
        correct += 1
    elif target[-1][0] < input[-1][0] and prediction[-1][0] <
    input[-1][0]:
        correct += 1
```

現在，使用 plot 將正確的預測比率視覺化：

```
total = len(X_test)
xs = [i for i, _ in enumerate(y_test)]
plt.plot(xs, predictions, 'r-', label='prediction')
plt.plot(xs, targets, 'b-', label='true')
plt.legend(loc=0)
plt.title("%s - %d/%d=%.2f%%" %(symbol, correct, total,
           100*float(correct)/total))
plt.show()
```

執行程式碼的結果如圖 8.1 所示，正確預測的比率為 56.25%：

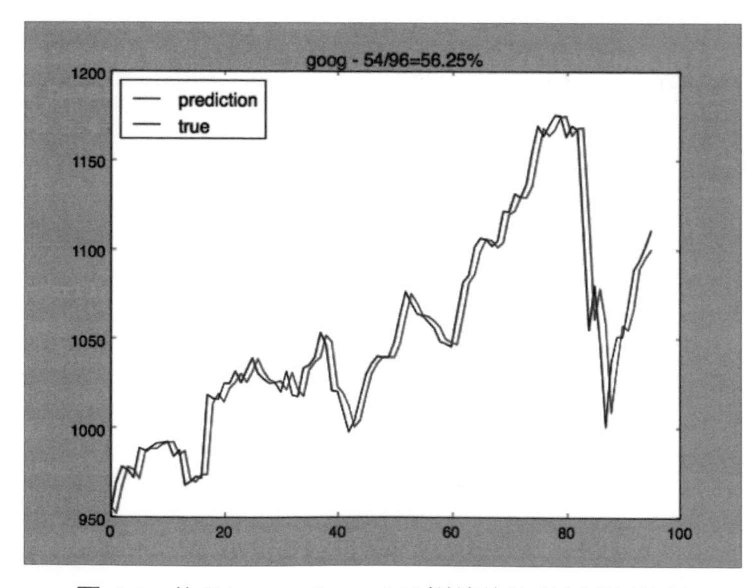

圖 8.1　使用 TensorFlow RNN 訓練的股價預測正確性

注意，每次執行此訓練和測試程式碼時所獲得的比率可能都會有所不同。通過微調模型的超參數，可能會獲得超過 60%的比率，這似乎比隨機預測要好。如果你覺得這樣還不錯的話，那麼你可能會認為至少有 50%（56.25%）的東西可以展示，並且可能希望看到該模型在行動裝置上執行。但先讓我們看看是否可以使用酷炫的 Keras 函式庫來建立更好的模型。在執行此操作之前，請用以下指令來凍結已經訓練完成的 TensorFlow 模型：

```
python tensorflow/python/tools/freeze_graph.py --
input_meta_graph=/tmp/amzn_model.ckpt.meta --
input_checkpoint=/tmp/amzn_model.ckpt --output_graph=/tmp/amzn_tf_frozen.pb
--output_node_names="preds" --input_binary=true
```

8.3 使用 Keras RNN LSTM API 進行股票價格預測

Keras 是一個十分簡易好用的高階深度學習 Python 函式庫，基於 TensorFlow、Theano 和 CNTK 等其他流行的深度學習函式庫執行。你很快就會看到 Keras 如何讓建立和使用模型變得更加容易。在安裝和使用 Keras，並使用 TensorFlow 作為 Keras 的後端之前，最好先設置一個虛擬環境：

```
sudo pip install virtualenv
```

如果你的機器以及 iOS 和 Android app 上都有 TensorFlow 1.4 的原始碼的話，請執行以下指令來使用 TensorFlow 1.4 自定義函式庫：

```
cd
mkdir ~/tf14_keras
virtualenv --system-site-packages ~/tf14_keras/
cd ~/tf14_keras/
source ./bin/activate
easy_install -U pip
pip install --upgrade
https://storage.googleapis.com/tensorflow/mac/cpu/tensorflow-1.4.0-py2-
none-any.whl
pip install keras
```

如果你的機器上裝有 TensorFlow 1.5，則應將 TensorFlow 1.5 與 Keras 一起安裝，因為使用 Keras 建立的模型需要具有與行動裝置 app 所使用的模型相同版本的 TensorFlow，不然在嘗試載入模型時會發生錯誤：

```
cd
mkdir ~/tf15_keras
virtualenv --system-site-packages ~/tf15_keras/
cd ~/tf15_keras/
source ./bin/activate
easy_install -U pip
pip install -upgrade
https://storage.googleapis.com/tensorflow/mac/cpu/tensorflow-1.5.0-py2-
none-any.whl
pip install keras
```

如果你的作業系統不是 Mac 或電腦具有 GPU，則需要改為正確的 TensorFlow Python 套件 URL，你可以在 https://www.tensorflow.org/install 上找到它。

用 Keras 訓練 RNN 模型

現在，讓我們看看在 Keras 中建立和訓練 LSTM 模型以預測股價的過程。首先，匯入函式庫和設定常數：

```
import keras
from keras import backend as K
from keras.layers.core import Dense, Activation, Dropout
from keras.layers.recurrent import LSTM
from keras.layers import Bidirectional
from keras.models import Sequential
import matplotlib.pyplot as plt

import tensorflow as tf
import numpy as np

symbol = 'amzn'
epochs = 10
num_neurons = 100
```

```
seq_len = 20
pred_len = 1
shift_pred = False
```

shift_pred 代表我們是否想要預測價格的輸出序列而不是單個輸出價格。如果為 True，則會根據輸入值 $X_1, X_2, X_3, \ldots, X_n$ 來預測 $X_2, X_3, \ldots, X_{n+1}$，就像在使用 TensorFlow API 的最後一節所做的那樣。如果 shift_pred 為 False，則會基於 $X_1, X_2, \ldots, X_n$ 輸入預測 pred_len 輸出。舉例來說，如果 pred_len 為 1，我們將預測 X_{n+1}，如果 pred_len 為 3，我們將預測 X_{n+1}, X_{n+2} 和 X_{n+3}，這樣做很合理，因為我們會想知道價格是連續三天上漲還是先上漲一天再下跌兩天。

現在讓我們建立一個方法，根據上一節中的資料載入程式碼進行修改，該方法基於 pred_len 和 shift_pred 來準備適當的訓練和測試資料集：

```
def load_data(filename, seq_len, pred_len, shift_pred):
    f = open(filename, 'r').read()
    data = f.split('\n')[:-1] # get rid of the last '' so float(n) works
    data.reverse()
    d = [float(n) for n in data]
    lower = np.min(d)
    upper = np.max(d)
    scale = upper-lower
    normalized_d = [(x-lower)/scale for x in d]

    result = []
    if shift_pred:
        pred_len = 1
    for i in range((len(normalized_d) - seq_len - pred_len)/pred_len):
        result.append(normalized_d[i*pred_len: i*pred_len + seq_len +
pred_len])
        result = np.array(result)
        row = int(round(0.9 * result.shape[0]))
        train = result[:row, :]
        test = result[row:, :]

        np.random.shuffle(train)

        X_train = train[:, :-pred_len]
```

```
        X_test = test[:, :-pred_len]

    if shift_pred:
        y_train = train[:, 1:]
        y_test = test[:, 1:]
    else:
        y_train = train[:, -pred_len:]
        y_test = test[:, -pred_len:]
    X_train = np.reshape(X_train, (X_train.shape[0], X_train.shape[1],1))
    X_test = np.reshape(X_test, (X_test.shape[0], X_test.shape[1], 1))

    return [X_train, y_train, X_test, y_test, lower, scale]
```

請注意在這裡也使用了正規化，使用與上一章相同的正規化方法來看看它是否可以改善我們的模型。當使用經過訓練的模型進行預測時，我們還會回傳 lower 和 scale 值來進行反正規化。

現在可以呼叫 load_data 來取得訓練和測試資料集，以及 lower 和 scale 值：

```
X_train, y_train, X_test, y_test, lower, scale = load_data(symbol + '.txt',
seq_len, pred_len, shift_pred)
```

完整的模型建立程式碼如下：

```
model = Sequential()
model.add(Bidirectional(LSTM(num_neurons, return_sequences=True,
input_shape=(None, 1)), input_shape=(seq_len, 1)))
model.add(Dropout(0.2))

model.add(LSTM(num_neurons, return_sequences=True))
model.add(Dropout(0.2))

model.add(LSTM(num_neurons, return_sequences=False))
model.add(Dropout(0.2))

if shift_pred:
    model.add(Dense(units=seq_len))
else:
    model.add(Dense(units=pred_len))
```

```
model.add(Activation('linear'))
model.compile(loss='mse', optimizer='rmsprop')

model.fit(
    x_train,
    y_train,
    batch_size=512,
    epochs=epochs,
    validation_split=0.05)

print(model.output.op.name)
print(model.input.op.name)
```

即使使用新增加的 `Bidirectional`、`Dropout`、`validation_split` 和堆疊 LSTM 層，該程式碼也比 TensorFlow 中建立模型的程式碼更容易解釋和簡化。要注意的是，LSTM 呼叫中的 `return_sequences` 參數需要為 True，因此 LSTM 單元的輸出將是完整的輸出序列，而不僅僅是輸出序列中的最後一個輸出，除非它是最後的堆疊層。最後兩個 `print` 語法可顯示在凍結模型，並在行動裝置上執行該模型時所需的輸入節點名稱（**bidirectional_1_input**）和輸出節點名稱（**activation_1/Identity**）。

現在執行前面的程式碼，將看到如下輸出：

```
824/824 [==============================] - 7s 9ms/step - loss: 0.0833 -
val_loss: 0.3831 Epoch 2/10
824/824 [==============================] - 2s 3ms/step - loss: 0.2546 -
val_loss: 0.0308 Epoch 3/10
824/824 [==============================] - 2s 2ms/step - loss: 0.0258 -
val_loss: 0.0098 Epoch 4/10
824/824 [==============================] - 2s 2ms/step - loss: 0.0085 -
val_loss: 0.0035 Epoch 5/10
824/824 [==============================] - 2s 2ms/step - loss: 0.0044 -
val_loss: 0.0026 Epoch 6/10
824/824 [==============================] - 2s 2ms/step - loss: 0.0038 -
val_loss: 0.0022 Epoch 7/10
824/824 [==============================] - 2s 2ms/step - loss: 0.0033 -
val_loss: 0.0019 Epoch 8/10
```

```
824/824 [==============================] - 2s 2ms/step - loss: 0.0030 -
val_loss: 0.0019 Epoch 9/10
824/824 [==============================] - 2s 2ms/step - loss: 0.0028 -
val_loss: 0.0017 Epoch 10/10
824/824 [==============================] - 2s 3ms/step - loss: 0.0027 -
val_loss: 0.0019
```

訓練損失和驗證損失都可以呼叫 model.fit 來顯示輸出。

測試 Keras RNN 模型

現在是時候儲存模型檢查點，並使用測試資料集來計算正確預測的數量了，正如我們在上一節中所解釋的那樣：

```
saver = tf.train.Saver()
saver.save(K.get_session(), '/tmp/keras_' + symbol + '.ckpt')

predictions = []
correct = 0
total = pred_len*len(X_test)
for i in range(len(X_test)):
    input = X_test[i]
    y_pred = model.predict(input.reshape(1, seq_len, 1))
    predictions.append(scale * y_pred[0][-1] + lower)
    if shift_pred:
        if y_test[i][-1] >= input[-1][0] and y_pred[0][-1] >= input[-1][0]:
            correct += 1
        elif y_test[i][-1] < input[-1][0] and y_pred[0][-1] < input[-1][0]:
            correct += 1
    else:
        for j in range(len(y_test[i])):
            if y_test[i][j] >= input[-1][0] and y_pred[0][j] >=
input[-1][0]:
                correct += 1
            elif y_test[i][j] < input[-1][0] and y_pred[0][j] <
input[-1][0]:
                correct += 1
```

我們主要呼叫 model.predict 來取得 X_test 中每個實例的預測結果，並將其與真實值和前一天的價格進行比較，以查看它是否呈現正確的方向。最後，我們根據測試資料集和預測結果來繪製真實價格：

```
y_test = scale * y_test + lower
y_test = y_test[:, -1]
xs = [i for i, _ in enumerate(y_test)]
plt.plot(xs, y_test, 'g-', label='true')
plt.plot(xs, predictions, 'r-', label='prediction')
plt.legend(loc=0)
if shift_pred:
    plt.title("%s - epochs=%d, shift_pred=True, seq_len=%d: %d/%d=%.2f%%"
%(symbol, epochs, seq_len, correct, total, 100*float(correct)/total))
else:
    plt.title("%s - epochs=%d, lens=%d,%d: %d/%d=%.2f%%" %(symbol, epochs,
seq_len, pred_len, correct, total, 100*float(correct)/total))
    plt.show()
```

會看到如圖 8.2 的內容：

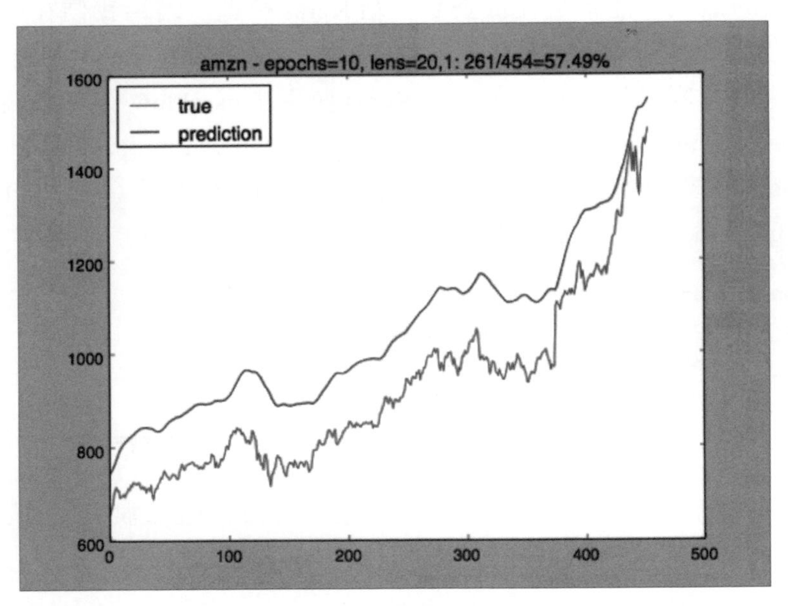

圖 8.2 使用 Keras 雙向和堆疊 LSTM 層進行股價預測

很容易在堆疊器中添加更多 LSTM 層，或者使用諸如學習率、dropout 率、以及許多常數之類的超參數。但是，使用不同的 `pred_len` 和 `shift_pred` 設定下，正確率沒有太大的差異。也許我們現在應該對接近 60% 的正確率感到滿意，並看看如何在 iOS 和 Android 上使用經 TensorFlow 和 Keras 訓練的模型。我們可以稍後嘗試繼續改進模型，但了解使用 TensorFlow 和 Keras 訓練的 RNN 模型可能會遇到的任何問題，這將非常有價值。

> **info**
>
> 正如 François Chollet 所言：「深度學習更像是藝術而不是科學……每個問題都是獨特的，你必須進行經驗性的嘗試並評估不同的策略。目前尚無理論可以提前準確地告訴你應該做什麼，才能以最佳方式解決問題。你必須反覆嘗試。」希望我們為你使用 TensorFlow 和 Keras API 改善股票價格預測模型提供了一個很好的起點。

本節要做的最後一件事是從檢查點凍結 Keras 模型，因為我們在虛擬環境中安裝了 TensorFlow 和 Keras，並且 TensorFlow 是 virtualenv 中唯一安裝並受支援的深度學習函式庫，所以 Keras 使用 TensorFlow 作為後端並呼叫 `saver.save(K.get_session(), '/tmp/keras_' + symbol + '.ckpt')`，以產生 TensorFlow 格式的檢查點。現在執行以下指令來凍結檢查點（回想一下在訓練期間用 `print(model.input.op.name)` 獲取 `output_node_name`）：

```
python tensorflow/python/tools/freeze_graph.py --
input_meta_graph=/tmp/keras_amzn.ckpt.meta --
input_checkpoint=/tmp/keras_amzn.ckpt --
output_graph=/tmp/amzn_keras_frozen.pb --
output_node_names="activation_1/Identity" --input_binary=true
```

因為我們的模型非常簡單明瞭，所以將會直接在行動裝置上試用這兩個凍結的模型，而無需像前兩章中那樣使用 `transform_graph` 工具。

8.4 在 iOS 中執行 TensorFlow 及 Keras 模型

專案設定步驟這種無聊的事情就不再重複做了，只要按照之前的操作即可建立一個名為 StockPrice 的新 Objective-C 專案，該專案將使用手動建立的 TensorFlow 函式庫（詳細資訊請參考第 7 章的 iOS 部分）。然後將兩個 amzn_tf_frozen.pb 和 amzn_keras_frozen.pb 模型檔案添加到專案中。你應該在 Xcode 中建好 StockPrice 專案，如圖 8.3 所示：

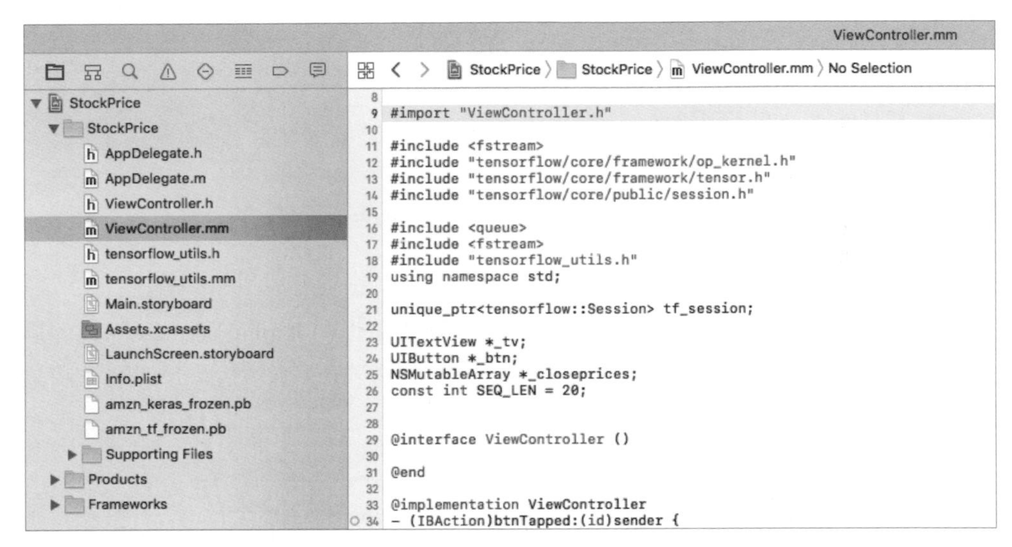

圖 8.3　在 Xcode 中使用 TensorFlow 和 Keras 訓練的模型的 iOS 應用程式

在 ViewController.mm 中，首先宣告一些變數和一個常數：

```
unique_ptr<tensorflow::Session>
tf_session; UITextView *_tv;
UIButton *_btn;
NSMutableArray *_closeprices;
const int SEQ_LEN = 20;
```

然後建立一個按鈕點擊處理器，讓使用者可以選擇 TensorFlow 或 Keras 模型（該按鈕像以前一樣在 viewDidLoad 方法中建立）：

```
- (IBAction)btnTapped:(id)sender {
    UIAlertAction* tf = [UIAlertAction actionWithTitle:@"Use TensorFlow
```

```
Model" style:UIAlertActionStyleDefault handler:^(UIAlertAction * action) {
        [self getLatestData:NO];
    }];
    UIAlertAction* keras = [UIAlertAction actionWithTitle:@"Use Keras
Model" style:UIAlertActionStyleDefault handler:^(UIAlertAction * action) {
        [self getLatestData:YES];
    }];
    UIAlertAction* none = [UIAlertAction actionWithTitle:@"None"
style:UIAlertActionStyleDefault handler:^(UIAlertAction * action) {}];
    UIAlertController* alert = [UIAlertController
alertControllerWithTitle:@"RNN Model Pick" message:nil
preferredStyle:UIAlertControllerStyleAlert];
    [alert addAction:tf];
    [alert addAction:keras];
    [alert addAction:none];
    [self presentViewController:alert animated:YES completion:nil];
}
```

getLatestData 方法首先發出 URL 請求以取得精簡版的 Alpha Vantage API，該 API 會回傳 Amazon 每日股價資料的最後 100 個資料點，然後解析結果並將最後 20 個收盤價保存在 _closeprices 陣列中：

```
-(void)getLatestData:(BOOL)useKerasModel {
    NSURLSession *session = [NSURLSession sharedSession];
    [[session dataTaskWithURL:[NSURL
URLWithString:@"https://www.alphavantage.co/query?function=TIME_SERIES_DAIL
Y&symbol=amzn&apikey=<your_api_key>&datatype=csv&outputsize=compact"]
            completionHandler:^(NSData *data,
                                NSURLResponse *response,
                                NSError *error) {
                NSString *stockinfo = [[NSString alloc] initWithData:data
encoding:NSASCIIStringEncoding];
                NSArray *lines = [stockinfo
componentsSeparatedByString:@"\n"];
                _closeprices = [NSMutableArray array];
                for (int i=0; i<SEQ_LEN; i++) {
                    NSArray *items = [lines[i+1]
componentsSeparatedByString:@","];
                    [_closeprices addObject:items[4]];
```

```
                }
                if (useKerasModel)
                    [self runKerasModel];
                else
                    [self runTFModel];
            }] resume];
}
```

runTFModel 方法的定義如下：

```
- (void) runTFModel {
    tensorflow::Status load_status;
    load_status = LoadModel(@"amzn_tf_frozen", @"pb", &tf_session);
    tensorflow::Tensor prices(tensorflow::DT_FLOAT,
    tensorflow::TensorShape({1, SEQ_LEN, 1}));
    auto prices_map = prices.tensor<float, 3>();
    NSString *txt = @"Last 20 Days:\n";

    for (int i = 0; i < SEQ_LEN; i++){
        prices_map(0,i,0) = [_closeprices[SEQ_LEN-i-1] floatValue];
        txt = [NSString stringWithFormat:@"%@%@\n", txt,
                                      _closeprices[SEQ_LEN-i-1]];
}
std::vector<tensorflow::Tensor> output;
tensorflow::Status run_status = tf_session->Run({{"Placeholder", prices}},
                                {"preds"}, {}, &output);
if (!run_status.ok()) {
    LOG(ERROR) << "Running model failed:" << run_status;
}
else {
    tensorflow::Tensor preds = output[0];
    auto preds_map = preds.tensor<float, 2>();
    txt = [NSString stringWithFormat:@"%@\nPrediction with TF RNN
                model:\n%f", txt, preds_map(0,SEQ_LEN-1)];
    dispatch_async(dispatch_get_main_queue(), ^{
        [_tv setText:txt];
        [_tv sizeToFit];
    });
  }
}
```

preds_map(0, SEQ_LEN-1) 是基於最近 20 天的第二天的預測價格。而 Placeholder 是「**用 TensorFlow 訓練 RNN 模型**」這一小節的步驟 4 中 X = tf.placeholder(tf.float32, [None, seq_len, num_inputs]) 定義的輸入節點名稱。在模型生成預測後，我們將其與最近 20 天的價格一起顯示在 TextView 中。

runKeras 方法的定義與此類似，但具有反正規化以及不同的輸入和輸出節點名稱。由於我們的 Keras 模型經過訓練後只能輸出一個預測價格，而不是一系列 seq_len 價格，因此使用 preds_map(0,0) 來取得預測：

```
- (void) runKerasModel { tensorflow::Status load_status;
    load_status = LoadModel(@"amzn_keras_frozen", @"pb", &tf_session);
    if (!load_status.ok()) return;
    tensorflow::Tensor prices(tensorflow::DT_FLOAT,
    tensorflow::TensorShape({1, SEQ_LEN, 1}));
    auto prices_map = prices.tensor<float, 3>();
    float lower = 5.97;
    float scale = 1479.37;
    NSString *txt = @"Last 20 Days:\n";
    for (int i = 0; i < SEQ_LEN; i++){
        prices_map(0,i,0) = ([_closeprices[SEQ_LEN-i-1] floatValue] -
                                                        lower)/scale;
        txt = [NSString stringWithFormat:@"%@%@\n", txt,
                                                 _closeprices[SEQ_LEN-i-1]];
        }
        std::vector<tensorflow::Tensor> output;
        tensorflow::Status run_status =
tf_session->Run({{"bidirectional_1_input", prices}},
{"activation_1/Identity"},
                                                        {}, &output);
        if (!run_status.ok()) {
            LOG(ERROR) << "Running model failed:" << run_status;
        }
        else {
            tensorflow::Tensor preds = output[0];
            auto preds_map = preds.tensor<float, 2>();
            txt = [NSString stringWithFormat:@"%@\nPrediction with Keras
                RNN model:\n%f", txt, scale * preds_map(0,0) + lower];
```

```
            dispatch_async(dispatch_get_main_queue(), ^{
                [_tv setText:txt];
                [_tv sizeToFit];
            });
        }
    }
```

現在執行這個 app 並點擊 **Predict** 按鈕，將會看到選擇模型的訊息視窗（圖 8.4）：

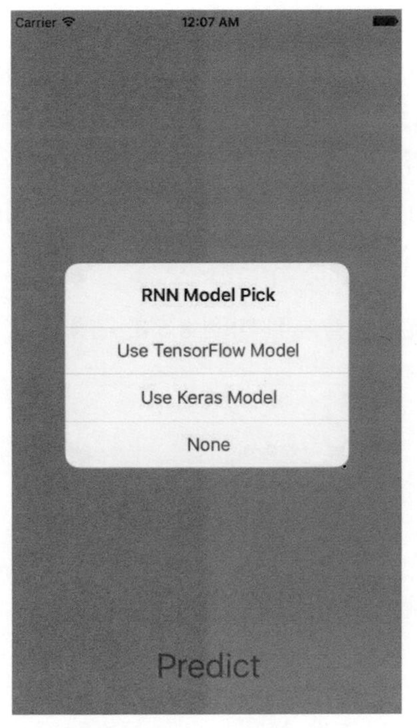

圖 8.4　選擇 TensorFlow 或 Keras RNN 模型

如果選擇 TensorFlow 模型，則可能會出現錯誤：

```
Could not create TensorFlow Graph: Invalid argument: No OpKernel was
registered to support Op 'Less' with these attrs. Registered devices:
[CPU], Registered kernels:
device='CPU'; T in [DT_FLOAT]
[[Node: rnn/while/Less = Less[T=DT_INT32,
_output_shapes=[[]]](rnn/while/Merge, rnn/while/Less/Enter)]]
```

如果選擇 Keras 模型，則可能會出現稍微不同的錯誤：

```
Could not create TensorFlow Graph: Invalid argument: No OpKernel was
registered to support Op 'Less' with these attrs. Registered devices:
[CPU], Registered kernels:
device='CPU'; T in [DT_FLOAT]
[[Node: bidirectional_1/while_1/Less = Less[T=DT_INT32,
_output_shapes=[[]]](bidirectional_1/while_1/Merge,
bidirectional_1/while_1/Less/Enter)]]
```

我們在上一章中看到了與 `RefSwitch` 操作相似的錯誤，並且知道針對此錯誤的一種修復方法是在啟用 `-D__ANDROID_TYPES_FULL__` 的情況下建立 TensorFlow 函式庫。如果你沒有看到這些錯誤，則意味著你在上一章的 iOS app 中已經建立了這樣的函式庫；否則，請按照上一章的「**在 iOS 中使用繪圖分類模型**」小節中的「**建立 iOS 的自定義 TensorFlow 函式庫**」開始時的說明來建立新的 TensorFlow 函式庫，然後再次執行這個 app。

現在選擇 TensorFlow 模型，會看到如圖 8.5 的結果：

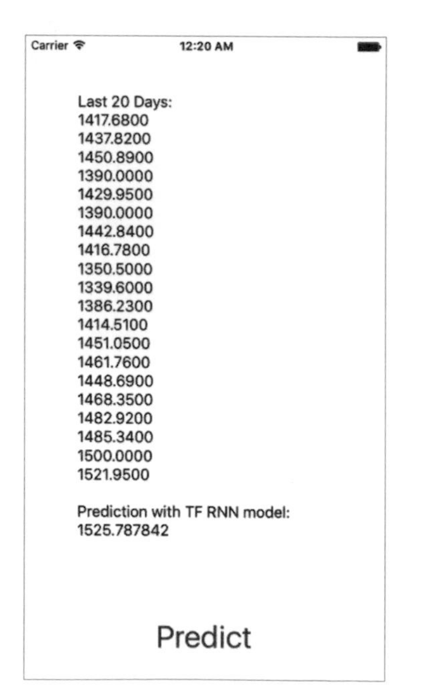

圖 8.5　使用 TensorFlow RNN 模型進行預測

使用 Keras 模型輸出不同的預測結果，如圖 8.6 所示：

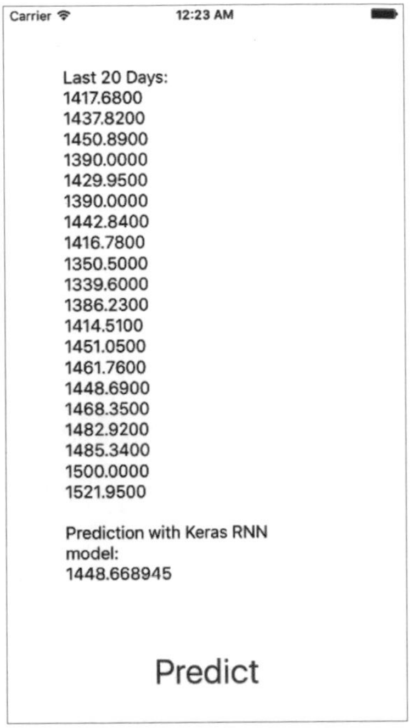

Carrier 12:23 AM

Last 20 Days:
1417.6800
1437.8200
1450.8900
1390.0000
1429.9500
1390.0000
1442.8400
1416.7800
1350.5000
1339.6000
1386.2300
1414.5100
1451.0500
1461.7600
1448.6900
1468.3500
1482.9200
1485.3400
1500.0000
1521.9500

Prediction with Keras RNN
model:
1448.668945

Predict

圖 8.6　使用 Keras RNN 模型進行預測

在沒有進一步研究的情況下，我們無法確定哪種模型會更好，但是可以確定的是，我們的 RNN 模型都是使用 TensorFlow 和 Keras API 從頭開始訓練的，正確率接近 60%，且可以在 iOS 上正常執行，在試著建置一個在許多專家眼中的操作績效大概等同於隨機選擇的模型時，這個方法值得一試。在此過程中，我們學到了一些新奇的東西：使用 TensorFlow 和 Keras 來建立 RNN 模型並在 iOS 上執行。下一節要嘗試的是：如何在 Android 上使用模型？會不會又遇到新的障礙呢？

8.5 在 Android 中執行 TensorFlow 及 Keras 模型

事實證明，在 Android 上使用模型就像在沙灘上漫步，甚至不需要使用上一章中的 Android 自定義 TensorFlow 函式庫，儘管我們必須使用 iOS 自定義 TensorFlow 函式庫（而不是截至 2018 年 2 月的 TensorFlow pod）。與 iOS 的 TensorFlow pod 相比，在 build.gradle 檔案中使用 compile 'org.tensorflow:tensorflow-android:+' 建立的 TensorFlow Android 函式庫對 Less Op 具有更完整的資料類型支援度。

要在 Android 中測試模型，請建立一個新的 Android app，名稱設為 StockPrice，然後將兩個模型文件加到其 assets 資料夾中。然後在佈局中添加幾個按鈕和一個 TextView，並在 MainActivity.java 中完成環境設定還有定義常數：

```
    private static final String TF_MODEL_FILENAME =
"file:///android_asset/amzn_tf_frozen.pb";
    private static final String KERAS_MODEL_FILENAME =
"file:///android_asset/amzn_keras_frozen.pb";
    private static final String INPUT_NODE_NAME_TF = "Placeholder";
    private static final String OUTPUT_NODE_NAME_TF = "preds";
    private static final String INPUT_NODE_NAME_KERAS =
"bidirectional_1_input";
    private static final String OUTPUT_NODE_NAME_KERAS =
"activation_1/Identity";
    private static final int SEQ_LEN = 20;
    private static final float LOWER = 5.97f;
    private static final float SCALE = 1479.37f;

    private TensorFlowInferenceInterface mInferenceInterface;

    private Button mButtonTF;
    private Button mButtonKeras;
    private TextView mTextView;
    private Boolean mUseTFModel;
    private String mResult;
```

如下所示建立 onCreate 方法：

```
protected void onCreate(Bundle savedInstanceState) {
    super.onCreate(savedInstanceState);
    setContentView(R.layout.activity_main);

    mButtonTF = findViewById(R.id.tfbutton);
    mButtonKeras = findViewById(R.id.kerasbutton);
    mTextView = findViewById(R.id.textview);
    mTextView.setMovementMethod(new ScrollingMovementMethod());
    mButtonTF.setOnClickListener(new View.OnClickListener() {
        @Override
        public void onClick(View v) {
            mUseTFModel = true;
            Thread thread = new Thread(MainActivity.this);
            thread.start();
        }
    });
    mButtonKeras.setOnClickListener(new View.OnClickListener() {
        @Override
        public void onClick(View v) {
            mUseTFModel = false;
            Thread thread = new Thread(MainActivity.this);
            thread.start();
        }
    });
}
```

其餘的程式碼全部在 run 方法中，它們是在點擊 **TF PREDICTION** 或 **KERAS PREDICTION** 按鈕時在工作執行緒中啟動的，除了使用 Keras 模型需要在執行模型之前和之後進行正規化和反正規化之外，這幾乎不需要其他解釋：

```
public void run() {
    runOnUiThread(
            new Runnable() {
                @Override
                public void run() {
                    mTextView.setText("Getting data...");
```

```
                }
            });

    float[] floatValues = new float[SEQ_LEN];

    try {
        URL url = new
URL("https://www.alphavantage.co/query?function=TIME_SERIES_DAILY&symbol=am
zn&apikey=4SOSJM2XCRIB5IUS&datatype=csv&outputsize=compact");
        HttpURLConnection urlConnection = (HttpURLConnection)
url.openConnection();
        InputStream in = new
BufferedInputStream(urlConnection.getInputStream());
        Scanner s = new Scanner(in).useDelimiter("\\n");
        mResult = "Last 20 Days:\n";
        if (s.hasNext()) s.next(); // get rid of the first title line
        List<String> priceList = new ArrayList<>();
        while (s.hasNext()) {
            String line = s.next();
            String[] items = line.split(",");
            priceList.add(items[4]);
        }

        for (int i=0; i<SEQ_LEN; i++)
            mResult += priceList.get(SEQ_LEN-i-1) + "\n";

        for (int i=0; i<SEQ_LEN; i++) {
            if (mUseTFModel)
                floatValues[i] = Float.parseFloat(priceList.get(SEQ_LEN-
i-1));
            else
                floatValues[i] = (Float.parseFloat(priceList.get(SEQ_LEN-
i-1)) - LOWER) / SCALE;
        }

        AssetManager assetManager = getAssets();
        mInferenceInterface = new
```

```
TensorFlowInferenceInterface(assetManager, mUseTFModel ? TF_MODEL_FILENAME
: KERAS_MODEL_FILENAME);

        mInferenceInterface.feed(mUseTFModel ? INPUT_NODE_NAME_TF : INPUT_
NODE_NAME_KERAS, floatValues, 1, SEQ_LEN, 1);

        float[] predictions = new float[mUseTFModel ? SEQ_LEN : 1];

        mInferenceInterface.run(new String[] {mUseTFModel ? OUTPUT_NODE_
NAME_TF : OUTPUT_NODE_NAME_KERAS}, false);
        mInferenceInterface.fetch(mUseTFModel ? OUTPUT_NODE_NAME_TF :
OUTPUT_NODE_NAME_KERAS, predictions);
        if (mUseTFModel) {
            mResult += "\nPrediction with TF RNN model:\n" +
predictions[SEQ_LEN -1];
        }
        else {
            mResult += "\nPrediction with Keras RNN model:\n" +
(predictions[0] * SCALE + LOWER);
        }

        runOnUiThread(
            new Runnable() {
                @Override
                public void run() {
                    mTextView.setText(mResult);
                }
            });

    } catch (Exception e) {
        e.printStackTrace();
    }
}
```

現在執行該應用程式並點擊 **TF PREDICTION** 按鈕，結果如圖 8.7：

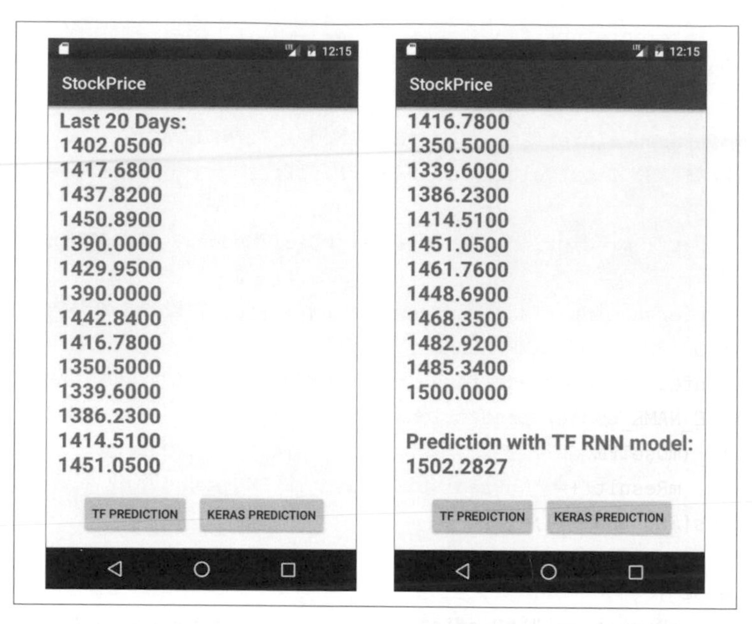

圖 8.7　使用 TensorFlow 模型進行 Amazon 的股價預測

點擊 **KERAS PREDICTION 按鈕**，將看到如圖 8.8 所示的結果：

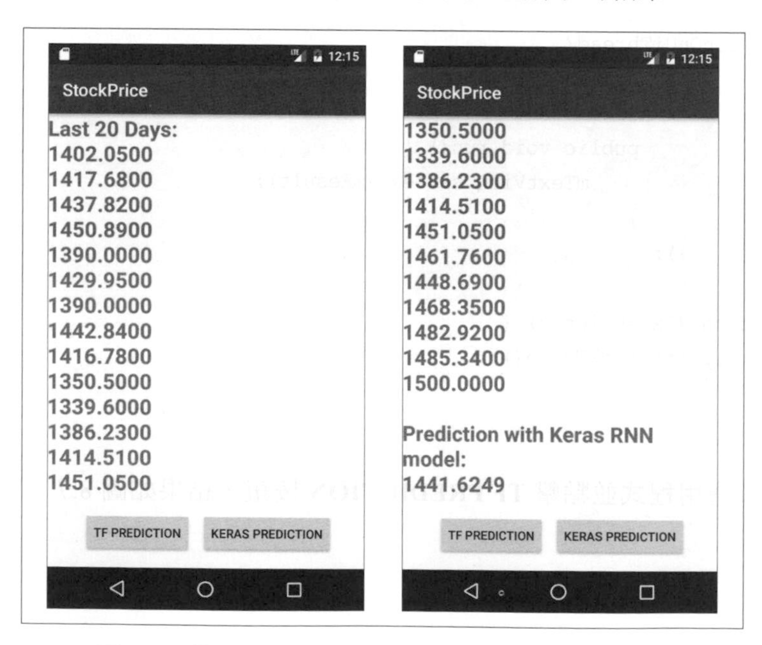

圖 8.8　使用 Keras 模型進行 Amazon 的股價預測

8.6 總結

本章一開始就給了一個不可能的目標，所以我們稍微輕率了點，試圖使用 TensorFlow 和 Keras RNN API 預測股價來打敗市場。首先討論了 RNN 和 LSTM 模型是什麼，以及如何使用它們進行股價預測。然後，我們使用 TensorFlow 和 Keras 從零開始建立了兩個 RNN 模型，獲得了接近 60% 的測試正確率。最後，我們介紹了如何凍結模型並在 iOS 和 Android 上使用它們，並修復在 iOS 上使用自定義 TensorFlow 函式庫時可能出現的執行錯誤。

如果你對尚未建立正確預測比率為 80% 或 90% 的模型感到有些失望，則可能需要繼續進行「反覆嘗試」來看看是否可能以這麼高的正確率進行股價預測。但可以保證你會受益於學會如何使用 TensorFlow 和 Keras API，來建立、訓練、測試並在 iOS 和 Android 上執行 RNN 模型的技術。

如果你對使用深度學習技術打敗市場深感興趣，下一章要探討的是對抗生成網路（Generative Adversarial Networks, GAN）。GAN 是一種試圖擊敗能夠分辨真假資料之間差異的模型，並且越來越擅長生成栩栩如生的假資料以欺騙對手。GAN 被一些頂尖的深度學習研究人員譽為是近十年來深度學習中最有趣和令人振奮的想法。

9

使用 GAN 生成和強化影像

從 2012 年，深度學習開始大受歡迎以來，有人認為沒有什麼新想法比 Ian Goodfellow 在 2014 年的論文**生成對抗網路**（**Generative Adversarial Networks**）（`https://arxiv.org/abs/1406.2661`）中介紹的**生成對抗網路**（Generative Adversarial Network, GAN）更有趣或有前途了。實際上，Facebook AI 的研發總監、也是開創性的深度學習研究人員之一的 Yann LeCun 稱 GAN 和對抗訓練為「過去 10 年以來，機器學習領域中最有趣的想法」。因此，我們一定要在這裡介紹它、了解 GAN 為什麼如此令人興奮、以及如何建立 GAN 模型並在 iOS 和 Android 上執行。

本章將從概述 GAN 是什麼，它如何運作以及為什麼具有如此巨大的潛力開始。接著，將介紹兩個 GAN 模型：一個可用於生成類似真人寫的手寫數字的基礎 GAN 模型，與另一個可將低解析度影像增強為高解析度影像的進階 GAN 模型。我們將示範如何在 Python 和 TensorFlow 中建立和訓練此類模型，以及如何為行動裝置部署及準備模型。我們提供附有完整原始程式碼的 iOS 和 Android 應用程式，它們將使用這些模型來生成手寫數字並增強影像。在本章節結束後，你應該準備好進一步探索各種基於 GAN 的模型，或者開始建立自己的模型，並了解如何在行動裝置的應用程式中執行它們。

本章涵蓋內容如下：

- 何謂 GAN，為什麼要使用它
- 使用 TensorFlow 建立和訓練 GAN 模型
- 在 iOS 中使用 GAN 模型
- 在 Android 中使用 GAN 模型

9.1 何謂 GAN，為什麼要使用它

GAN 是學習生成類似於真實資料或訓練集中資料的神經網路。GAN 的關鍵想法是讓生成器網路和鑑別器網路相互競爭：生成器試圖生成看起來像真實資料的資料，而鑑別器試圖分辨生成的資料是真的（已知的真實資料）或假的（由生成器生成的資料）。生成器和鑑別器是一起訓練的，在訓練過程中，生成器學習如何生成看起來越來越像真實資料的資料，而鑑別器則學習辨別真實資料與假資料。用生成器的輸出作為鑑別器的輸入時，生成器透過試著讓鑑別器輸出的真實資料機率盡可能接近 1.0 來學習；而鑑別器則透過試著達成以下兩個目標來學習：

- 以生成器的輸出作為輸入時，讓輸出的真實資料機率盡可能接近 0.0，這恰好與生成器的目標相反
- 以真實資料作為輸入時，讓輸出的真實資料機率盡可能接近 1.0

info

下一節，你將看到與生成器網路、鑑別器網路及其訓練過程描述符合的詳細程式片段。如果你想了解更多關於 GAN 的知識，除了這裡的簡述之外，你還可以在 YouTube 上搜尋 ***Introduction to GANs***，並觀看在 2016 年 NIPS（Neural Information Processing Systems）會議和 2017 年的 ICCV（International Conference on Computer Vision）會議上 Ian Goodfellow 的 GAN 介紹和教學影片。在 YouTube 上，總共可以找到 7 支 2016 年 NIPS 對抗訓練工作坊影片和 12 支 2017 年 ICCV 的 GAN 教學影片。

在生成器和鑑別器這兩者的競爭下，GAN 是一個尋求兩個對手之間保持平衡的系統。如果兩者都有無限大的能力並能做到訓練最佳化，就可以達到納許均衡（以 1994 年諾貝爾經濟學獎得主約翰．納許以及電影《美麗境界》而命名），代表任一方都無法藉由改變自身策略來提升獲利的穩定狀態。這正好是我們的生成器確實可生成栩栩如生的資料，而鑑別器無法辨識其真偽的狀態相符。

info

如果你有興趣詳細了解何謂納許均衡，在 Google 上搜尋 ***khan academy nash equilibrium*** 可以找到兩支 Sal Khan 的有趣影片。納許均衡的維基百科頁面和「納許均衡是什麼以及它為何重要」（What is the Nash equilibrium and why does it matter?）這篇經濟學人雜誌文章也很不錯，了解 GAN 背後的基礎直覺和想法將幫助你更加了解其為何具有巨大潛力。

`https://www.economist.com/blogs/economist-explains/2016/09/economist-explains-economics`

生成器能夠生成看起來像真實資料的潛力，意味著有很多各式各樣出色的應用程式能使用 GAN 來達成，例如：

- 用低解析度影像生成高解析度影像
- 影像修復（修復消失或毀損的影像）
- 翻譯影像（例如，將線稿草圖變成照片，或者在人臉上添加或移除像是眼鏡之類的物件）
- 從文字生成影像（與在第 6 章介紹的 Text2Image 相反）
- 撰寫看起來像真實新聞的新聞文章
- 生成與訓練集中的聲波相似的聲波

基本上，GAN 具有從隨機輸入的內容生成逼真的影像、文字或聲波資料的潛力。如果你具有一組包含原始資料和目標資料的訓練集，則 GAN 還可從與原始資料相似的輸入中生成與目標資料相似的資料集。這是 GAN 模型中生成器和鑑別器如何以動態方式工作的通用特徵，這能讓 GAN 生成任何種類的真實輸出，十分令人興奮。

但是，由於生成器和鑑別器的動態或競爭型目標，訓練 GAN 達到納許均衡狀態是一個棘手且困難的問題。實際上，這仍然是一個開放的研究課題，Ian Goodfellow 在 2017 年 8 月接受 Andrew Ng 的**深度學習英雄**（*Heroes of Deep Learning*）訪談（在 YouTube 上搜尋 ***ian goodfellow andrew ng***）中說道，如果能夠使 GAN 像深度學習一樣變得可靠，我們將看到 GAN 取得更大的成功，否則最終將用其他形式的生成模型取代它們。

儘管 GAN 在訓練方面充滿挑戰，但在訓練期間你可以應用許多有效的已知技巧（`https://github.com/soumith/ganhacks`），在這裡就不多介紹，但如果你有興趣調整本章之後所用的模型、許多其他 GAN 模型（`https://github.com/eriklindernoren/Keras-GAN`）或建立自己的 GAN 模型，則這些技巧會非常有用。

9.2 使用 TensorFlow 建立和訓練 GAN 模型

通常，GAN 模型具有兩個神經網路：G 代表生成器，D 代表鑑別器。x 是來自訓練集的一些真實資料輸入，z 則是隨機輸入的雜訊。在訓練期間，D(x) 是 x 為真實資料的機率，D 會試著使 D(x) 接近 1；G(z) 是隨機輸入 z 後生成的輸出，並且 D 嘗試使 D(G(z)) 接近 0，但同時 G 試圖使 D(G(z)) 接近 1。現在，讓我們首先來看一下如何在 TensorFlow 和 Python 中建立 GAN 的基礎模型，該模型可以撰寫或生成手寫數字。

生成手寫數字的基礎 GAN 模型

手寫數字的訓練模型源自於資料庫 `https://github.com/jeffxtang/generative-adversarial-networks`，是 `https://github.com/jonbruner/generative-adversarial-networks` 的一個分支，增加了顯示生成的數字並使用輸入佔位符保存 TensorFlow 訓練的模型，因此我們的 iOS 和 Android app 可以使用該模

型。如果你需要在使用程式之前對 GAN 模型有基本的了解，你可以在下列網址找到原始的資料庫：

https://www.oreilly.com/learning/generative-adversarial-networks-for-beginners

在研究定義生成器和鑑別器網路並進行 GAN 訓練的核心程式片段之前，先複製這份 github 並前往該目錄，執行腳本來訓練和測試模型：

```
git clone https://github.com/jeffxtang/generative-adversarial-networks
cd generative-adversarial-networks
```

這個分支在 gan-script-fast.py 中加入了儲存程式碼的檢查點，並且新增了 gan-script-test.py 來使用隨機輸入佔位符測試和儲存新的檢查點，因此該模型被新的檢查點凍結了，可以在 iOS 和 Android app 中使用。

執行 python gan-script-fast.py 來訓練模型，在 Ubuntu 上使用 GTX-1070 GPU 訓練的時間不超過一小時。訓練完成後，檢查點檔案會儲存在模型的目錄中。現在執行 python gan-script-test.py 來查看一部分生成的手寫數字。該腳本也會從模型目錄中讀取檢查點檔案，並在執行 gan-script-fast.py 時儲存該檔案，然後將更新的檢查點檔案以及隨機輸入佔位符重新儲存在 newmodel 目錄中：

```
ls -lt newmodel
-rw-r--r-- 1 jeffmbair staff 266311 Mar 5 16:43 ckpt.meta
-rw-r--r-- 1 jeffmbair staff 65 Mar 5 16:42 checkpoint
-rw-r--r-- 1 jeffmbair staff 69252168 Mar 5 16:42 ckpt.data-00000-
of-00001
-rw-r--r-- 1 jeffmbair staff 2660 Mar 5 16:42 ckpt.index
```

gan-script-test.py 中的下一段成式碼中，由 print(generate_images) 顯示輸入節點名稱（z_placeholder）和輸出節點名稱（Sigmoid_1）：

```
z_placeholder = tf.placeholder(tf.float32, [None, z_dimensions],
name='z_placeholder')
...
saver.restore(sess, 'model/ckpt')
```

```
generated_images = generator(z_placeholder, 5, z_dimensions)
print(generated_images)
images = sess.run(generated_images, {z_placeholder: z_batch})
saver.save(sess, "newmodel/ckpt")
```

在 gan-script-fast.py 腳本中，def discriminator(images, redirect_variables =None) 這個方法定義了鑑別器網路，該網路接收一個真實的手寫影像輸入或由生成器生成的一個影像，經過一個典型的小型 CNN 網路，包含兩個 conv2d 層，這兩層後面都接著一個 relu 激勵函式和一個平均池化層，以及兩個完全連接層來輸出一個純量，該純量包含輸入影像為真或假的機率。另一種方法 def generator(batch_size, z_dim) 定義了生成器網路，該網路可接受隨機輸入的影像向量，並將其轉換為具有 3 個 conv2d 層、解析度為 28x28 的影像。

可以使用這兩種方法來定義三個輸出值：

- Gz，輸入隨機影像到生成器後產生的輸出：

  ```
  Gz = generator(batch_size, z_dimensions)
  ```

- Dx，輸入真實影像到鑑別器後產生的輸出：

  ```
  Dx = discriminator(x_placeholder)
  ```

- Dg，輸入 Gz 到鑑別器後產生的輸出：

  ```
  Dg = discriminator(Gz, reuse_variables=True)
  ```

還有三個損失函式：

- d_loss_real，D_x 跟 1 的相差值：

  ```
  d_loss_real = tf.reduce_mean(tf.nn.sigmoid_cross_entropy_with_logits(logits
  = Dx, labels = tf.ones_like(Dx)))
  ```

- d_loss_fake，D_g 跟 0 的相差值：

  ```
  d_loss_fake = tf.reduce_mean(tf.nn.sigmoid_cross_entropy_with_logits(logits
  = Dg, labels = tf.zeros_like(Dg)))
  ```

- g_loss，D_g 跟 1 的相差值：

  ```
  g_loss = tf.reduce_mean(tf.nn.sigmoid_cross_entropy_with_logits(logits =
  Dg, labels = tf.ones_like(Dg)))
  ```

注意，鑑別器試圖使 d_loss_fake 最小，而生成器試圖使 g_loss 最小，這兩種情況下的 Dg 分別為 0 和 1。

最後，這三個損失函數的最佳化器如下：d_trainer_fake、d_trainer_real 與 g_trainer，且都是透過 tf.train.AdamOptimizer 的 minimize 方法所完成的。

現在，腳本僅建立一個 TensorFlow session，執行三個最佳化器將生成器和鑑別器訓練 10 萬次迭代，接著輸入隨機影像至生成器，並將真實影像和偽造影像輸入鑑別器。

在執行 gan-script-fast.py 和 gan-script-test.py 之後，將檢查點檔案從 newmodel 目錄複製到 /tmp 中，然後前往 TensorFlow 資源根目錄下並執行：

```
python tensorflow/python/tools/freeze_graph.py \
--input_meta_graph=/tmp/ckpt.meta \
--input_checkpoint=/tmp/ckpt \
--output_graph=/tmp/gan_mnist.pb \
--output_node_names="Sigmoid_1" \
--input_binary=true
```

這將產生一個凍結的模型 gan_mnist.pb，我們可以在行動裝置 app 上使用它。但是在這樣做之前，來看看可以提高影像解析度的進階 GAN 模型。

提高影像解析度的進階 GAN 模型

我們將用於提高模糊影像解析度的這款模型，是來自於 ***Image-to-Image Translation with Conditional Adversarial Networks***（https://arxiv.org/abs/1611.07004）這篇論文，及其 TensorFlow 實作 pix2pix（https://affinelayer.com/pix2pix/）。在 Github 的分支（https://github.com/jeffxtang/pix2pix-tensorflow）中，我們添加了兩個腳本：

- tools/convert.py 從普通影像中產生出模糊影像
- pix2pix_runinference.py 添加一個用於低解析度影像輸入的佔位符，和一個用於回傳提高解析度影像的操作，並儲存新的檢查點檔案，我們將凍結這些檔案以生成用於行動裝置的模型檔案。

基本上，pix2pix 使用 GAN 將輸入影像映射到輸出影像。你可以使用不同類型的輸入影像和輸出影像來產生許多有趣的影像轉換效果：

- 地圖變空拍圖
- 白天變晚上
- 線稿變照片
- 黑白影像變彩色影像
- 損壞的影像變回原始影像
- 低解析度影像變高解析度影像

在所有情況下，生成器將輸入影像轉換為輸出影像，試圖使輸出影像看起來像真實的目標影像，鑑別器使用訓練集中的樣本或生成器的輸出作為輸入，並嘗試辨別它是真實影像還是生成器生成的影像。與模型相比，pix2pix 中的生成器和鑑別器網路理所當然的以更複雜的方式構成以生成手寫數字，並且訓練過程還使用了一些技巧來使過程穩定。你可以透過閱讀論文或前面提及的 TensorFlow 實作連結來取得相關的詳細資訊。

在這裡只示範如何設置訓練集和訓練 pix2pix 模型以提高影像的解析度。

1. 在終端機中執行以下指令來取得內容：

```
git clone https://github.com/jeffxtang/pix2pix-tensorflow
cd pix2pix-tensorflow
```

2. 建立一個新的目錄 photos/original，並複製一些影像檔案到裡面。舉例來說，在第 2 章我們複製了 Stanford Dog Dataset 裡面所有拉布拉多犬的照片（http://vision.stanford.edu/aditya86/ImageNetDogs）到 photos/original 目錄中。

3. 執行以下指令來修改 photos/original 目錄中的影像的大小，並將調整後的影像放到 photos/resized 目錄中：

```
python tools/process.py --input_dir photos/original --operation resize
--output_dir photos/resized
```

4. 執行 mkdir photos/blurry 指令，然後執行 python tools/convert.py 指令，使用流行的 ImageMagick 的 convert 指令將調整大小後的影像轉換為模糊影像。convert.py 的程式碼如下：

```
import os
file_names = os.listdir("photos/resized/")
for f in file_names:
    if f.find(".png") != -1:
      os.system("convert photos/resized/" + f + " -blur 0x3 photos/blurry/"
+ f)
```

5. 將 photos/resized 和 photos/blurry 中對應的檔案組成一對，並將所有配對好的影像（一個是調整過大小的影像，另一個是它的模糊版本）儲存到 photos/resized_blurry 目錄中：

```
python tools/process.py  --input_dir photos/resized  --b_dir
photos/blurry  --operation combine  --output_dir
photos/resized_blurry
```

6. 執行以下指令，用分割工具將檔案分到 train 目錄跟 val 目錄中：

```
python tools/split.py --dir photos/resized_blurry
```

7. 執行以下指令來訓練 pix2pix 模型：

```
python pix2pix.py \
  --mode train \
  --output_dir photos/resized_blurry/ckpt_1000 \
  --max_epochs 1000 \
  --input_dir photos/resized_blurry/train \
  --which_direction BtoA
```

BtoA 方向是指從模糊影像轉換為原始影像。在 GTX-1070 GPU 上進行訓練大約需要四個小時，並且 photos/resized_blurry/ckpt_1000 目錄中生成的檢查點檔案如下所示：

```
-rw-rw-r-- 1 jeff jeff 1721531 Mar 2 18:37 model-136000.meta
-rw-rw-r-- 1 jeff jeff 81 Mar 2 18:37 checkpoint
-rw-rw-r-- 1 jeff jeff 686331732 Mar 2 18:37 model-136000.data-00000-
of-00001
```

```
-rw-rw-r-- 1 jeff jeff 10424 Mar 2 18:37 model-136000.index
-rw-rw-r-- 1 jeff jeff 3807975 Mar 2 14:19 graph.pbtxt
-rw-rw-r-- 1 jeff jeff 682 Mar 2 14:19 options.json
```

8. 你也可以在測試模式下執行腳本，然後在 --output_dir 指定的目錄中檢查影像轉換結果：

```
python pix2pix.py \
  --mode test \
  --output_dir photos/resized_blurry/output_1000 \
  --input_dir photos/resized_blurry/val \
  --checkpoint photos/resized_blurry/ckpt_1000
```

9. 執行 pix2pix_runinference.py 腳本以還原在步驟 7 中儲存的檢查點，為影像輸入建立一個新的佔位符，為它提供測試影像 ww.png，將轉換後的影像輸出為 result.png，最後儲存新的檢查點檔案到 newckpt 目錄中：

```
python pix2pix_runinference.py \
  --mode test \
  --output_dir photos/blurry_output \
  --input_dir photos/blurry_test \
  --checkpoint photos/resized_blurry/ckpt_1000
```

以下 pix2pix_runinference.py 中的程式碼片段設定並顯示輸入和輸出節點：

```
    image_feed = tf.placeholder(dtype=tf.float32, shape=(1, 256, 256, 3),
name="image_feed")
    print(image_feed) # Tensor("image_feed:0", shape=(1, 256, 256, 3),
dtype=float32)
    with tf.variable_scope("generator", reuse=True):
        output_image = deprocess(create_generator(image_feed, 3))
        print(output_image)
#Tensor("generator_1/deprocess/truediv:0", shape=(1, 256, 256, 3),
dtype=float32)
```

tf.variable_scope("generator", reuse=True)：這行非常重要，因為需要共享 generator 變數，以便所有訓練後的參數值都可以被使用。否則，你會看到奇怪的轉換結果。

以下程式碼顯示如何在 newckpt 目錄中來指定佔位符值、執行 GAN 模型並儲存生成器的輸出以及檢查點檔案：

```
if a.mode == "test":
    from scipy import misc
    image = misc.imread("ww.png").reshape(1, 256, 256, 3)
    image = (image / 255.0) * 2 - 1
    result = sess.run(output_image, feed_dict={image_feed:image})
    misc.imsave("result.png", result.reshape(256, 256, 3))
    saver.save(sess, "newckpt/pix2pix")
```

圖 9.1 顯示了原始測試影像、它的模糊版本以及經過訓練的 GAN 模型的生成器輸出的影像結果。結果雖然不理想，但是 GAN 模型確實具有更高的解析度而且沒有模糊效果：

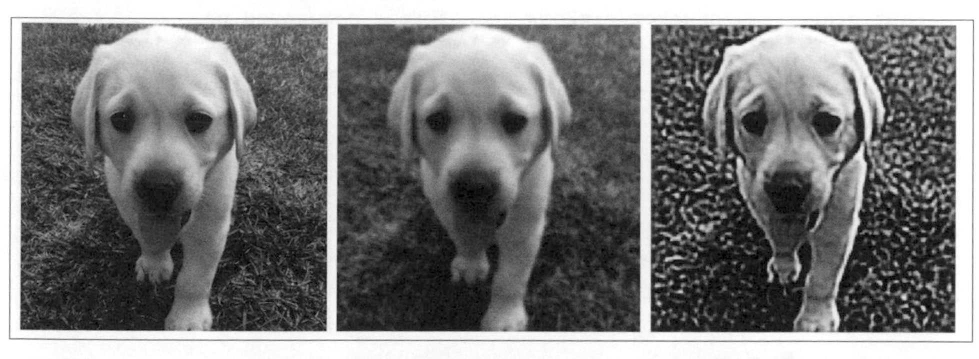

圖 9.1　原始影像、模糊化影像、生成影像

10. 現在，將 newckpt 目錄複製到 /tmp，並凍結模型如下：

```
python tensorflow/python/tools/freeze_graph.py \
--input_meta_graph=/tmp/newckpt/pix2pix.meta \
--input_checkpoint=/tmp/newckpt/pix2pix \
--output_graph=/tmp/newckpt/pix2pix.pb \
--output_node_names="generator_1/deprocess/truediv" \
--input_binary=true
```

11. 生成的 pix2pix.pb 模型檔案很大，約為 217 MB，在將其放到 iOS 或 Android 裝置上時會毀損或導致記憶體不足（**Out of Memory, OOM**）錯誤。

我們必須像在第 6 章中對複雜的 im2txt 模型所做的那樣，將其變形後轉換為 iOS 的記憶體映射格式：

```
bazel-bin/tensorflow/tools/graph_transforms/transform_graph \
--in_graph=/tmp/newckpt/pix2pix.pb \
--out_graph=/tmp/newckpt/pix2pix_transformed.pb \
--inputs="image_feed" \
--outputs="generator_1/deprocess/truediv" \
--transforms='strip_unused_nodes(type=float, shape="1,256,256,3")
     fold_constants(ignore_errors=true, clear_output_shapes=true)
     fold_batch_norms
     fold_old_batch_norms'

bazel-bin/tensorflow/contrib/util/convert_graphdef_memmapped_format\
--in_graph=/tmp/newckpt/pix2pix_transformed.pb \
--out_graph=/tmp/newckpt/pix2pix_transformed_memmapped.pb
```

pix2pix_transformed_memmapped.pb 模型檔案現在可以在 iOS 裝置上使用了。

12. 要建立適用於 Android 裝置的模型，我們需要量化凍結的模型，把檔案大小從 217 MB 減少到約 54 MB：

```
bazel-bin/tensorflow/tools/graph_transforms/transform_graph \
--in_graph=/tmp/newckpt/pix2pix.pb \
--out_graph=/tmp/newckpt/pix2pix_transformed_quantized.pb --
inputs="image_feed" \
--outputs="generator_1/deprocess/truediv" \
--transforms='quantize_weights'
```

現在讓我們來看看如何在行動裝置 app 上使用這兩種 GAN 模型。

9.3 在 iOS 中使用 GAN 模型

如果你嘗試在 iOS app 中使用 TensorFlow pod 並載入 gan_mnist.pb 檔案，會看到以下的錯誤訊息：

```
Could not create TensorFlow Graph: Invalid argument: No OpKernel was
registered to support Op 'RandomStandardNormal' with these attrs.
Registered devices: [CPU], Registered kernels:
  <no registered kernels>
  [[Node: z_1/RandomStandardNormal = RandomStandardNormal[T=DT_INT32,
  _output_shapes=[[50,100]], dtype=DT_FLOAT, seed=0, seed2=0](z_1/shape)]]
```

請確認你的 tensorflow/contrib/makefile/tf_op_files.txt 檔案有 tensorflow/core/kernels/random_op.cc，這個檔案會實作 RandomStandardNormal 操作。並且要在 tf_op_files.txt 中加入 tensorflow/contrib/makefile/build_all_ios.sh 這行，才可以建立 libtensorflow-core.a。

此外，即使在使用 TensorFlow 1.4 建立的自定義 TensorFlow 函式庫中嘗試載入 pix2pix_transformed_memmapped.pb，也會出現以下錯誤：

```
No OpKernel was registered to support Op 'FIFOQueueV2' with these attrs.
Registered devices: [CPU], Registered kernels:
  <no registered kernels>
    [[Node: batch/fifo_queue = FIFOQueueV2[_output_shapes=[[]],
capacity=32, component_types=[DT_STRING, DT_FLOAT, DT_FLOAT], container="",
shapes=[[], [256,256,1], [256,256,2]], shared_name=""]()]]
```

你需要將 tensorflow/core/kernels/fifo_queue_op.cc 添加到 tf_op_files.txt 中並重建 iOS 函式庫。但是如果你使用 TensorFlow 1.5 或 1.6，tensorflow/core/kernels/fifo_queue_op.cc 檔案已被添加到 tf_op_files.txt 中。在各個新版本 TensorFlow 中，會有越來越多的內核被添加到 tf_op_files.txt 的預設檔案中。

使用為我們的模型所建立的 TensorFlow iOS 函式庫，在 Xcode 中建立一個名為 GAN 的新專案，並像在第 8 章以及其他不使用 TensorFlow pod 的章節中所做的那樣，在該專案中設定 TensorFlow。然後將 gan_mnist.pb 和 pix2pix_transformed_memmapped.pb 這兩個模型檔案、以及一個測試影像拖放到專案中。另外，從第 6 章的 iOS 專案中複製 tensorflow_utils.h、tensorflow_utils.mm、ios_image_load.h 和 ios_image_load.mm 檔案到 GAN 專案中。並將 ViewController.m 重新命名為 ViewController.mm。

現在你的 Xcode 畫面應該類似圖 9.2：

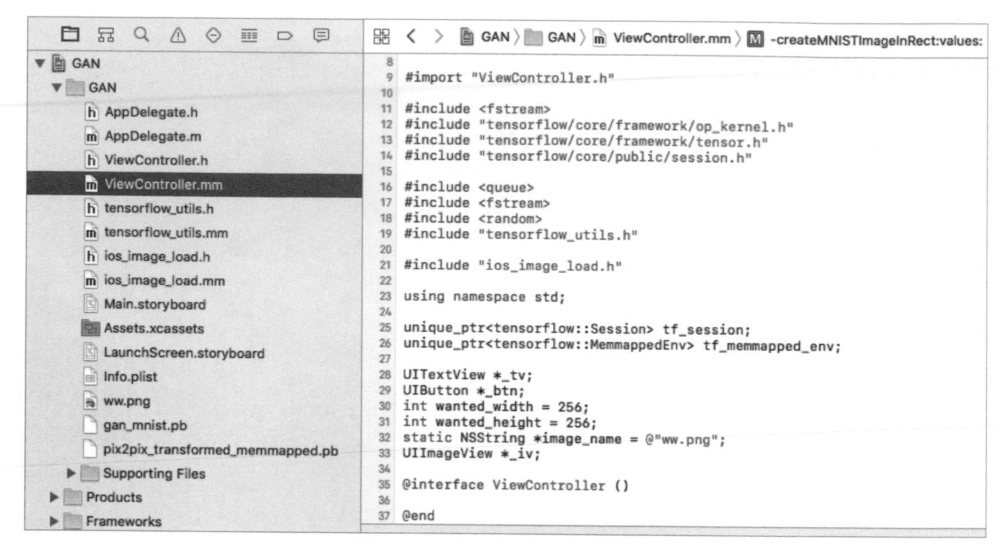

圖 9.2 在 Xcode 中顯示 GAN 應用程式

在此將建立一個按鈕，在點擊該按鈕時會請使用者選擇生成數字模型或是提高影像解析度模型這兩者其中之一：

```
- (IBAction)btnTapped:(id)sender {
    UIAlertAction* mnist = [UIAlertAction actionWithTitle:@"Generate
Digits" style:UIAlertActionStyleDefault handler:^(UIAlertAction * action) {
        _iv.image = NULL;
        dispatch_async(dispatch_get_global_queue(0, 0), ^{
            NSArray *arrayGreyscaleValues = [self runMNISTModel];
            dispatch_async(dispatch_get_main_queue(), ^{
                UIImage *imgDigit = [self createMNISTImageInRect:_iv.frame
values:arrayGreyscaleValues];
                _iv.image = imgDigit;
            });
        });
    }];
    UIAlertAction* pix2pix = [UIAlertAction actionWithTitle:@"Enhance
Image" style:UIAlertActionStyleDefault handler:^(UIAlertAction * action) {
        _iv.image = [UIImage imageNamed:image_name];
        dispatch_async(dispatch_get_global_queue(0, 0), ^{
```

```
            NSArray *arrayRGBValues = [self runPix2PixBlurryModel];
            dispatch_async(dispatch_get_main_queue(), ^{
                UIImage *imgTranslated = [self
createTranslatedImageInRect:_iv.frame values:arrayRGBValues];
                _iv.image = imgTranslated;
            }];
        });
    });
    UIAlertAction* none = [UIAlertAction actionWithTitle:@"None"
style:UIAlertActionStyleDefault handler:^(UIAlertAction * action) {}];
    UIAlertController* alert = [UIAlertController
alertControllerWithTitle:@"Use GAN to" message:nil
preferredStyle:UIAlertControllerStyleAlert];
    [alert addAction:mnist];
    [alert addAction:pix2pix];
    [alert addAction:none];
    [self presentViewController:alert animated:YES completion:nil];
}
```

這段程式碼非常簡單明瞭，這款 app 的主要功能透過以下四種方法實作而得：runMNISTModel、runPix2PixBlurryModel、createMNISTImageInRect 和 createTranslatedImageInRect。

使用基礎 GAN 模型

在 runMNISTModel 中，我們呼叫輔助方法 LoadModel 來載入 GAN 模型，然後將輸入 tensor 設定為具有常態分配（平均值為 0.0 以及標準差為 1.0）的 6 批、每批各 100 個的隨機數值。該模型期望的輸入值為具有常態分配的隨機輸入值。你可以將 6 改為任何其他數字，然後取得對應數量的生成數字：

```
- (NSArray*) runMNISTModel {
    tensorflow::Status load_status;
    load_status = LoadModel(@"gan_mnist", @"pb", &tf_session);
    if (!load_status.ok()) return NULL;
    std::string input_layer = "z_placeholder";
    std::string output_layer = "Sigmoid_1";

    tensorflow::Tensor input_tensor(tensorflow::DT_FLOAT,
```

```
tensorflow::TensorShape({6, 100}));
    auto input_map = input_tensor.tensor<float, 2>();
    unsigned seed = (unsigned)std::chrono::system_clock::now().time_since_
epoch().count();
    std::default_random_engine generator (seed);
    std::normal_distribution<double> distribution(0.0, 1.0);
    for (int i = 0; i < 6; i++){
        for (int j = 0; j < 100; j++){
            double number = distribution(generator);
            input_map(i,j) = number;
        }
    }
```

runMNISTModel 方法將執行模型並取得 6*28*28 的浮點數輸出，表示每批尺寸為 28*28 的影像的各個像素的灰階值。並呼叫 createMNISTImageInRect 方法以使用 UIBezierPath 將數字以影像呈現，然後再將影像轉換為 UIImage，最後將其回傳並顯示在 UIImageView 中：

```
    std::vector<tensorflow::Tensor> outputs;
    tensorflow::Status run_status = tf_session->Run({{input_layer, input_
tensor}}, {output_layer}, {}, &outputs);
    if (!run_status.ok()) {
        LOG(ERROR) << "Running model failed: " << run_status; return NULL;
    }
    tensorflow::string status_string = run_status.ToString();
    tensorflow::Tensor* output_tensor = &outputs[0];
    const Eigen::TensorMap<Eigen::Tensor<float, 1, Eigen::RowMajor>,
Eigen::Aligned>& output = output_tensor->flat<float>();
    const long count = output.size();
    NSMutableArray *arrayGreyscaleValues = [NSMutableArray array];
    for (int i = 0; i < count; ++i) {
        const float value = output(i);
         [arrayGreyscaleValues addObject:[NSNumber numberWithFloat:value]];
    }
    return arrayGreyscaleValues;
}
```

createMNISTImageInRect 的定義如下，我們在第 7 章用過類似的技術：

```
- (UIImage *)createMNISTImageInRect:(CGRect)rect values:(NSArray*)
greyscaleValues
{
    UIGraphicsBeginImageContextWithOptions(CGSizeMake(rect.size.width,
rect.size.height), NO, 0.0);
    int i=0;
    const int size = 3;
    for (NSNumber *val in greyscaleValues) {
        float c = [val floatValue];
        int x = i%28;
        int y = i/28;
        i++;

        CGRect rect = CGRectMake(145+size*x, 50+y*size, size, size);
        UIBezierPath *path = [UIBezierPath bezierPathWithRect:rect];
        UIColor *color = [UIColor colorWithRed:c green:c blue:c alpha:1.0];
        [color setFill];
        [path fill];
    }
    UIImage *image = UIGraphicsGetImageFromCurrentImageContext();
    UIGraphicsEndImageContext();
    return image;
}
```

每個像素都會繪製一個寬度和高度為 3 的小矩形，並回傳該像素的灰階值。

使用進階 GAN 模型

在 runPix2PixBlurryModel 方法中，我們使用 LoadMemoryMappedModel 方法載入 pix2pix_transformed_memmapped.pb 模型檔案，並載入測試影像及設定輸入 tensor，其方式與第 4 章相同：

```
- (NSArray*) runPix2PixBlurryModel {
    tensorflow::Status load_status;
    load_status = LoadMemoryMappedModel(@"pix2pix_transformed_memmapped",
@"pb", &tf_session, &tf_memmapped_env);
    if (!load_status.ok()) return NULL;
    std::string input_layer = "image_feed";
    std::string output_layer = "generator_1/deprocess/truediv";
```

```
    NSString* image_path = FilePathForResourceName(@"ww", @"png");
    int image_width;
    int image_height;
    int image_channels;
    std::vector<tensorflow::uint8> image_data =
LoadImageFromFile([image_path UTF8String], &image_width, &image_height,
&image_channels);
```

接著執行模型，並取得 256*256*3（影像大小為 256*256，且 RGB 有 3 個值）個浮點數輸出值，並呼叫 createTranslatedImageInRect 將數字轉換為 UIImage：

```
    std::vector<tensorflow::Tensor> outputs;
    tensorflow::Status run_status = tf_session->Run({{input_layer,
image_tensor}}, {output_layer},{}, &outputs);
    if (!run_status.ok()) {
        LOG(ERROR) << "Running model failed: " << run_status; return NULL;
    }
    tensorflow::string status_string = run_status.ToString();
    tensorflow::Tensor* output_tensor = &outputs[0];
    const Eigen::TensorMap<Eigen::Tensor<float, 1, Eigen::RowMajor>,
Eigen::Aligned>& output = output_tensor->flat<float>();

    const long count = output.size(); // 256*256*3
    NSMutableArray *arrayRGBValues = [NSMutableArray array];
    for (int i = 0; i < count; ++i) {
        const float value = output(i);
         [arrayRGBValues addObject:[NSNumber numberWithFloat:value]];
    }
    return arrayRGBValues;
```

最後一個方法 createTranslatedImageInRect 的定義如下，這些程式碼相當易懂就不加以說明了：

```
- (UIImage *)createTranslatedImageInRect:(CGRect)rect values:(NSArray*)
rgbValues
{
    UIGraphicsBeginImageContextWithOptions(CGSizeMake(wanted_width, wanted_
height), NO, 0.0);
```

```
    for (int i=0; i<256*256; i++) {
        float R = [rgbValues[i*3] floatValue];
        float G = [rgbValues[i*3+1] floatValue];
        float B = [rgbValues[i*3+2] floatValue];
        const int size = 1;
        int x = i%256;
        int y = i/256;
        CGRect rect = CGRectMake(size*x, y*size, size, size);
        UIBezierPath *path = [UIBezierPath bezierPathWithRect:rect];
        UIColor *color = [UIColor colorWithRed:R green:G blue:B alpha:1.0];
        [color setFill];
        [path fill];
    }
    UIImage *image = UIGraphicsGetImageFromCurrentImageContext();
    UIGraphicsEndImageContext();
    return image;
}
```

現在，在 iOS 模擬器或裝置中執行這個 app，點擊 **GAN** 按鈕並選擇 **Generate Digits**，你將看到 GAN 所生成的手寫數字結果，如圖 9.3 所示：

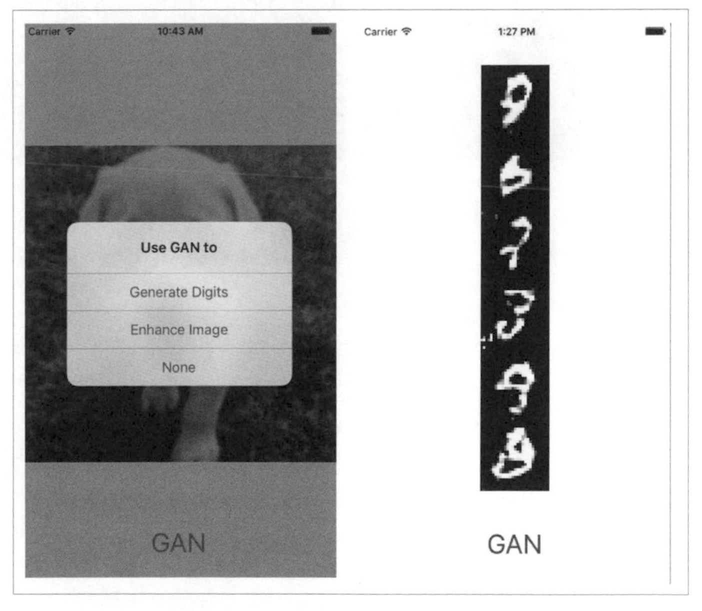

圖 9.3　顯示 GAN 模型選項以及生成的手寫數字

這些數字看起來很像人類親手寫的數字，都是在訓練了基礎 GAN 模型之後完成的。如果你回頭查看執行該訓練的程式碼，然後暫停一下，想一想 GAN 整體的工作方式，以及生成器和鑑別器如何相互競爭並嘗試達到穩定的納許均衡狀態，也就是生成器可以產生出鑑別器無法成功分辨的栩栩如生假資料，你應該更能體會 GAN 多麼令人驚奇。

現在，請選擇 **Enhance Image** 選項，你將看到如圖 9.4 的結果，該結果與圖 9.1 中的 Python 測試程式碼生成的結果相同：

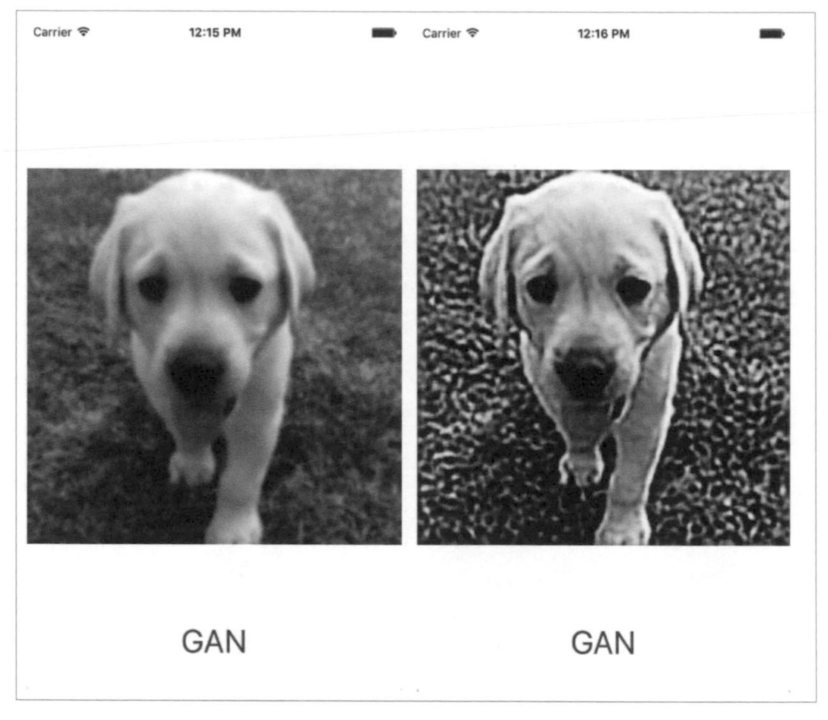

圖 9.4　在 iOS 上的原始模糊影像以及提高解析度後的影像

你知道的，是時候將我們的愛獻給 Android 了。

9.4 在 Android 中使用 GAN 模型

事實證明，我們無需像第 7 章那樣自定義一個 TensorFlow Android 函式庫，即可在 Android 中執行 GAN 模型。只需建立一個具有所有預設設定的名為 `GAN` 的新 Android Studio app，然後將 `compile 'org.tensorflow:tensorflow-android:+'` 添加到 app 的 `build.gradle` 檔案中，建立一個新的 `assets` 資料夾，然後複製兩個 GAN 檔案以及一張測試用的模糊影像到資料夾裡面。

你的 Android Studio 專案現在會看起來如圖 9.5 所示：

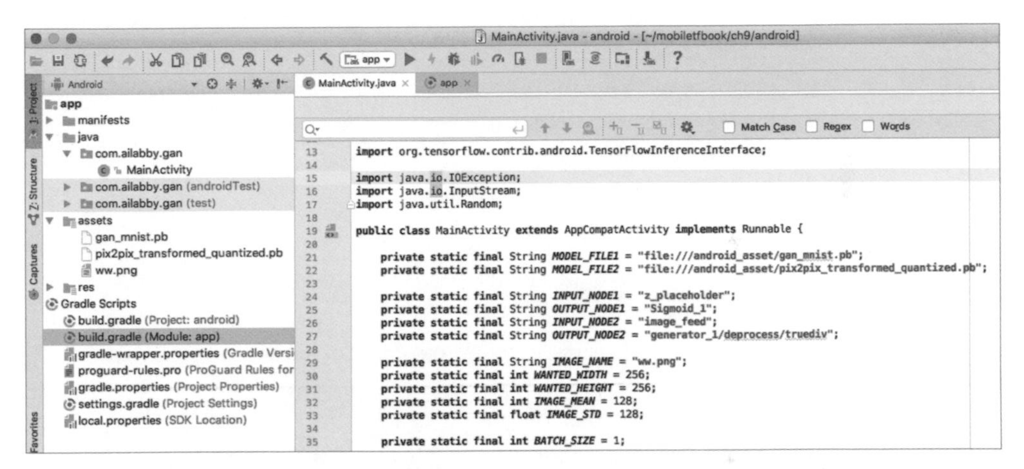

圖 9.5　Android Studio GAN 應用程式概況，顯示常數的定義

請注意，為了簡單起見，我們將 `BATCH_SIZE` 設定為 1。你可以隨意將其設定為任何數字，並像在 iOS 中一樣獲得很多輸出。除了圖 9.5 中定義的常數之外，我們還將建立一些實例變數：

```
private Button mButtonMNIST;
private Button mButtonPix2Pix;
private ImageView mImageView;
private Bitmap mGeneratedBitmap;
private boolean mMNISTModel;

private TensorFlowInferenceInterface mInferenceInterface;
```

本 app 的介面由一個 ImageView 和兩個按鈕組成，就像我們之前所做的那樣，它們在 onCreate 方法中實例化：

```
protected void onCreate(Bundle savedInstanceState) {
    super.onCreate(savedInstanceState);
    setContentView(R.layout.activity_main);

    mButtonMNIST = findViewById(R.id.mnistbutton);
    mButtonPix2Pix = findViewById(R.id.pix2pixbutton);
    mImageView = findViewById(R.id.imageview);
    try {
        AssetManager am = getAssets();
        InputStream is = am.open(IMAGE_NAME);
        Bitmap bitmap = BitmapFactory.decodeStream(is);
        mImageView.setImageBitmap(bitmap);
    } catch (IOException e) {
        e.printStackTrace();
}
```

接著，為兩個按鈕設定兩個點擊監聽器：

```
mButtonMNIST.setOnClickListener(new View.OnClickListener() {
    @Override
    public void onClick(View v) {
        mMNISTModel = true;
        Thread thread = new Thread(MainActivity.this);
        thread.start();
    }
});
mButtonPix2Pix.setOnClickListener(new View.OnClickListener() {
    @Override
    public void onClick(View v) {
        try {
            AssetManager am = getAssets();
            InputStream is = am.open(IMAGE_NAME);
            Bitmap bitmap = BitmapFactory.decodeStream(is);
            mImageView.setImageBitmap(bitmap);
            mMNISTModel = false;
            Thread thread = new Thread(MainActivity.this);
```

```
                thread.start();
            } catch (IOException e) {
                e.printStackTrace();
            }
        }
    });
}
```

當按鈕被點擊時，會在工作執行緒中執行 run 方法：

```
public void run() {
    if (mMNISTModel)
        runMNISTModel();
    else
        runPix2PixBlurryModel();
}
```

使用基礎 GAN 模型

在 runMNISTModel 方法中，為模型準備一個隨機輸入值：

```
void runMNISTModel() {
    float[] floatValues = new float[BATCH_SIZE*100];

    Random r = new Random();
    for (int i=0; i<BATCH_SIZE; i++) {
        for (int j=0; i<100; i++) {
            double sample = r.nextGaussian();
            floatValues[i] = (float)sample;
        }
    }
```

然後將輸入值提供給模型，執行模型並取得輸出值，這些輸出值是介於 0.0 和 1.0 之間的灰階值，接著將它們轉換為一個介於 0 ～ 255 範圍內的整數：

```
    float[] outputValues = new float[BATCH_SIZE * 28 * 28];
    AssetManager assetManager = getAssets();
    mInferenceInterface = new TensorFlowInferenceInterface(assetManager,
MODEL_FILE1);
```

```
    mInferenceInterface.feed(INPUT_NODE1, floatValues, BATCH_SIZE, 100);
    mInferenceInterface.run(new String[] {OUTPUT_NODE1}, false);
    mInferenceInterface.fetch(OUTPUT_NODE1, outputValues);

    int[] intValues = new int[BATCH_SIZE * 28 * 28];
    for (int i = 0; i < intValues.length; i++) {
        intValues[i] = (int) (outputValues[i] * 255);
    }
```

之後就採用對應於各像素所回傳的轉換後灰階值，這個值會在建立點陣圖時被確定下來：

```
    try {
        Bitmap bitmap = Bitmap.createBitmap(28, 28,
Bitmap.Config.ARGB_8888);
        for (int y=0; y<28; y++) {
            for (int x=0; x<28; x++) {
                int c = intValues[y*28 + x];
                int color = (255 & 0xff) << 24 | (c & 0xff) << 16 | (c &
0xff) << 8 | (c & 0xff);
                bitmap.setPixel(x, y, color);
            }
        }
        mGeneratedBitmap = Bitmap.createBitmap(bitmap);
    }
    catch (Exception e) {
        e.printStackTrace();
    }
```

最後，在使用者主介面執行緒中的 ImageView 中顯示點陣圖：

```
    runOnUiThread(
        new Runnable() {
            @Override
            public void run() {
                mImageView.setImageBitmap(mGeneratedBitmap);
            }
        });
}
```

如果現在執行這個 app，並使用空白的 `void runPix2PixBlurryModel(){}` 實作以避免建置錯誤，則在點擊 **GENERATE DIGITS** 按鈕後將看到初始畫面和結果，如圖 9.6 所示：

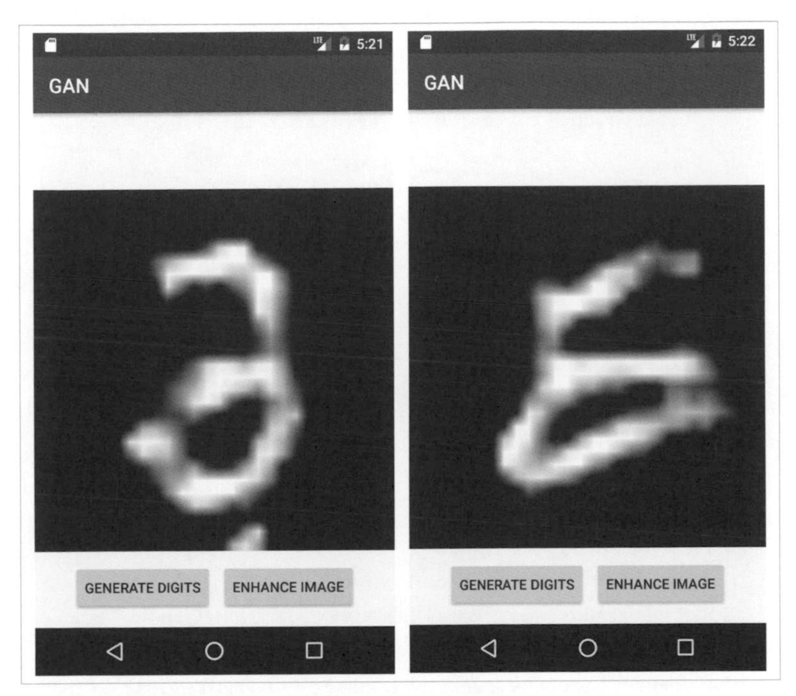

圖 9.6　顯示生成的數字

使用進階 GAN 模型

`runPix2PixBlurryModel` 方法類似於前面幾章中的程式碼，使用影像作為模型的輸入值。首先從影像點陣圖中取得各像素的 RGB 值，然後將它們儲存到浮點數陣列中：

```
void runPix2PixBlurryModel() {
    int[] intValues = new int[WANTED_WIDTH * WANTED_HEIGHT];
    float[] floatValues = new float[WANTED_WIDTH * WANTED_HEIGHT * 3];
    float[] outputValues = new float[WANTED_WIDTH * WANTED_HEIGHT * 3];

    try {
        Bitmap bitmap =
```

```
BitmapFactory.decodeStream(getAssets().open(IMAGE_NAME));
        Bitmap scaledBitmap = Bitmap.createScaledBitmap(bitmap,
WANTED_WIDTH, WANTED_HEIGHT, true);
        scaledBitmap.getPixels(intValues, 0, scaledBitmap.getWidth(), 0, 0,
scaledBitmap.getWidth(), scaledBitmap.getHeight());
        for (int i = 0; i < intValues.length; ++i) {
            final int val = intValues[i];
            floatValues[i * 3 + 0] = (((val >> 16) & 0xFF) - IMAGE_MEAN) /
IMAGE_STD;
            floatValues[i * 3 + 1] = (((val >> 8) & 0xFF) - IMAGE_MEAN) /
IMAGE_STD;
            floatValues[i * 3 + 2] = ((val & 0xFF) - IMAGE_MEAN) /
IMAGE_STD;
        }
```

接著，搭配輸入值來執行模型，取得輸出值並將其轉換為整數陣列，用於設定新點陣圖的像素：

```
        AssetManager assetManager = getAssets();
        mInferenceInterface = new
TensorFlowInferenceInterface(assetManager, MODEL_FILE2);
        mInferenceInterface.feed(INPUT_NODE2, floatValues, 1,
WANTED_HEIGHT, WANTED_WIDTH, 3);
        mInferenceInterface.run(new String[] {OUTPUT_NODE2}, false);
        mInferenceInterface.fetch(OUTPUT_NODE2, outputValues);

        for (int i = 0; i < intValues.length; ++i) {
            intValues[i] = 0xFF000000
                    | (((int) (outputValues[i * 3] * 255)) << 16)
                    | (((int) (outputValues[i * 3 + 1] * 255)) << 8)
                    | ((int) (outputValues[i * 3 + 2] * 255));
        }
            Bitmap outputBitmap = scaledBitmap.copy( scaledBitmap.
getConfig(), true);
            outputBitmap.setPixels(intValues, 0, outputBitmap.getWidth(),
0, 0, outputBitmap.getWidth(), outputBitmap.getHeight());
            mGeneratedBitmap = Bitmap.createScaledBitmap(outputBitmap,
bitmap.getWidth(), bitmap.getHeight(), true);

    }
```

```
        catch (Exception e) {
            e.printStackTrace();
        }
```

最後，在使用者主介面中的 `ImageView` 中顯示這個點陣圖：

```
        runOnUiThread(
                new Runnable() {
                    @Override
                    public void run() {
                        mImageView.setImageBitmap(mGeneratedBitmap);
                    }
                });
    }
```

再次執行這個 app，然後立即點擊 **ENHANCE IMAGE** 按鈕，幾秒鐘內就能看到圖 9.7 中的提高解析度後的影像：

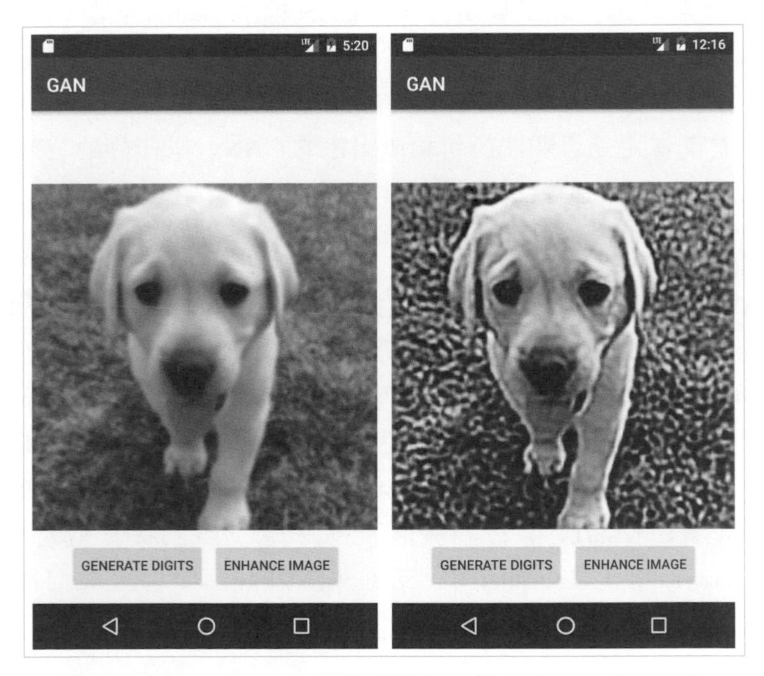

圖 9.7　在 Android 上的模糊影像及提高解析度後的影像

使用這兩個 GAN 模型讓我們的 Android 應用程式更完整。

9.5 總結

我們在本章快速體驗了 GAN 的美好世界。本章介紹了 GAN 是什麼以及它們為何如此有趣的原因。生成器和鑑別器相互競爭並嘗試擊敗的方式聽起來對大多數人來說很有吸引力。接著，詳細介紹了如何訓練基礎 GAN 模型和進階的影像解析度增強模型，以及如何為行動裝置準備模型的詳細步驟。最後，示範了如何使用這些模型來建立 iOS 和 Android app。

如果你對整個過程和結果感興趣的話，那麼你肯定會想進一步探索 GAN，這是一個快速發展的領域，在該領域中，新型 GAN 已經迅速開發出來，以克服先前模型的缺點；例如，開發需要成對影像進行訓練（正如同在「提高影像解析度的進階 GAN 模型」一節中一樣）的 pix2pix 模型的同一位研究人員提出了一種新的 GAN，稱為 CycleGAN（`https://junyanz.github.io/CycleGAN`），刪除了成對影像的需求。如果你對生成數字或提高解析度的影像質量不滿意，則應該進一步探索 GAN，以了解如何改進 GAN 模型。如前所述，GAN 仍很年輕，研究人員仍在努力使訓練過程穩定。如果可以更穩定的話，將會取得更大的成功。至少到目前為止，你已經獲得如何在行動裝置中快速部署 GAN 模型的經驗。由你來決定是否關注最新和最出色的 GAN，並在行動裝置上使用它們；或者是暫時不當行動裝置開發人員，動手建立新的或是改進現有的 GAN 模型。

如果說 GAN 帶給了深度學習社群極度振奮的話，那麼 AlphaGo 在 2016 年和 2017 年擊敗最優秀的圍棋棋士的成就無疑令每個人都感到驚訝。此外，一種完全基於自學的強化學習且無需任何人類知識的新演算法 AlphaGo Zero，在 2017 年 10 月問世，並令人難以置信的擊敗了 AlphaGo；AlphaZero，與僅能應用於下圍棋的 AlphaGo 和 AlphaGo Zero 不同，這種可以在許多挑戰性領域中實現超人性能的演算法於 2017 年 12 月發佈了。下一章，我們將學習如何使用最新最酷的 AlphaZero 來建立和訓練用於玩簡單遊戲的模型，以及如何在行動裝置上執行該模型。

10

建立像 AlphaZero 的手機遊戲程式

儘管現代人工智能（**AI**）的日益普及基本上要歸功於 2012 年在深度學習上的突破，但 Google DeepMind 的 AlphaGo 在 2016 年 3 月以 4-1 擊敗了 18 屆世界圍棋冠軍李世乭，接著在 2017 年 5 月以 3-0 擊敗了當時世界排名第一的棋手柯潔，這樣的歷史性事件在使 AI 成為家喻戶曉的縮寫上有顯著的貢獻。由於圍棋遊戲的複雜性，人們普遍認為電腦程式要擊敗頂尖的圍棋棋士是一項不可能的任務，或者至少還要十年才能實現。

在 2017 年 5 月 AlphaGo 和柯潔的比賽之後，Google 讓 AlphaGo 退役了。DeepMind 是 Google 因其開創性的深度強化學習技術而收購的創業公司，也是 AlphaGo 的開發商，他們決定將 AI 研究重點放在其他領域。然後，有趣的是，在 2017 年 10 月，DeepMind 發表了另一篇有關圍棋的文章 ***GO: Mastering the Game of GO without Human Knowledge***（`https://deepmind.com/research/publications/mastering-game-go-without-human-knowledge`），它介紹了一種稱為 AlphaGo Zero 的改良演算法，該演算法僅透過自我強化學習就能學會如何下圍棋，並且無需依賴任何 AlphaGo 用來訓練模型的人類專家知識。

令人驚訝的是，AlphaGo Zero 完全擊敗了 AlphaGo，後者在幾個月前才剛以 100-0 擊敗了世界上最厲害的圍棋高手！

事實證明，這只是朝著 Google 更雄心勃勃的目標邁出的其中一步，該目標是將 AlphaGo 背後的 AI 技術改良並應用在其他領域中。在 2017 年 12 月，DeepMind 發表了另一篇論文 ***Mastering Chess and Shogi by Self-Play with a General Reinforcement Learning Algorithm***（https://arxiv.org/pdf/1712.01815.pdf），該論文將 AlphaGo Zero 程式修改成一般性演算法，稱為 AlphaZero，並使用該演算法快速地從頭開始學習如何下象棋和將棋，從除了遊戲規則之外沒有任何領域知識的隨機下棋開始，在 24 小時內達到了超人水平並擊敗了世界冠軍。

本章將帶你一覽 AlphaZero 的最新最酷的部分，介紹如何建立和訓練類似於 AlphaZero 的模型來玩一個簡單而有趣的遊戲，稱為「四子棋」（Connect 4）（https://en.wikipedia.org/wiki/Connect_Four），這是我們在第 8 章使用的廣受歡迎的高階深度學習函式庫。我們還將介紹如何使用類似 AlphaZero 的已訓練模型來獲得訓練有素的專家策略，以指導行動裝置上遊戲的玩法，並附上使用該模型玩「四子棋」的完整 iOS 和 Android app 的原始程式碼。

本章內容如下：

- AlphaZero 如何運作
- 建立和訓練類似於 AlphaZero 的模型來玩四子棋
- 在 iOS 中使用模型玩四子棋
- 在 Android 中使用模型玩四子棋

10.1 AlphaZero 如何運作

AlphaZero 演算法主要由以下三者組成：

- 一個深度卷積神經網路：它以棋盤位置（或狀態）為輸入值，並根據該位置輸出一個值作為預測的遊戲結果，該策略是輸入的棋盤狀態下每個可能動作的機率清單。

- 一種通用的強化學習演算法：該演算法透過自我對戰從頭開始學習，除了遊戲規則外，沒有任何特定領域知識。透過強化學習深度神經網路的參數，以使預測值與實際自遊戲結果之間的損失最小，並使預測策略與下一項目中的演算法搜尋機率之間的相似性最大化。
- 一種通用（與領域無關）的**蒙地卡羅樹搜尋**（**Monte-Carlo Tree Search, MCTS**）演算法：該算法從頭到尾自己模擬遊戲，並在模擬過程中透過考慮從深度神經網路回傳的預測值和策略機率值、以及節點被拜訪的頻率來選擇每個動作。有時候會選擇被拜訪次數較少的節點，這被稱為強化學習中的探索，與採用具有較高預測價值和策略的動作這樣的開發行為相反。探索與開發之間的良好平衡可以帶來更好的結果。

強化學習的歷史可以追溯到 1960 年代，當時該術語在工程文獻中首次被使用。但是直到 2013 年才有所突破，當時 DeepMind 將強化學習與深度學習相結合，並開發了深度強化學習應用程式，該應用程式學會了從頭開始玩 Atari 遊戲，並以原始像素作為輸入值，並隨後擊敗了人類。與非監督式學習不同，監督式學習需要標記資料以進行訓練，就像我們在前幾章中建立或使用的許多模型中所看到的那樣。而強化學習使用反覆試驗的方法來獲得更好的效果：代理人與環境交互作用並取得每個狀態採取的任何行動的獎勵（有正有負）。在 AlphaZero 下棋的範例中，只有在遊戲結束後才能獲得獎勵，獲勝的結果為 +1，失敗的情況為 -1，平局的結果為 0。AlphaZero 中的強化學習演算法對之前提到的損失值，使用梯度下降來更新深度神經網路的參數，該參數的作用類似用於學習和編碼出遊戲專家的通用近似函式。

學習或訓練過程的結果是由深度神經網路生成的策略，該策略可以決定不同狀態下應採取的行動，或者是將每個狀態以及該狀態的每個可能動作轉換為長期獎勵的函式。

如果深層神經網路使用強化學習來自學的策略是可能的話，則可能不需要讓程式在遊戲過程中執行任何 MCTS，也就是程式總是選擇機率最高的動作。但是在西洋棋或圍棋這類型的複雜遊戲中，無法生成完美的策略，因此 MCTS 必須與經過訓練的深度網路一起運作，以找出每種遊戲狀態下的最佳可能動作。

 **info**

如果你不熟悉強化學習或 MCTS，那麼在網路上有很多關於強化學習或 MCTS 的資訊。可以參考 *Richard Sutton* 和 *Andrew Barto* 的經典著作《**Reinforcement Learning: An Introduction**》，該書可以直接在以下網址閱讀線上版：

http://incompleteideas.net/book/the-book-2nd.html

你也可以在 YouTube 上觀看 DeepMind 上 AlphaGo 的技術負責人 *David Silver* 的強化學習課程影片（搜尋 reinforcement learning David Silver）。OpenAI Gym（https://gym.openai.com）是一個有趣且有用的強化學習工具套件。在本書的最後一章中，我們將更深入地學習強化學習和 OpenAI Gym。至於 MCTS，請參考：

維基百科頁面：https://en.wikipedia.org/wiki/Monte_Carlo_tree_search

部落格：http://tim.hibal.org/blog/alpha-zero-how-and-why-it-works

在下一節中，我們將研究以 TensorFlow 為後端的 Keras 來實作 AlphaZero 演算法，目標為使用該演算法建立和訓練模型來玩四子棋，也會探討模型架構以及建立模型的關鍵的 Keras 程式碼。

10.2 建立和訓練類似於 AlphaZero 的模型來玩四子棋

如果你沒玩過四子棋，可以到 http://www.connectfour.org 上玩玩看。這是一個有趣的遊戲。兩名玩家輪流將不同顏色的棋子從每一行的上方放入七行六列的網格中。新棋子會在該行中最後放置的棋子之上，如果原本該行中沒有棋子，則新棋子會位於該行的底部。誰先在三個可能的方向（水平、垂直、對角線）中的任何一個方向上有四個己方顏色的棋子連成一直線的話，就可以贏得比賽。

Connect 4 的 AlphaZero 模型來自於 https://github.com/jeffxtang/DeepReinforcementLearning 文件庫（是 https://github.com/AppliedDataSciencePartners/DeepReinforcementLearning 的一個分支），以及一個有關如何使用 Python 和 Keras 建立自己的 AlphaZero AI 的優質部落格（**How to build your own AlphaZero AI using Python and Keras,** https://applied-data.science/blog/how-to-build-your-own-alphazero-ai-using-python-and-keras），你應該在繼續往下之前先閱讀它們，這樣之後的步驟會更有意義。

訓練模型

在看幾段核心程式碼之前，讓我們先看一下如何訓練模型。首先，在終端機上執行以下指令來取得內容：

```
git clone https://github.com/jeffxtang/DeepReinforcementLearning
```

然後，如果你在第 8 章中尚未設置 Keras 和 TensorFlow 虛擬環境，請執行以下操作：

```
cd
mkdir ~/tf_keras
virtualenv --system-site-packages ~/tf_keras/
cd ~/tf_keras/
source ./bin/activate
easy_install -U pip
#On Mac:
pip install --upgrade
https://storage.googleapis.com/tensorflow/mac/cpu/tensorflow-1.4.0-py2-
none-any.whl

#On Ubuntu:
pip install --upgrade
https://storage.googleapis.com/tensorflow/linux/gpu/tensorflow_gpu-
1.4.0-cp27-none-linux_x86_64.whl

easy_install ipython
pip install keras
```

你也可以在前面的 pip install 指令中嘗試 TensorFlow 1.5-1.8 的下載 URL。

現在，我們要開啟 run.ipynb，先在終端機中輸入 cd DeepReinforcementLearning，然後輸入 jupyter notebook。根據環境的不同，如果發現任何錯誤，則需要安裝缺少的 Python 套件。用瀏覽器打開 http://localhost:8888/notebooks/run.ipynb，然後執行其中的第一組程式碼以載入所有必需的核心函式庫，然後執行第二組程式碼來開始訓練。程式碼已寫成進行永久訓練，因此你可能需要在數小時的訓練後中斷 jupyter notebook 指令。在較舊的 Mac 上，大約需要一個小時才能在以下目錄中看到建立的第一個版本的模型（像是 version0004.h5 這種較新的版本中，所包含的權重比像是 version0001.h5 這種較舊的版本有經過更多微調）：

```
(tf_keras) MacBook-Air:DeepReinforcementLearning jeffmbair$ ls -lt run/
models

-rw-r--r-- 1 jeffmbair staff 3781664 Mar 8 15:23 version0004.h5
-rw-r--r-- 1 jeffmbair staff 3781664 Mar 8 14:59 version0003.h5
-rw-r--r-- 1 jeffmbair staff 3781664 Mar 8 14:36 version0002.h5
-rw-r--r-- 1 jeffmbair staff 3781664 Mar 8 14:12 version0001.h5
-rw-r--r--  1 jeffmbair  staff   656600 Mar  8 12:29 model.png
```

這些副檔名為 .h5 的檔案是 HDF5 格式的 Keras 模型檔，每個檔案主要包含模型架構的定義、訓練後的權重和訓練配置。稍後，你將看到如何使用 Keras 模型檔生成 TensorFlow 檢查點檔案，然後將其凍結為可在行動裝置上執行的模型檔案。

model.png 裡有深度神經網路架構的詳細描述。它的深度很深，有許多殘差區塊的卷積層，然後是進行批次處理正規化和用以讓訓練穩定的 ReLU 層。模型最上面的部分如下圖所示（中間部分很大，因此不顯示出來，建議你開啟 model.png 檢視）：

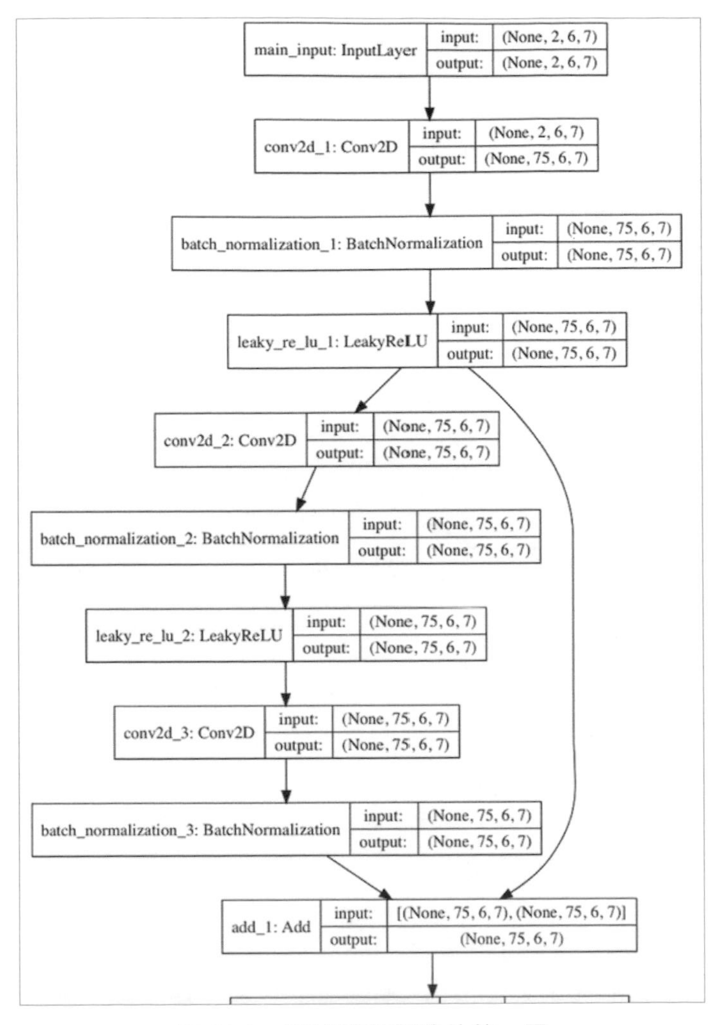

圖 10.1　深度殘差網路的第一層

值得注意的是，神經網路稱為殘差網路（ResNet），是由 Microsoft 於 2015 年在 ImageNet 和 COCO 2015 競賽的獲獎作品中提出的。在 ResNet 中，恆等映射（圖 10.1 中右側的箭頭）用於避免網路越深時使得訓練誤差越大。你可以查看原始論文 ***Deep Residual Learning for Image Recognition***（`https://arxiv.org/pdf/1512.03385v1.pdf`），以及部落格 ***Understanding Deep Residual Networks***（`https://blog.waya.ai/deep-residual-learning-9610bb62c355`）來

取得更多有關 ResNet 這種簡單的模組化學習框架，它已重新定義了最新技術構成的資訊。

深度網路的最後一層如圖 10.2 所示，你可以看到，在最後的殘差區塊和具有批次處理正規化和 ReLU 的卷積層之後，使用了密集全連接層來輸出 `value_head` 和 `policy_head` 值：

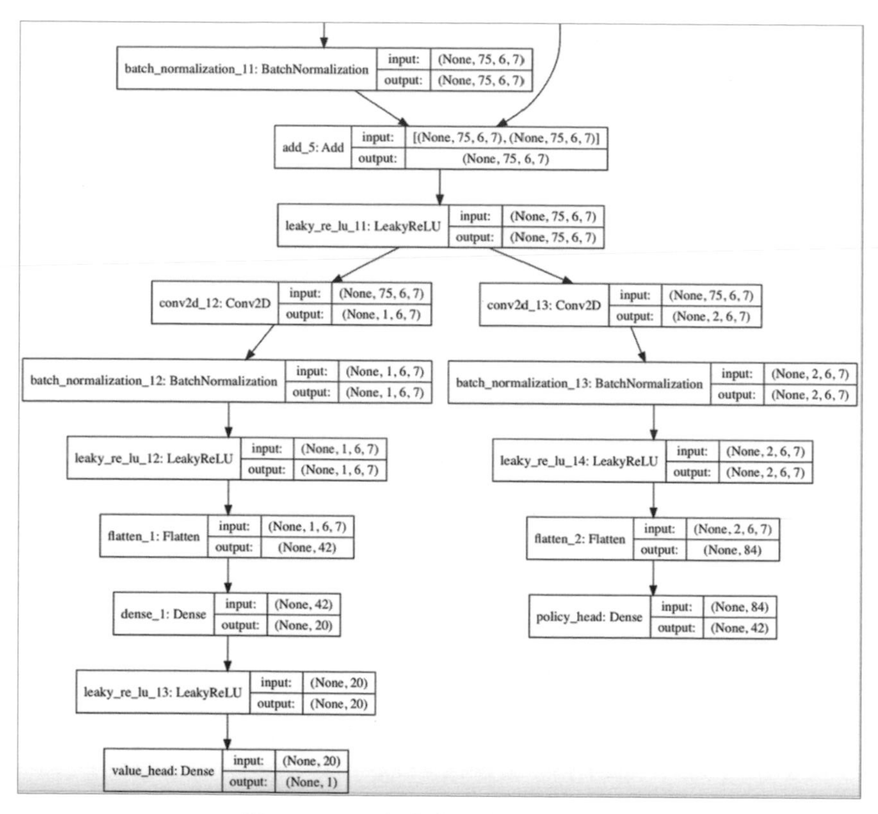

圖 10.2　深度殘差網路的最後一層

在本節的最後一部分，你將看到幾段使用 Keras API 的 Python 程式碼，該段程式碼對建立 ResNet 這樣的網路的支援性很好。現在讓我們來看看這些模型有多厲害，先讓它們彼此對決，然後我們再與之對戰。

測試模型

例如，要讓模型的版本 4 與版本 1 競爭，請先執行 mkdir -p run_archive/connect4/run0001/models 建立一個新的目錄路徑，然後將 *.h5 檔案從 run/models 複製到 run0001/models 目錄中。然後在 DeepReinforcementLearning 目錄中將你的 play.py 更改為以下內容：

```
playMatchesBetweenVersions(env, 1, 1, 4, 10, lg.logger_tourney, 0)
```

參數 1, 1, 4, 10 中的第一個值表示執行版本，因此 1 表示模型的路徑為 run_archive/connect4 的 run0001/models。第二個和第三個值是兩個玩家的模型版本，因此 1 和 4 表示該模型的版本 1 將與版本 4 對決。10 是比賽的次數或事件數值。

執行 python play.py 來按照指定的內容開始玩遊戲後，可以使用以下命令得到結果：

```
grep WINS run/logs/logger_tourney.log |tail -10
```

版本 4 與版本 1 的對比，可能會是與以下內容相似的結果，這代表它們的程度大致相同：

```
2018-03-14 23:55:21,001 INFO player2 WINS!
2018-03-14 23:55:58,828 INFO player1 WINS!
2018-03-14 23:56:43,778 INFO player2 WINS!
2018-03-14 23:56:51,981 INFO player1 WINS!
2018-03-14 23:57:00,985 INFO player1 WINS!
2018-03-14 23:57:30,389 INFO player2 WINS!
2018-03-14 23:57:39,742 INFO player1 WINS!
2018-03-14 23:58:19,498 INFO player2 WINS!
2018-03-14 23:58:27,554 INFO player1 WINS!
2018-03-14 23:58:36,490 INFO player1 WINS!
```

config.py 中有一行 MCTS_SIMS = 50，用來設定 MCTS 的模擬次數，這對遊戲時間有很大的影響。在每種狀態下，MCTS 都會進行 MCTS_SIMS 次模擬，並與已訓練的網路一起提出最佳方案。因此，將 MCTS_SIMS 設置為 50 可以使 play.

py 腳本的執行時間更長，但如果已訓練的模型不夠好，則不一定會使玩家更強大。在使用特定版本的模型時，可以將其更改為不同的值，以檢視數該數值如何影響強度。要跟特定版本對戰，請將 play.py 更改為：

```
playMatchesBetweenVersions(env, 1, 4, -1, 10, lg.logger_tourney, 0)
```

在這裡，-1 表示人類玩家。因此，上一行為讓你（玩家 2）與版本 4（玩家 1）對戰。現在執行 python play.py 指令之後，你會看到一個輸入提示 Enter your chosen action:；打開另一個終端機，前往 DeepReinforcementLearning 資料夾，然後輸入 tail -f run/logs/logger_tourney.log 指令，你將看到棋盤格般的輸出如下：

```
2018-03-15 00:03:43,907 INFO ====================
2018-03-15 00:03:43,907 INFO EPISODE 1 OF 10
2018-03-15 00:03:43,907 INFO ====================
2018-03-15 00:03:43,908 INFO player2 plays as X
2018-03-15 00:03:43,908 INFO --------------
2018-03-15 00:03:43,908 INFO ['-', '-', '-', '-', '-', '-', '-']
2018-03-15 00:03:43,908 INFO ['-', '-', '-', '-', '-', '-', '-']
2018-03-15 00:03:43,908 INFO ['-', '-', '-', '-', '-', '-', '-']
2018-03-15 00:03:43,909 INFO ['-', '-', '-', '-', '-', '-', '-']
2018-03-15 00:03:43,909 INFO ['-', '-', '-', '-', '-', '-', '-']
2018-03-15 00:03:43,909 INFO ['-', '-', '-', '-', '-', '-', '-']
```

請注意，最後 6 列代表 6 乘 7 的網格：第一列對應 7 個動作編號，0、1、2、3、4、5、6，第二列對應 7、8、9、10、11、12、13。依此類推，因此最後一行對應到 35、36、37、38、39、40、41 個動作編號。

現在，在執行 play.py 的第一個終端中輸入數字 38，版本 4 模型的玩家 1（代表符號為 O）也會執行下一步，並顯示新的棋盤格如下：

```
2018-03-15 00:06:13,360 INFO action: 38
2018-03-15 00:06:13,364 INFO ['-', '-', '-', '-', '-', '-', '-']
2018-03-15 00:06:13,365 INFO ['-', '-', '-', '-', '-', '-', '-']
2018-03-15 00:06:13,365 INFO ['-', '-', '-', '-', '-', '-', '-']
2018-03-15 00:06:13,365 INFO ['-', '-', '-', '-', '-', '-', '-']
2018-03-15 00:06:13,365 INFO ['-', '-', '-', '-', '-', '-', '-']
2018-03-15 00:06:13,365 INFO ['-', '-', '-', 'X', '-', '-', '-']
```

```
2018-03-15 00:06:13,366 INFO --------------
2018-03-15 00:06:15,155 INFO action: 31
2018-03-15 00:06:15,155 INFO ['-', '-', '-', '-', '-', '-', '-']
2018-03-15 00:06:15,156 INFO ['-', '-', '-', '-', '-', '-', '-']
2018-03-15 00:06:15,156 INFO ['-', '-', '-', '-', '-', '-', '-']
2018-03-15 00:06:15,156 INFO ['-', '-', '-', '-', '-', '-', '-']
2018-03-15 00:06:15,156 INFO ['-', '-', '-', 'O', '-', '-', '-']
2018-03-15 00:06:15,156 INFO ['-', '-', '-', 'X', '-', '-', '-']
```

在遊戲結束前，每當玩家 1 操作完後，請繼續輸入你的新動作。一個新的遊戲可能開始如下：

```
2018-03-15 00:16:03,205 INFO action: 23
2018-03-15 00:16:03,206 INFO ['-', '-', '-', '-', '-', '-', '-']
2018-03-15 00:16:03,206 INFO ['-', '-', '-', 'O', '-', '-', '-']
2018-03-15 00:16:03,206 INFO ['-', '-', '-', 'O', 'O', 'O', '-']
2018-03-15 00:16:03,207 INFO ['-', '-', 'O', 'X', 'X', 'X', '-']
2018-03-15 00:16:03,207 INFO ['-', '-', 'X', 'O', 'X', 'O', '-']
2018-03-15 00:16:03,207 INFO ['-', '-', 'O', 'X', 'X', 'X', '-']
2018-03-15 00:16:03,207 INFO --------------
2018-03-15 00:16:14,175 INFO action: 16
2018-03-15 00:16:14,178 INFO ['-', '-', '-', '-', '-', '-', '-']
2018-03-15 00:16:14,179 INFO ['-', '-', '-', 'O', '-', '-', '-']
2018-03-15 00:16:14,179 INFO ['-', '-', 'X', 'O', 'O', 'O', '-']
2018-03-15 00:16:14,179 INFO ['-', '-', 'O', 'X', 'X', 'X', '-']
2018-03-15 00:16:14,179 INFO ['-', '-', 'X', 'O', 'X', 'O', '-']
2018-03-15 00:16:14,180 INFO ['-', '-', 'O', 'X', 'X', 'X', '-']
2018-03-15 00:16:14,180 INFO --------------
2018-03-15 00:16:14,180 INFO player2 WINS!
2018-03-15 00:16:14,180 INFO ====================
2018-03-15 00:16:14,180 INFO EPISODE 2 OF 5
```

這就是你可以手動測試模型特定版本的強度的方法。了解前面棋盤格上的表示形式還有助於稍後了解 iOS 和 Android 程式碼。如果輕輕鬆鬆就擊敗模型的話，可以採取幾種措施來嘗試改善模型：

- 執行 `run.ipynb`，讓其中的模型（第二段程式碼）訓練個幾天。在我們的測試中，該模型的版本 19 在較舊的 iMac 上執行了大約一天後，以 10:0 擊敗了版本 1 或 4（回想一下，版本 1 和版本 4 的程度相同）。

- 為了提高 MCTS 評分公式的強度：MCTS 在模擬過程中使用**樹狀結構信賴上界法**（Upper Confidence Tree, UCT）評分來選擇要做出的動作，並且在資料庫中的公式如下（請參考部落格 http://tim.hibal.org/blog/alpha-zero-how-and-why-it-works，以及 AlphaZero 官方論文以取得更多詳細資訊）：

  ```
  edge.stats['P'] * np.sqrt(Nb) / (1 + edge.stats['N'])
  ```

  如果我們將其更改為更類似於 DeepMind 的用法：

  ```
  edge.stats['P'] * np.sqrt(np.log(1+Nb) / (1 + edge.stats['N']))
  ```

  即使將 MCTS_SIMS 設置為 10，版本 19 仍以 10:0 完勝版本 1。

- 微調深度神經網路模型以盡可能接近地複製 AlphaZero。

關於模型的詳細資訊不在本書的討論範圍之內，但是讓我們仍然看看該模型是如何在 Keras 中建立的，以便之後在 iOS 和 Android 上執行該模型時對其有更多的了解（你可以看一下 agent.py、MCTS.py 和 game.py 中的主要程式碼，就能更加了解遊戲的運作原理）。

研究建立模型的程式碼

在 model.py 中，匯入以下 Keras 函式庫：

```
from keras.models import Sequential, load_model, Model
from keras.layers import Input, Dense, Conv2D, Flatten, BatchNormalization,
Activation, LeakyReLU, add
from keras.optimizers import SGD
from keras import regularizers
```

四種主要的模型建立方法如下：

```
def residual_layer(self, input_block, filters, kernel_size)
def conv_layer(self, x, filters, kernel_size)
def value_head(self, x)
def policy_head(self, x)
```

如圖 10.1 所示，它們都具有一個或多個 Conv2d 層，然後以 BatchNormalization 和 LeakyReLU 啟動，但是在卷積層對於我們之前討論的輸入狀態生成預測值和策略機率之後，如圖 10.2 所示，value_head 和 policy_head 也具有完全連接層。在 _build_model 方法中定義了模型輸入和輸出：

```
main_input = Input(shape = self.input_dim, name = 'main_input')

vh = self.value_head(x)
ph = self.policy_head(x)

model = Model(inputs=[main_input], outputs=[vh, ph])
```

在 _build_model 方法中還定義了深度神經網路以及模型損失和最佳化器：

```
if len(self.hidden_layers) > 1:
    for h in self.hidden_layers[1:]:
        x = self.residual_layer(x, h['filters'], h['kernel_size'])

model.compile(loss={'value_head': 'mean_squared_error', 'policy_head':
softmax_cross_entropy_with_logits}, optimizer=SGD(lr=self.learning_rate,
momentum = config.MOMENTUM), loss_weights={'value_head': 0.5,
'policy_head': 0.5})
```

為了找出確切的輸出節點名稱（輸入節點名稱指定為 'main_input'），我們可以在 model.py 中添加 print(vh) 和 print(ph)。現在執行 python play.py，將輸出以下兩行：

```
Tensor("value_head/Tanh:0", shape=(?, 1), dtype=float32)
Tensor("policy_head/MatMul:0", shape=(?, 42), dtype=float32)
```

之後在凍結 TensorFlow 檢查點檔案，並將模型載入到行動裝置 app 時需要用到它們。

凍結模型

首先，我們需要建立 TensorFlow 檢查點檔案—— 只需在 funcs.py 中取消 player1 和 player2 的兩行註解，然後再次執行 python play.py：

```
if player1version > 0:
    player1_network = player1_NN.read(env.name, run_version,
player1version)
```

```
        player1_NN.model.set_weights(player1_network.get_weights())
        # saver = tf.train.Saver()
        # saver.save(K.get_session(), '/tmp/alphazero19.ckpt')

    if player2version > 0:
        player2_network = player2_NN.read(env.name, run_version,
    player2version)
        player2_NN.model.set_weights(player2_network.get_weights())
        # saver = tf.train.Saver()
        # saver.save(K.get_session(), '/tmp/alphazero_4.ckpt')
```

你可能會覺得很熟悉，因為我們在第 8 章就做過類似的操作。確保將 alphazero19.ckpt 和 alphazero_4.ckpt 中的版本編號（例如 19 或 4）與 play.py 中定義的內容相符合。舉例來說，在 playMatchesBetweenVersions(env, 1, 19, 4, 10, lg.logger_tourney, 0) 的這種情況下，需要確認 run_archive/connect4/run0001/models 資料夾中有 version0019.h5 和 version0004.h5。

執行 play.py 之後，將在 /tmp 資料夾中生成 alphazero19 檢查點檔案：

```
-rw-r--r-- 1 jeffmbair wheel 99 Mar 13 18:17 checkpoint
-rw-r--r-- 1 jeffmbair wheel 1345545 Mar 13 18:17 alphazero19.ckpt.meta
-rw-r--r-- 1 jeffmbair wheel 7296096 Mar 13 18:17 alphazero19.ckpt.data-
00000-of-00001
-rw-r--r-- 1 jeffmbair wheel 8362 Mar 13 18:17 alphazero19.ckpt.index
```

你現在可以前往 TensorFlow 資源根目錄並執行 freeze_graph 腳本：

```
python tensorflow/python/tools/freeze_graph.py \
--input_meta_graph=/tmp/alphazero19.ckpt.meta \
--input_checkpoint=/tmp/alphazero19.ckpt \
--output_graph=/tmp/alphazero19.pb \
--output_node_names="value_head/Tanh,policy_head/MatMul" \
--input_binary=true
```

由於它是小型模型，並且為了簡單起見，我們不會像在第 6 章和在第 9 章那樣進行圖形轉換和映射轉換。現在，是時候在行動裝置上使用該模型，並撰寫程式碼以在 iOS 和 Android 裝置上玩四子棋了。

10.3 在 iOS 中使用模型玩四子棋

對於新凍結、選擇性經過轉換和記憶體映射的模型，你隨時可以將其與 TensorFlow pod 一起嘗試，以試試看是否有機會能夠以更簡單的方式使用它。在我們的案例中，當使用 TensorFlow pod 載入它時，我們生成的 alphazero19.pb 模型將導致以下錯誤：

```
Couldn't load model: Invalid argument: No OpKernel was registered to
support Op 'Switch' with these attrs. Registered devices: [CPU], Registered
kernels:
  device='GPU'; T in [DT_FLOAT]
  device='GPU'; T in [DT_INT32]
  device='GPU'; T in [DT_BOOL]
  device='GPU'; T in [DT_STRING]
  device='CPU'; T in [DT_INT32]
  device='CPU'; T in [DT_FLOAT]

    [[Node: batch_normalization_13/cond/Switch = Switch[T=DT_BOOL,
_output_shapes=[[], []]](batch_normalization_1/keras_learning_phase,
batch_normalization_1/keras_learning_phase)]]
```

正如前面各章中所討論的那樣，你現在應該知道如何解決這種類型的錯誤。簡單來說，只需確保 tensorflow/contrib/makefile/tf_op_files.txt 檔案中包含 Switch op 的內核檔案。你可以執行 grep 'REGISTER.*"Switch"' tensorflow/core/kernels/*.cc 來找出該 Switch 內核檔案，應該會是 tensorflow/core/kernels/control_flow_ops.cc。預設情況下，從 TensorFlow 1.4 開始，tf_op_files.txt 中包含了 control_flow_ops.cc 檔案，因此你所需要做的就是執行 tensorflow/contrib/makefile/build_all_ios.sh 來建立 TensorFlow iOS 自定義函式庫。如果你已在上一章中成功執行了 iOS app 的話，則該函式庫已經不錯了，你不需要或可能也不想再次執行耗時的指令。

現在只需建立一個新的名為 AlphaZero 的 Xcode iOS 專案，並拖放上一章的 iOS 專案中的 tensorflow_utils.mm 和 tensorflow_utils.h 檔案，以及上一節中生成的 alphazero19.pb 模型檔案到該專案。將 ViewController.m 重命名為 ViewController.mm，並新增一些常數和變數。你的專案應如圖 10.3 所示：

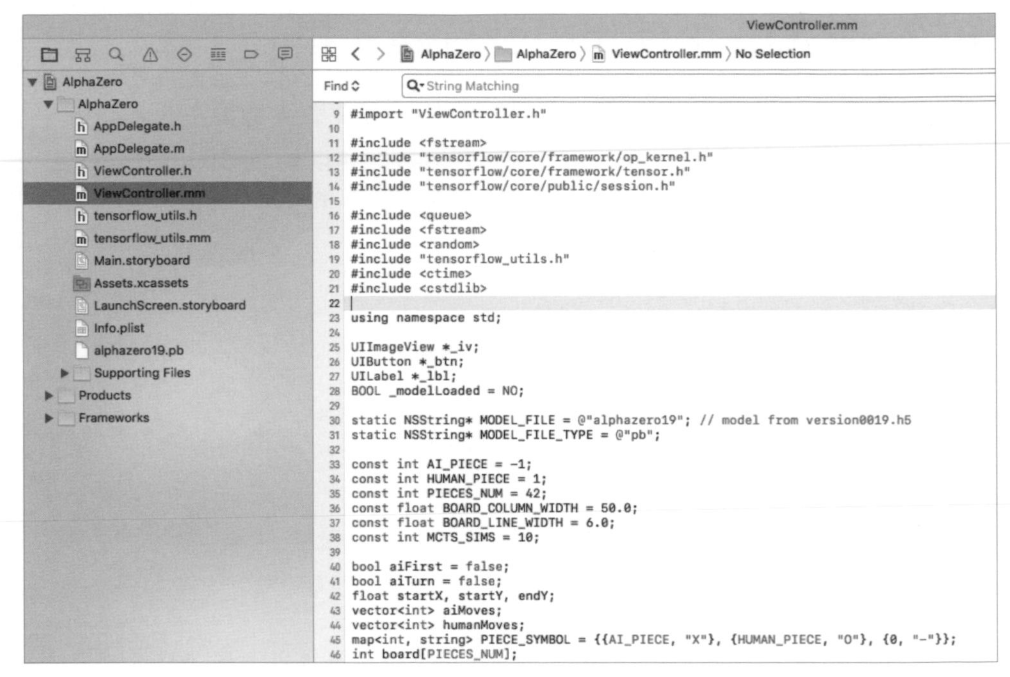

圖 10.3　Xcode 中的 AlphaZero iOS 程式

本範例只需要使用三個 UI 元件：

- 一個用來顯示棋盤和棋子的 `UIImageView`。
- 顯示遊戲結果並提示使用者採取行動的 `UILabel`。
- 用來開始玩或重玩遊戲的 `UIButton`。和以前一樣，我們在 `viewDidLoad` 方法中建立它們並將其定位。

輕按 **Play** 或 **Replay** 按鈕後，會隨機決定誰先開始，重置以整數陣列表示的棋盤，清除儲存了我們和 AI 的動作的兩個向量，然後重繪原始的棋盤網格：

```
int n = rand() % 2;
aiFirst = (n==0);
if (aiFirst) aiTurn = true;
else aiTurn = false;

for (int i=0; i<PIECES_NUM; i++)
    board[i] = 0;
aiMoves.clear();
```

```
humanMoves.clear();
_iv.image = [self createBoardImageInRect:_iv.frame];
```

接著在工作執行緒上啟動遊戲：

```
dispatch_async(dispatch_get_global_queue(0, 0), ^{
    std::string result = playGame(withMCTS);
    dispatch_async(dispatch_get_main_queue(), ^{
        NSString *rslt = [NSString stringWithCString:result.c_str()
encoding:[NSString defaultCStringEncoding]];
        [_lbl setText:rslt];
        _iv.image = [self createBoardImageInRect:_iv.frame];
    });
});
```

在 playGame 方法中，首先檢查是否已經載入了指定的模型；如果沒有的話，就載入模型：

```
string playGame(bool withMCTS) {
    if (!_modelLoaded) {
        tensorflow::Status load_status;
        load_status = LoadModel(MODEL_FILE, MODEL_FILE_TYPE, &tf_session);
        if (!load_status.ok()) {
            LOG(FATAL) << "Couldn't load model: " << load_status;
            return "";
        }
        _modelLoaded = YES;
}
```

如果輪到我們下棋了，系統會回傳訊息告訴我們。否則，按照模型的預期格式期望，將棋盤格狀態轉換為二進位格式的輸入：

```
if (!aiTurn) return "Tap the column for your move";
int binary[PIECES_NUM*2];
for (int i=0; i<PIECES_NUM; i++)
    if (board[i] == 1) binary[i] = 1;
    else binary[i] = 0;
for (int i=0; i<PIECES_NUM; i++)
    if (board[i] == -1) binary[42+i] = 1;
    else binary[PIECES_NUM+i] = 0;
```

舉例來說，如果棋盤陣列是 [0 1 1 -1 1 -1 0 0 1 -1 -1 -1 1 0 0 1 -1 1 -1 1 0 0 -1 -1 -1 1 -1 0 1 1 1 -1 -1 -1 -1 1 1 1 -1 1 1 -1]，它代表了以下的棋盤格狀態（'X' 表示 1，'O' 表示 -1，'-' 代表 0）：

```
['-', 'X', 'X', 'O', 'X', 'O', '-']
['-', 'X', 'O', 'O', 'O', 'X', '-']
['-', 'X', 'O', 'X', 'O', 'X', '-']
['-', 'O', 'O', 'O', 'X', 'O', '-']
['X', 'X', 'X', 'O', 'O', 'O', 'O']
['X', 'X', 'X', 'O', 'X', 'X', 'O']
```

然後，使用前面的程式碼將兩個玩家的棋子編碼後建立的二進位陣列將為 [0 1 1 0 1 0 0 0 1 0 0 0 1 0 0 1 0 1 0 1 0 0 0 0 0 1 0 0 1 1 1 0 0 0 0 1 1 1 0 1 1 0 0 0 0 1 0 1 0 0 0 1 1 1 0 0 0 0 0 1 0 1 0 0 0 1 1 1 0 1 0 0 0 0 0 1 1 1 1 0 0 0 1 0 0 1]。

在 playGame 方法中，呼叫 getProbs 方法，該方法使用二進位輸入來執行凍結的模型，並以 probs 回傳機率策略，並在策略中找到最大機率值：

```
float *probs = new float[PIECES_NUM];
for (int i=0; i<PIECES_NUM; i++)
    probs[i] = -100.0;
if (getProbs(binary, probs)) {
    int action = -1;

    float max = 0.0;
    for (int i=0; i<PIECES_NUM; i++) {
        if (probs[i] > max) {
            max = probs[i];
            action = i;
        }
    }
```

我們將所有 probs 陣列元素初始化為 -100.0 的原因如下，稍後將介紹的 getProbs 方法裡，將 probs 陣列在允許的操作下會轉換為值（所有值都不大，均在 -1.0 到 1.0 左右）在策略中回傳，因此所有不合規定的動作的機率值將保持為 -100.0，並且在 softmax 函式之後。這使得不合規定的動作機率基本上為零，使得我們只能使用合法動作的機率。

我們僅使用最大機率值來指導 AI 的動作，而不使用 MCTS。如果我們希望 AI 在西洋棋或圍棋這樣的複雜遊戲中變得更強大，這將是必要的。如前所述，如果從經過訓練的模型回傳的策略是完美的，則無需使用 MCTS。我們將在本書的原始程式碼中保留 MCTS 實作以供你參考，而不是顯示 MCTS 的所有實作細節。

playGame 方法中的程式碼會根據模型回傳的所有合法動作中機率最高者，以選定的動作來更新棋盤格，並呼叫 printBoard 輔助方法在 Xcode 輸出面板上顯示棋盤格以幫助除錯。將動作加入 aiMoves 向量中，以便正確地重新繪製棋盤格，並且在遊戲結束時回傳正確的狀態資訊。將 aiTurn 設定為 false，你很快就能看到，觸碰事件處理程式將可接受觸碰手勢來取得我們要進行的動作；如果 aiTurn 為 true，則觸碰處理程式將忽略所有觸碰手勢：

```
            board[action] = AI_PIECE;
            printBoard(board);
            aiMoves.push_back(action);

            delete []probs;
            if (aiWon(board)) return "AI Won!";
            else if (aiLost(board)) return "You Won!";
            else if (aiDraw(board)) return "Draw";
        } else {
            delete []probs;
        }
        aiTurn = false;
        return "Tap the column for your move";
    }
```

printBoard 輔助方法如下：

```
        void printBoard(int bd[]) {
           for (int i = 0; i<6; i++) {
                for (int j=0; j<7; j++) {
                    cout << PIECE_SYMBOL[bd[i*7+j]] << " ";
                }
            cout << endl;
        }
```

```
        cout << endl << endl;
    }
```

因此，在 Xcode 輸出面板中，它將輸出以下內容：

```
- - - - - - -
- - - - - - -
- - O - - - -
X - O - - - O
O O O X X - X
X X O O X - X
```

在 getProbs 關鍵方法中，首先定義輸入和輸出節點名稱，然後使用二進位值準備輸入 tensor：

```
bool getProbs(int *binary, float *probs) {
    std::string input_name = "main_input";
    std::string output_name1 = "value_head/Tanh";
    std::string output_name2 = "policy_head/MatMul";
    tensorflow::Tensor input_tensor(tensorflow::DT_FLOAT,
tensorflow::TensorShape({1,2,6,7}));
    auto input_mapped = input_tensor.tensor<float, 4>();
    for (int i = 0; i < 2; i++) {
        for (int j = 0; j<6; j++) {
            for (int k=0; k<7; k++) {
                input_mapped(0,i,j,k) = binary[i*42+j*7+k];
            }
        }
    }
```

現在提供輸入值來執行模型並取得輸出值：

```
    std::vector<tensorflow::Tensor> outputs;
    tensorflow::Status run_status = tf_session->Run({{input_name, input_
tensor}}, {output_name1, output_name2}, {}, &outputs);
    if (!run_status.ok()) {
        LOG(ERROR) << "Getting model failed:" << run_status;
        return false;
    }
    tensorflow::Tensor* value_tensor = &outputs[0];
```

```
    tensorflow::Tensor* policy_tensor = &outputs[1];
    const Eigen::TensorMap<Eigen::Tensor<float, 1, Eigen::RowMajor>,
Eigen::Aligned>& value = value_tensor->flat<float>();

    const Eigen::TensorMap<Eigen::Tensor<float, 1, Eigen::RowMajor>,
Eigen::Aligned>& policy = policy_tensor->flat<float>();
```

在此只會為允許的動作設定機率值，然後呼叫 softmax 使允許的動作的機率值之和為 1：

```
    vector<int> actions;
    getAllowedActions(board, actions);
    for (int action : actions) {
        probs[action] = policy(action);
    }
    softmax(probs, PIECES_NUM);
    return true;
}
```

getAllowedActions 函式的定義如下：

```
void getAllowedActions(int bd[], vector<int> &actions) {
    for (int i=0; i<PIECES_NUM; i++) {
        if (i>=PIECES_NUM-7) {
            if (bd[i] == 0)
                actions.push_back(i);
            }
        else {
            if (bd[i] == 0 && bd[i+7] != 0)
                actions.push_back(i);
        }
    }
}
```

以下是很簡單直觀的 softmax 函式：

```
void softmax(float vals[], int count) {
    float max = -FLT_MAX;
    for (int i=0; i<count; i++) {
        max = fmax(max, vals[i]);
```

```
        }
        float sum = 0.0;
        for (int i=0; i<count; i++) {
            vals[i] = exp(vals[i] - max);
            sum += vals[i];
        }
        for (int i=0; i<count; i++) {
            vals[i] /= sum;
        }
    }
```

定義一些輔助功能來測試遊戲結束狀態：

```
    bool aiWon(int bd[]) {
        for (int i=0; i<69; i++) {
            int sum = 0;
            for (int j=0; j<4; j++)
                sum += bd[winners[i][j]];
            if (sum == 4*AI_PIECE ) return true;
        }
        return false;
    }

    bool aiLost(int bd[]) {
        for (int i=0; i<69; i++) {
        int sum = 0;
        for (int j=0; j<4; j++)
            sum += bd[winners[i][j]];
        if (sum == 4*HUMAN_PIECE ) return true;
        }
        return false;
    }

    bool aiDraw(int bd[]) {
        bool hasZero = false;
        for (int i=0; i<PIECES_NUM; i++) {
            if (bd[i] == 0) {
                hasZero = true;
                break;
            }
```

```
    }
    if (!hasZero) return true;
    return false;
}

bool gameEnded(int bd[]) {
    if (aiWon(bd) || aiLost(bd) || aiDraw(bd)) return true;
    return false;
}
```

aiWon 和 aiLost 函式都使用一個常數陣列，該陣列定義了 69 個所有可能的獲勝位置：

```
int winners[69][4] = {
    {0,1,2,3},
    {1,2,3,4},
    {2,3,4,5},
    {3,4,5,6},
    {7,8,9,10},
    {8,9,10,11},
    {9,10,11,12},
    {10,11,12,13},
    ......
    {3,11,19,27},
    {2,10,18,26},
    {10,18,26,34},
    {1,9,17,25},
    {9,17,25,33},
    {17,25,33,41},
    {0,8,16,24},
    {8,16,24,32},
    {16,24,32,40},
    {7,15,23,31},
    {15,23,31,39},
    {14,22,30,38}};
```

在觸碰事件處理程式中，首先要確保是否輪到人類玩家下棋了。然後檢查接觸點的值是否在棋盤區域內，根據觸碰位置取得列的值來更新棋盤陣列和 humanMoves 向量：

```
(void) touchesEnded:(NSSet *)touches withEvent:(UIEvent *)event {
    if (aiTurn) return;
    UITouch *touch = [touches anyObject];
    CGPoint point = [touch locationInView:self.view];
    if (point.y < startY || point.y > endY) return;
    int column = (point.x-startX)/BOARD_COLUMN_WIDTH;
    for (int i=0; i<6; i++)
        if (board[35+column-7*i] == 0) {
            board[35+column-7*i] = HUMAN_PIECE;
            humanMoves.push_back(35+column-7*i);
            break;
        }
```

觸碰處理程式的其餘部分呼叫 createBoardImageInRect 來重繪 ImageView，它使用 BezierPath 繪製或重繪棋盤和所有已玩過的棋子，檢查遊戲狀態並在遊戲結束時回傳結果，如果還沒結束，則遊戲會繼續進行：

```
    _iv.image = [self createBoardImageInRect:_iv.frame];
    aiTurn = true;
    if (gameEnded(board)) {
        if (aiWon(board)) _lbl.text = @"AI Won!";
        else if (aiLost(board)) _lbl.text = @"You Won!";
        else if (aiDraw(board)) _lbl.text = @"Draw";
        return;
    }
    dispatch_async(dispatch_get_global_queue(0, 0), ^{
        std::string result = playGame(withMCTS));
        dispatch_async(dispatch_get_main_queue(), ^{
            NSString *rslt = [NSString stringWithCString:result.c_str()
encoding:[NSString defaultCStringEncoding]];
            [_lbl setText:rslt];
            _iv.image = [self createBoardImageInRect:_iv.frame];
        });
    });
}
```

其餘的 iOS 程式碼全部在 createBoardImageInRect 方法中，該方法使用 UIBezierPath 中的 moveToPoint 和 addLineToPoint 方法來繪製棋盤：

```
- (UIImage *)createBoardImageInRect:(CGRect)rect
{
    int margin_y = 170;

    UIGraphicsBeginImageContextWithOptions(CGSizeMake(rect.size.width,
rect.size.height), NO, 0.0);
    UIBezierPath *path = [UIBezierPath bezierPath];

    startX = (rect.size.width - 7*BOARD_COLUMN_WIDTH)/2.0;
    startY = rect.origin.y+margin_y+30;
    endY = rect.origin.y - margin_y + rect.size.height;
    for (int i=0; i<8; i++) {
        CGPoint point = CGPointMake(startX + i * BOARD_COLUMN_WIDTH,
startY);
        [path moveToPoint:point];
        point = CGPointMake(startX + i * BOARD_COLUMN_WIDTH, endY);
        [path addLineToPoint:point];
    }
    CGPoint point = CGPointMake(startX, endY);
    [path moveToPoint:point];
    point = CGPointMake(rect.size.width - startX, endY);
    [path addLineToPoint:point];

    path.lineWidth = BOARD_LINE_WIDTH;
    [[UIColor blueColor] setStroke];
    [path stroke];
```

bezierPathWithOvalInRect 方法繪製由 AI 和人類移動的所有棋子，根據誰先採取行動，它會開始以不同的順序交替繪製棋子：

```
    int columnPieces[] = {0,0,0,0,0,0,0};
    if (aiFirst) {
        for (int i=0; i<aiMoves.size(); i++) {
            int action = aiMoves[i];
            int column = action % 7;
            CGRect r = CGRectMake(startX + column * BOARD_COLUMN_WIDTH,
endY -BOARD_COLUMN_WIDTH - BOARD_COLUMN_WIDTH * columnPieces[column],
BOARD_COLUMN_WIDTH, BOARD_COLUMN_WIDTH);
            UIBezierPath *path = [UIBezierPath bezierPathWithOvalInRect:r];
```

```
            UIColor *color = [UIColor redColor];
            [color setFill];
            [path fill];
            columnPieces[column]++;
            if (i<humanMoves.size()) {
                int action = humanMoves[i];
                int column = action % 7;
                CGRect r = CGRectMake(startX + column * BOARD_COLUMN_WIDTH,
endY -BOARD_COLUMN_WIDTH - BOARD_COLUMN_WIDTH * columnPieces[column],
BOARD_COLUMN_WIDTH, BOARD_COLUMN_WIDTH);
                UIBezierPath *path = [UIBezierPath
bezierPathWithOvalInRect:r];
                UIColor *color = [UIColor yellowColor];
                [color setFill];
                [path fill];
                columnPieces[column]++;
            }
        }
    }
    else {
        for (int i=0; i<humanMoves.size(); i++) {
            int action = humanMoves[i];
            int column = action % 7;
            CGRect r = CGRectMake(startX + column * BOARD_COLUMN_WIDTH,
endY - BOARD_COLUMN_WIDTH - BOARD_COLUMN_WIDTH * columnPieces[column],
BOARD_COLUMN_WIDTH, BOARD_COLUMN_WIDTH);
            UIBezierPath *path = [UIBezierPath bezierPathWithOvalInRect:r];
            UIColor *color = [UIColor yellowColor];
            [color setFill];
            [path fill];
            columnPieces[column]++;
            if (i<aiMoves.size()) {
                int action = aiMoves[i];
                int column = action % 7;
                CGRect r = CGRectMake(startX + column * BOARD_COLUMN_WIDTH,
endY - BOARD_COLUMN_WIDTH - BOARD_COLUMN_WIDTH * columnPieces[column],
BOARD_COLUMN_WIDTH, BOARD_COLUMN_WIDTH);
                UIBezierPath *path = [UIBezierPath
bezierPathWithOvalInRect:r];
                UIColor *color = [UIColor redColor];
```

```
                [color setFill];
                [path fill];
                columnPieces[column]++;
            }
        }
    }
    UIImage *image = UIGraphicsGetImageFromCurrentImageContext();
    UIGraphicsEndImageContext();
    return image;
}
```

現在執行這個 app，會看到如圖 10.4 的畫面：

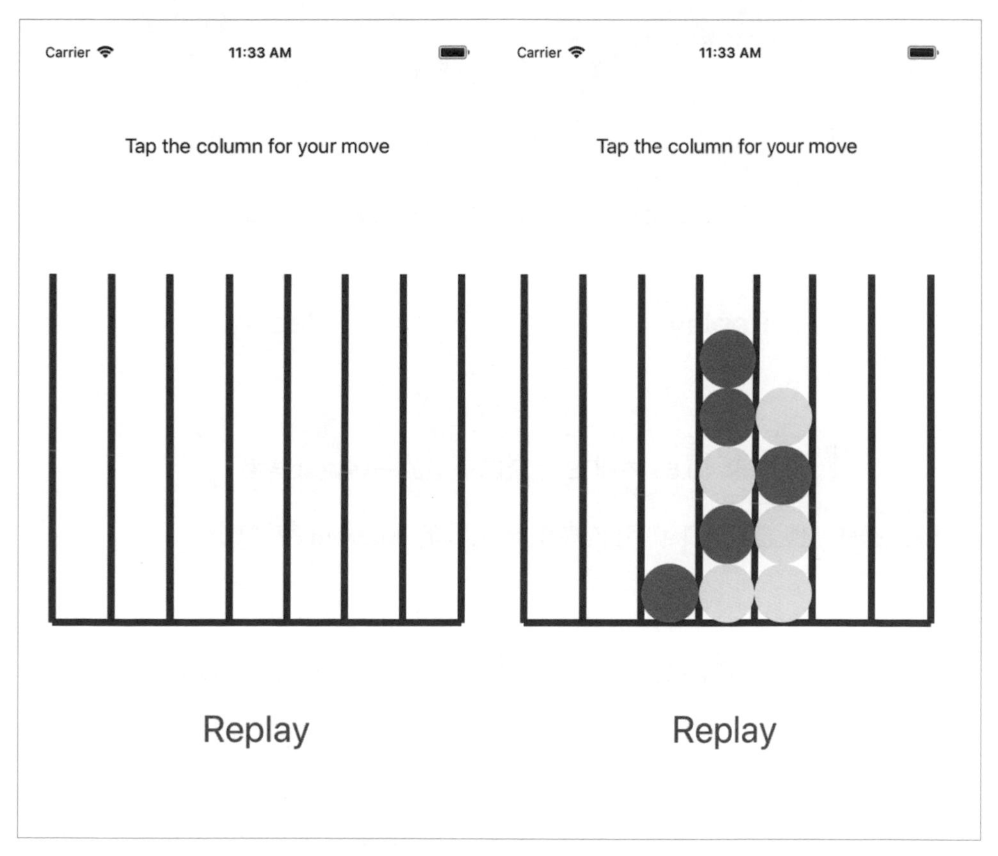

圖 10.4　在 iOS 上玩四子棋

跟 AI 玩過幾輪後，圖 10.5 顯示了一些可能的遊戲結果：

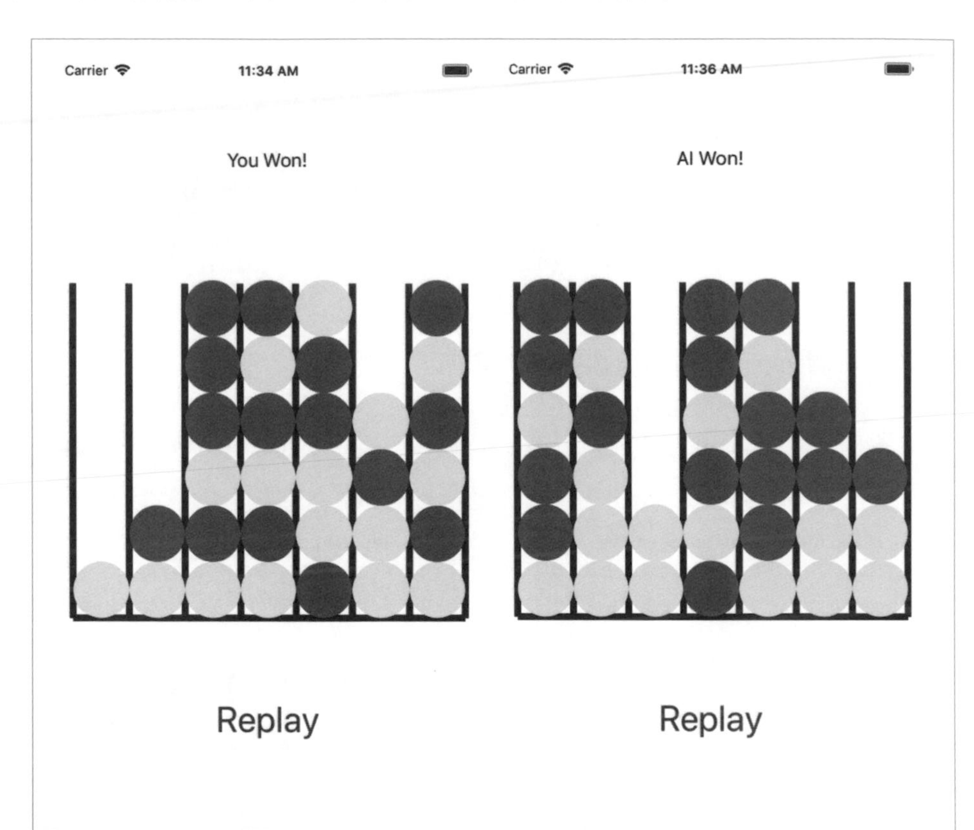

圖 10.5　在 iOS 上玩四子棋的一些遊戲結果

在休息之前，快速看一下使用該模型玩遊戲的 Android 程式碼。

10.4 在 Android 中使用模型玩四子棋

我們不需要像第 7 章那樣使用自定義 Android 函式庫來載入模型。只需建立一個新的名為 `AlphaZero` 的 Android Studio app，將 `alphazero19.pb` 模型檔案複製到新建立的 `assets` 資料夾中，然後像以前一樣將 `compile 'org.tensorflow:tensorflow-android:+'` 這行添加到 app 的 `build.gradle` 檔案中即可。

一開始，先建立一個新類別 BoardView，它是 View 的延伸，並負責繪製遊戲棋盤以及 AI 和使用者的棋子：

```
public class BoardView extends View {
    private Path mPathBoard, mPathAIPieces, mPathHumanPieces;
    private Paint mPaint, mCanvasPaint;
    private Canvas mCanvas;
    private Bitmap mBitmap;
    private MainActivity mActivity;

    private static final float MARGINX = 20.0f;
    private static final float MARGINY = 210.0f;
    private float endY;
    private float columnWidth;

    public BoardView(Context context, AttributeSet attrs) {
        super(context, attrs);
        mActivity = (MainActivity) context;

        setPathPaint();
    }
```

我們使用了三個 Path 實例（mPathBoard、mPathAIPieces 和 mPathHumanPieces）來繪製棋盤，AI 以及人類做出的動作分別以不同的顏色做代表。BoardView 的繪圖功能是使用了 Path 的 moveTo 和 lineTo 方法以及 Canvas 的 drawPath 方法，用 onDraw 方法實作出來的：

```
protected void onDraw(Canvas canvas) {
    canvas.drawBitmap(mBitmap, 0, 0, mCanvasPaint);
    columnWidth = (canvas.getWidth() - 2*MARGINX) / 7.0f;

    for (int i=0; i<8; i++) {
        float x = MARGINX + i * columnWidth;
        mPathBoard.moveTo(x, MARGINY);
        mPathBoard.lineTo(x, canvas.getHeight()-MARGINY);
    }

mPathBoard.moveTo(MARGINX, canvas.getHeight()-MARGINY);
mPathBoard.lineTo(MARGINX + 7*columnWidth, canvas.getHeight()-MARGINY);
```

```
mPaint.setColor(0xFF0000FF);
canvas.drawPath(mPathBoard, mPaint);
```

如果 AI 先開始，我們會繪製 AI 的第一個動作，接著繪製人類的第一個動作（如果有的話），並交替繪製 AI 和人類的操作結果：

```
endY = canvas.getHeight()-MARGINY;
int columnPieces[] = {0,0,0,0,0,0,0};

for (int i=0; i<mActivity.getAIMoves().size(); i++) {
    int action = mActivity.getAIMoves().get(i);
    int column = action % 7;
    float x = MARGINX + column * columnWidth + columnWidth /2.0f;
    float y = canvas.getHeight()-MARGINY-
          columnWidth*columnPieces[column]-columnWidth/2.0f;
    mPathAIPieces.addCircle(x,y, columnWidth/2, Path.Direction.CW);
    mPaint.setColor(0xFFFF0000);
    canvas.drawPath(mPathAIPieces, mPaint);
    columnPieces[column]++;

    if (i<mActivity.getHumanMoves().size()) {
        action = mActivity.getHumanMoves().get(i);
        column = action % 7;
        x = MARGINX + column * columnWidth + columnWidth /2.0f;
        y = canvas.getHeight()-MARGINY-
            columnWidth*columnPieces[column]-columnWidth/2.0f;
        mPathHumanPieces.addCircle(x,y, columnWidth/2, Path.Direction.CW);
        mPaint.setColor(0xFFFFFF00);
        canvas.drawPath(mPathHumanPieces, mPaint);
        columnPieces[column]++;
    }
}
```

如果是人先下棋的話，則將應用類似的繪圖程式碼，如 iOS 程式碼一樣。

在 BoardView 負責回傳是否輪到 AI 的 public boolean onTouchEvent (MotionEvent event) 事件中，我們會檢查哪一行已被點擊，並且如果該行尚未被全部六個可能的棋子填滿，則將新的人類動作添加到 MainActivity 的 humanMoves 向量中並重新繪製棋盤圖：

```
public boolean onTouchEvent(MotionEvent event) {
    if (mActivity.getAITurn()) return true;

    float x = event.getX();
    float y = event.getY();

    switch (event.getAction()) {
        case MotionEvent.ACTION_DOWN:
            break;
        case MotionEvent.ACTION_MOVE:
            break;
        case MotionEvent.ACTION_UP:
            if (y < MARGINY || y > endY) return true;

            int column = (int)((x-MARGINX)/columnWidth);
            for (int i=0; i<6; i++)
                if (mActivity.getBoard()[35+column-7*i] == 0) {
                    mActivity.getBoard()[35+column-7*i] =
                                    MainActivity.HUMAN_PIECE;
                    mActivity.getHumanMoves().add(35+column-7*i);
                    break;
                }

            invalidate();
```

之後輪到 AI 下棋，如果遊戲結束則回傳相關訊息。否則，在人類可以觸碰並選擇下一步動作之前，讓 AI 根據模型策略的回傳值執行下一步動作，以啟動新執行緒繼續玩遊戲：

```
            mActivity.setAiTurn();
            if (mActivity.gameEnded(mActivity.getBoard())) {
                if (mActivity.aiWon(mActivity.getBoard()))
                    mActivity.getTextView().setText("AI Won!");
                else if (mActivity.aiLost(mActivity.getBoard()))
                    mActivity.getTextView().setText("You Won!");
                else if (mActivity.aiDraw(mActivity.getBoard()))
                    mActivity.getTextView().setText("Draw");
                return true;
            }
```

```
                Thread thread = new Thread(mActivity);
                thread.start();
                break;
            default:
                return false;
        }

        return true;
    }
```

主畫面佈局是在 activity_main.xml 中定義的，它由三個 UI 元件組成，一個 TextView、自定義 BoardView 和一個 Button：

```
<TextView
    android:id="@+id/textview"
    android:layout_width="wrap_content"
    android:layout_height="wrap_content"
    android:text=""
    android:textAlignment="center"
    android:textColor="@color/colorPrimary"
    android:textSize="24sp"
    android:textStyle="bold"
    app:layout_constraintBottom_toBottomOf="parent"
    app:layout_constraintHorizontal_bias="0.5"
    app:layout_constraintLeft_toLeftOf="parent"
    app:layout_constraintRight_toRightOf="parent"
    app:layout_constraintTop_toTopOf="parent"
    app:layout_constraintVertical_bias="0.06"/>

<com.ailabby.alphazero.BoardView
    android:id="@+id/boardview"
    android:layout_width="fill_parent"
    android:layout_height="fill_parent"
    app:layout_constraintBottom_toBottomOf="parent"
    app:layout_constraintLeft_toLeftOf="parent"
    app:layout_constraintRight_toRightOf="parent"
    app:layout_constraintTop_toTopOf="parent"/>

<Button
    android:id="@+id/button"
```

```
    android:layout_width="wrap_content"
    android:layout_height="wrap_content"
    android:text="Play"
    app:layout_constraintBottom_toBottomOf="parent"
    app:layout_constraintHorizontal_bias="0.5"
    app:layout_constraintLeft_toLeftOf="parent"
    app:layout_constraintRight_toRightOf="parent"
    app:layout_constraintTop_toTopOf="parent"
    app:layout_constraintVertical_bias="0.94" />
```

在 MainActivity.java 中，先定義一些常數和屬性：

```
public class MainActivity extends AppCompatActivity implements Runnable {

    private static final String MODEL_FILE =
    "file:///android_asset/alphazero19.pb";

    private static final String INPUT_NODE = "main_input";
    private static final String OUTPUT_NODE1 = "value_head/Tanh";
    private static final String OUTPUT_NODE2 = "policy_head/MatMul";

    private Button mButton;
    private BoardView mBoardView;
    private TextView mTextView;

    public static final int AI_PIECE = -1;
    public static final int HUMAN_PIECE = 1;
    private static final int PIECES_NUM = 42;

    private Boolean aiFirst = false;
    private Boolean aiTurn = false;

    private Vector<Integer> aiMoves = new Vector<>();
    private Vector<Integer> humanMoves = new Vector<>();

    private int board[] = new int[PIECES_NUM];
    private static final HashMap<Integer, String> PIECE_SYMBOL;
    static
    {
        PIECE_SYMBOL = new HashMap<Integer, String>();
```

```
        PIECE_SYMBOL.put(AI_PIECE, "X");
        PIECE_SYMBOL.put(HUMAN_PIECE, "O");
        PIECE_SYMBOL.put(0, "-");
    }

    private TensorFlowInferenceInterface mInferenceInterface;
```

接著定義所有獲勝的位置，如同在 iOS app 中所做的那樣：

```
private final int winners[][] = {
    {0,1,2,3},
    {1,2,3,4},
    {2,3,4,5},
    {3,4,5,6},

    {7,8,9,10},
    {8,9,10,11},
    {9,10,11,12},
    {10,11,12,13},
    ...
    {0,8,16,24},
    {8,16,24,32},
    {16,24,32,40},
    {7,15,23,31},
    {15,23,31,39},
    {14,22,30,38}};
```

供 BoardView 類別使用的一些獲取函式和設定函式：

```
public boolean getAITurn() {
    return aiTurn;
}
public boolean getAIFirst() {
    return aiFirst;
}
public Vector<Integer> getAIMoves() {
    return aiMoves;
}
public Vector<Integer> getHumanMoves() {
    return humanMoves;
}
```

```
public int[] getBoard() {
    return board;
}
public void setAiTurn() {
    aiTurn = true;
}
```

還有一些用於檢查遊戲狀態的輔助性功能：

```
public boolean aiWon(int bd[]) {
    for (int i=0; i<69; i++) {
        int sum = 0;
        for (int j=0; j<4; j++)
            sum += bd[winners[i][j]];
        if (sum == 4*AI_PIECE ) return true;
    }
    return false;
}

public boolean aiLost(int bd[]) {
    for (int i=0; i<69; i++) {
        int sum = 0;
        for (int j=0; j<4; j++)
            sum += bd[winners[i][j]];
            if (sum == 4*HUMAN_PIECE ) return true;
    }
    return false;
}

public boolean aiDraw(int bd[]) {
    boolean hasZero = false;
    for (int i=0; i<PIECES_NUM; i++) {
        if (bd[i] == 0) {
            hasZero = true;
            break;
        }
    }
    if (!hasZero) return true;
    return false;
}
```

```
public boolean gameEnded(int[] bd) {
    if (aiWon(bd) || aiLost(bd) || aiDraw(bd)) return true;

    return false;
}
```

getAllowedActions 方法（也是 iOS 程式碼的直接端口）將指定棋盤位置的所有允許的動作都設定在 actions 向量中：

```
void getAllowedActions(int bd[], Vector<Integer> actions) {
    for (int i=0; i<PIECES_NUM; i++) {
        if (i>=PIECES_NUM-7) {
            if (bd[i] == 0)
                actions.add(i);
        }
        else {
            if (bd[i] == 0 && bd[i+7] != 0)
                actions.add(i);
        }
    }
}
```

在 onCreate 方法中，先實例化三個 UI 元件，並設定按鈕點擊監聽器，以便隨機決定誰先採取行動。當使用者想要重玩遊戲時，也會點擊該按鈕，因此，我們需要在繪製棋盤並啟動執行緒進行遊戲之前重置 aiMoves 和 humanMoves 向量：

```
protected void onCreate(Bundle savedInstanceState) {
    super.onCreate(savedInstanceState);
    setContentView(R.layout.activity_main);
    mButton = findViewById(R.id.button);
    mTextView = findViewById(R.id.textview);
    mBoardView = findViewById(R.id.boardview);

    mButton.setOnClickListener(new View.OnClickListener() {
        @Override
        public void onClick(View v) {
            mButton.setText("Replay");
            mTextView.setText("");
```

```
            Random rand = new Random();
            int n = rand.nextInt(2);
            aiFirst = (n==0);
            if (aiFirst) aiTurn = true;
            else aiTurn = false;

            if (aiTurn)
                mTextView.setText("Waiting for AI's move");
            else
                mTextView.setText("Tap the column for your move");

            for (int i=0; i<PIECES_NUM; i++)
                board[i] = 0;
            aiMoves.clear();
            humanMoves.clear();
            mBoardView.drawBoard();

            Thread thread = new Thread(MainActivity.this);
            thread.start();
        }
    });
}
```

執行緒將啟動 run 方法，該方法進一步呼叫 playGame 方法，並將棋盤的位置轉換為二進制整數陣列，以作為模型的輸入值：

```
public void run() {
    final String result = playGame();
    runOnUiThread(
            new Runnable() {
                @Override
                public void run() {
                    mBoardView.invalidate();
                    mTextView.setText(result);
                }
            });
}
String playGame() {
    if (!aiTurn) return "Tap the column for your move";
```

```
    int binary[] = new int[PIECES_NUM*2];
    for (int i=0; i<PIECES_NUM; i++)
        if (board[i] == 1) binary[i] = 1;
        else binary[i] = 0;

        for (int i=0; i<PIECES_NUM; i++)
            if (board[i] == -1) binary[42+i] = 1;
            else binary[PIECES_NUM+i] = 0;
```

其餘的 playGame 方法也幾乎是直接改寫 iOS 程式碼，該方法呼叫 getProbs 方法以使用所有動作回傳的機率值來取得所有允許動作中的最大機率值，在模型的策略輸出中，合理和不合理的值加起來總共有 42 個：

```
    float probs[] = new float[PIECES_NUM];
    for (int i=0; i<PIECES_NUM; i++)
        probs[i] = -100.0f;
    getProbs(binary, probs);
    int action = -1;
    float max = 0.0f;
    for (int i=0; i<PIECES_NUM; i++) {
        if (probs[i] > max) {
            max = probs[i];
            action = i;
        }
    }

    board[action] = AI_PIECE;
    printBoard(board);
    aiMoves.add(action);

    if (aiWon(board)) return "AI Won!";
    else if (aiLost(board)) return "You Won!";
    else if (aiDraw(board)) return "Draw";

    aiTurn = false;
    return "Tap the column for your move";

}
```

如果尚未載入模型，則 getProbs 方法將載入模型，以當前棋盤狀態作為輸入來執行模型，並在呼叫 softmax 以取得允許動作的真實機率值（總計為 1）之前先取得輸出策略：

```
void getProbs(int binary[], float probs[]) {
    if (mInferenceInterface == null) {
        AssetManager assetManager = getAssets();
        mInferenceInterface = new
        TensorFlowInferenceInterface(assetManager, MODEL_FILE);
    }

    float[] floatValues = new float[2*6*7];
    for (int i=0; i<2*6*7; i++) {
        floatValues[i] = binary[i];
    }

    float[] value = new float[1];
    float[] policy = new float[42];

    mInferenceInterface.feed(INPUT_NODE, floatValues, 1, 2, 6, 7);
    mInferenceInterface.run(new String[] {OUTPUT_NODE1, OUTPUT_NODE2},
                                                              false);
    mInferenceInterface.fetch(OUTPUT_NODE1, value);
    mInferenceInterface.fetch(OUTPUT_NODE2, policy);

    Vector<Integer> actions = new Vector<>();
    getAllowedActions(board, actions);
    for (int action : actions) {
        probs[action] = policy[action];
    }

    softmax(probs, PIECES_NUM);
}
```

softmax 方法的定義與 iOS 版本中的定義幾乎相同：

```
void softmax(float vals[], int count) {
    float maxval = -Float.MAX_VALUE;
    for (int i=0; i<count; i++) {
```

```
            maxval = max(maxval, vals[i]);
        }
        float sum = 0.0f;
        for (int i=0; i<count; i++) {
            vals[i] = (float)exp(vals[i] - maxval);
            sum += vals[i];
        }
        for (int i=0; i<count; i++) {
            vals[i] /= sum;
        }
    }
```

現在，在 Android 模擬器或實體裝置上執行這個 app 並進行遊戲，你將看到初始畫面和一些遊戲結果：

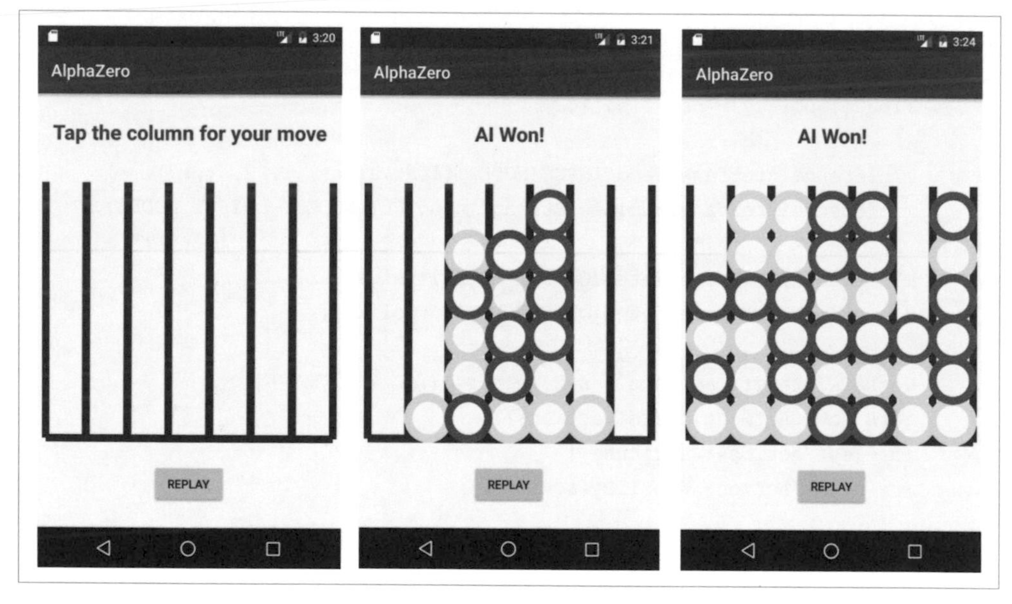

圖 10.6　Android 上的遊戲畫面及一些結果

當你使用前面的程式碼在 iOS 和 Android 上玩遊戲時，很快就會發現該模型回傳的策略不是那麼強大。主要是 MCTS 造成的，由於篇幅限制，此處未詳細解釋 MCTS，因此沒有與深度神經網路模型一起使用。強烈建議你自己研究和實作 MCTS，或者在原始程式碼中使用我們的實作內容作為參考。你也應該將網路模型和 MCTS 應用於你感興趣的其他遊戲。畢竟，AlphaZero 使用了通用 MCTS 和無須任何領域知識的自我強化學習，從而使其超人的學習功能可以輕鬆移植到其他領域的問題。將 MCTS 與深度神經網路模型結合，你也可以達成 AlphaZero 所做的事情。

10.5 總結

本章介紹了 AlphaZero 的驚人世界，這是截至於 2017 年 12 月，DeepMind 的最新也是最大的成就。我們示範了如何使用功能強大的 Keras API 和 TensorFlow 後端為四子棋訓練類似 AlphaZero 的模型，以及如何測試並盡可能地改善這種模型。然後，我們凍結了模型，並詳細介紹如何建立 iOS 和 Android 應用程式以使用該模型，以及如何使用由模型驅動的 AI 玩四子棋。雖然還不是真正能打敗西洋棋或圍棋冠軍的 AlphaZero 模型，但我們希望本章為你提供紮實的基礎，並激勵你繼續研究，以複製 AlphaZero 最傑出的成就，並將其進一步延伸到其他領域的問題上。這需要付出很多努力，但非常值得。

如果最新的 AI 進展（例如 AlphaZero）令你興奮不已，那麼你還可能會發現由 TensorFlow 支援的最新行動裝置解決方案或工具套件包也一樣引人入勝。正如我們在第 1 章，TensorFlow 行動裝置入門中提到的那樣，TensorFlow Lite 是 TensorFlow Mobile 的替代解決方案，我們在之前的所有章節中都重點介紹了該解決方案。

根據 Google 的說法，TensorFlow Lite 將成為未來在行動裝置上的 TensorFlow，儘管在此時和可預見的將來，產品階段仍會使用 TensorFlow Mobile。

雖然 TensorFlow Lite 在 iOS 和 Android 上均可使用，但在 Android 裝置上執行時，它也可以利用 Android Neural Networks API 進行硬體加速。另一方面，iOS 開發人員可以利用 Core ML，這是 Apple 針對 iOS 11 或更高版本的最新機器學習框架，它在裝置上以最小化二進位程式檔案來進行最佳化，支援許多強大的預先訓練深度學習模型的執行，以及使用傳統機器學習演算法和 Keras 建立的模型。下一章將介紹如何在 iOS 和 Android app 中使用 TensorFlow Lite 和 Core ML 框架。

11

在行動裝置上使用 TensorFlow Lite 及 Core ML

在前九章中，我們使用了 TensorFlow Mobile 在行動裝置上執行各種由 TensorFlow 和 Keras 建立的強大的深度學習模型。正如在第 1 章提到的，Google 還提供了 TensorFlow Lite 作為 TensorFlow Mobile 在行動裝置上執行模型的替代版本。儘管從 2018 年起它仍在 Google I/O 開發人員預覽版本中，但 Google 打算「大幅地簡化針對小型裝置的開發人員體驗」。因此，值得詳細研究 TensorFlow Lite 並為將來做好準備。

如果你是 iOS 開發人員，或者同時使用 iOS 和 Android，則 Apple 一年一度的**全球開發人員大會（Worldwide Developers Conference, WWDC）**是你絕不會錯過的活動。在 2017 年的 WWDC 中，Apple 宣布了新的 Core ML 框架，以支援 iOS（以及所有其他 Apple OS 平台：macOS、tvOS 和 watchOS）上的深度學習模型和標準機器學習模型的執行。Core ML 自 iOS 11 以來就可以使用了，截至 2018 年 5 月，它已經有高於 80% 的市場佔有率。了解一下在 iOS app 中使用 Core ML 可以做到哪些事情是絕對有意義的。

本章將介紹 TensorFlow Lite 和 Core ML，並透過以下主題來展示兩者的優勢與限制：

- TensorFlow Lite 簡介
- 在 iOS 中使用 TensorFlow Lite
- 在 Android 中使用 TensorFlow Lite
- 適用於 iOS 的 Core ML 簡介
- 將 Core ML 與 Scikit-Learn 機器學習結合使用
- 將 Core ML 與 Keras 及 TensorFlow 結合使用

11.1 TensorFlow Lite 簡介

TensorFlow Lite（https://www.tensorflow.org/mobile/tflite）是一種可在行動裝置和嵌入式裝置上執行深度學習模型的輕量級解決方案。如果可以將使用 TensorFlow 或 Keras 建立的模型成功轉換 TensorFlow Lite 格式，則可以使用基於 FlatBuffers（https://google.github.io/flatbuffers）的新模型格式，與我們在第 3 章介紹過的 ProtoBuffers 相似但速度更快、檔案尺寸更小，你可以期望模型以低延遲和較小的二進位規模執行。在行動裝置 app 中使用 TensorFlow Lite 的基本工作流程如下：

1. 如同我們在前幾章中訓練模型一樣，使用 TensorFlow 或以 TensorFlow 作為後端的 Keras 模型建立和訓練（或重新訓練）TensorFlow 模型。

info

你也可以選用內建的 TensorFlow Lite 模型，例如在 https://github.com/tensorflow/models/blob/master/research/slim/nets/mobilenet_v1.md 上有我們在第 2 章中用來重新訓練的 MobileNet 模型。你在此連結可以下載的每個 MobileNet 模型 tgz 檔案中都包含一個轉換完成的 TensorFlow Lite 模型。舉例來說，MobileNet_v1_1.0_224.tgz 檔案包含了你可以直接在行動裝置上使用的 mobilenet_v1_1.0_224.tflite 檔案。如果使用這樣的內建 TensorFlow Lite 模型，則可以跳過步驟 2 和 3。

2. 建 置 TensorFlow Lite Converter 工 具。 如 果 你 從 https://github.com/tensorflow/tensorflow/releases 下載 TensorFlow 1.5 或 1.6，請由終端機在 TensorFlow 的資料根目錄中執行 bazel build tensorflow/contrib/lite/toco:toco。如果你使用更新或最新版本的 TensorFlow 資料庫，你應該可以使用此 build 指令來執行此操作，但如果操作失敗，請查看該新版本的說明文件。

3. 使用 TensorFlow Lite Converter 工具將 TensorFlow 模型轉換為 TensorFlow Lite 模型。你將在下一節中看到一個詳細的範例。

4. 在 iOS 或 Android 上部署 TensorFlow Lite 模型。在 iOS 上，使用 C ++ API 載入和執行模型；在 Android 上，請使用 Java API（C ++ API 的包裝函式）載入和執行模型。與我們之前在 TensorFlow Mobile 專案中使用的 Session 類別不同，C ++ 和 Java API 均使用 TensorFlow Lite 特有的 Interpreter 類別來推論模型。在接下來的兩小節中，我們將示範 iOS C ++ 和 Android Java 程式碼如何使用 Interpreter。

info

如果你是在 Android 上執行 TensorFlow Lite 模型，並且 Android 裝置為 Android 8.1（API 27 級）以上的版本，同時配備專用的神經網路硬體、GPU 或某些其他數位訊號處理器來支援硬體加速，則 Interpreter 將使用 Android 神經網路 API（https://developer.android.com/ndk/guides/neuronetworks/index.html）來加快模型的執行速度。例如，Google 的 Pixel 2 手機具有影像處理最佳化的客製化晶片，因此可以透過 Android 8.1 開啟該晶片，來支援硬體加速。

現在，讓我們來看看如何在 iOS 上使用 TensorFlow Lite。

11.2 在 iOS 中使用 TensorFlow Lite

在說明如何建立新的 iOS app 並加入 TensorFlow Lite 支援之前，讓我們先看幾個使用 TensorFlow Lite 的 TensorFlow iOS 範例 app。

執行 TensorFlow Lite iOS 應用程式範例

有兩個用於 iOS 的 TensorFlow Lite 範例 app，分別為 simple 和 camera，類似於 TensorFlow Mobile 的 simple 和 camera 這兩款 iOS app，但可以在官方 TensorFlow 1.5-1.8 版本中的 TensorFlow Lite API 中實作，網址如下，也可能會列在最新的 TensorFlow 函式庫中。

https://github.com/tensorflow/tensorflow/releases

你可以執行以下指令來準備和執行這兩個應用程式，在下列網址中的 iOS Demo App 裡有類似的介紹。

https://github.com/tensorflow/tensorflow/tree/master/tensorflow/contrib/lite

```
cd tensorflow/contrib/lite/examples/ios
./download_models.sh
sudo gem install cocoapods
cd camera
pod install
open tflite_camera_example.xcworkspace
cd ../simple
pod install
open simple.xcworkspace
```

現在，你將啟動兩個 Xcode iOS 專案：simple 和 camera（在 Xcode 中分別命名為 tflite_simple_example 和 tflite_camera_example），你可以在 iOS 裝置上安裝和執行它們（simple 這支應用程式也可以在 iOS 模擬器上執行）。

info

download_models.sh 將下載一個包含 mobilenet_quant_v1_224.tflite 模型檔案和 labels.txt 標籤檔的壓縮檔，接著將它們複製到 simple/data 和 camera/data 目錄中。請注意，此腳本未包含在 TensorFlow 1.5.0 和 1.6.0 官方發行版中。你需要做 git clone https://github.com/tensorflow/tensorflow 來取得最新的原始程式碼。(截至 2018 年 3 月)

你可以查看 Xcode tflite_camera_example 專案中的 CameraExampleViewController.mm 檔案，和 tflite_simple_example 中的 RunModelViewController.mm 檔案中的原始程式碼，以了解如何使用 TensorFlow Lite API 載入和執行 TensorFlow Lite 模型。在說明如何建立新的 iOS app 並新增 TensorFlow Lite 支援以執行內建的 TensorFlow Lite 模型的步驟教學之前，我們將快速以具體數字示範前面提到的使用 TensorFlow Lite 的好處之一：應用程式的二進制大小。

位於 tensorflow/examples/ios/camera 資料夾中的 tf_camera_example TensorFlow Mobile 範例程式中使用的 tensorflow_inception.graph.pb 模型檔案為 95.7 MB，而位於 tensorflow/contrib/lite/examples/ios/camera 資料夾中的 tflite_camera_example TensorFlow Lite 範例程式使用的 mobilenet_quant_v1_224.tflite TensorFlow Lite 模型檔案只有 4.3 MB。在第 2 章的 HelloTensorFlow app 中看過的，TensorFlow Mobile 重新訓練後的 Inception v3 模型檔案的量化版本之檔案大小為 22.4 MB，重新訓練的 MobileNet TensorFlow Mobile 模型檔案為 17.6 MB。總而言之，以下列出了四種不同類型的模型的大小：

- TensorFlow Mobile Inception v3 模型：95.7 MB
- 量化並重新訓練後的 TensorFlow Mobile Inception v3 模型：22.4 MB
- 重新訓練後的 TensorFlow Mobile MobileNet 1.0 224 模型：17.6 MB
- TensorFlow Lite MobileNet 1.0 224 模型：4.3 MB

如果你在 iPhone 上安裝並執行這兩個 app，則可以從 iPhone 的設定中看到，`tflite_camera_example` 的 app 大小約為 18.7 MB，並且 `tf_camera_example` 的大小約為 44.2 MB。

Inception v3 模型的準確性確實比 MobileNet 模型要高一些，但是在許多使用情況下，可以忽略很小的準確性差異。另外，不可否認的是如今的行動裝置 app 可以輕鬆佔用數十 MB 的空間，在某些使用案例中，app 大小相差 20 或 30 MB 聽起來並不大，但是在較小的嵌入式裝置中對 app 的大小差異會比較敏感，如果在不會太麻煩的情況下可以用更快的速度和更小的尺寸獲得幾乎相同的準確度，對於使用者來說永遠是一件好事。

在 iOS 中使用內建的 TensorFlow Lite 模型

使用內建的 TensorFlow Lite 模型進行影像分類，執行以下步驟來建立新的 `iOS` app 並新增 TensorFlow Lite 支援：

1. 在 `Xcode` 中，建立一個名為 `HelloTFLite` 的 `Single View iOS` 專案，設定語言為 Objective-C，然後將 `tensorflow/contrib/lite/examples/ios` 資料夾中的 `ios_image_load.mm` 和 `ios_image_load.h` 檔案新增到該專案中。

如果你喜歡用 Swift 來撰寫程式，請遵循此處的步驟後，參考第 2 章或第 5 章，以了解如何將 Objective-C 應用程式轉換為 Swift 應用程式。但是請注意，TensorFlow Lite 推論程式碼仍需要使用 C ++，因此你最終會混合使用 Swift、Objective-C 和 C ++ 程式碼，而你的 Swift 程式碼會主要負責使用者介面和 TensorFlow Lite 推論的前處理及後處理。

2. 在專案中新增使用前面在 `tensorflow/contrib/lite/examples/ios/simple/data` 資料夾中的 `download_models.sh` 腳本生成的模型檔和標籤檔，以及像是第 2 章的原始程式碼資料夾中的 `lab1.jpg` 這種測試影像。
3. 關閉專案並建一個名為 `Podfile` 的新檔案，其內容如下：

```
platform :ios, '8.0'

target 'HelloTFLite'
       pod 'TensorFlowLite'
```

執行 `pod install`。然後在 Xcode 中打開 `HelloTFLite.xcworkspace`，將 `ViewController.m` 重新命名為 `ViewController.mm`，並新增必要的 C ++ 標頭檔案和 TensorFlow Lite 標頭檔。你的 Xcode 專案應該會看起來如下圖：

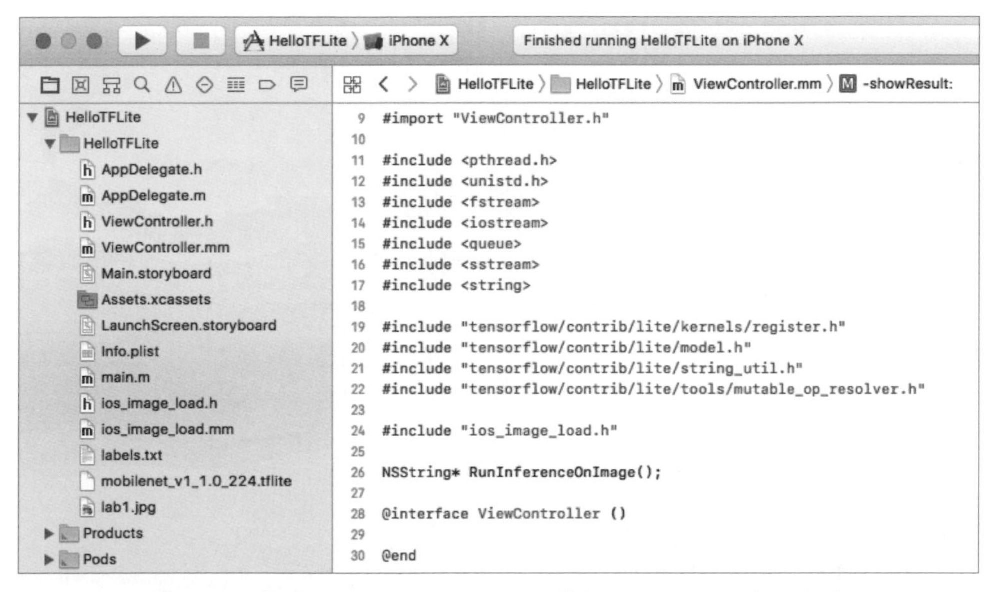

圖 11.1　使用 TensorFlow Lite pod 的新 Xcode iOS 應用程式

info

我們僅示範如何在 iOS app 中使用 TensorFlow Lite pod。有另一種將 TensorFlow Lite 添加到 iOS 的方法，類似於建立客製化 TensorFlow Mobile iOS 函式庫的過程，我們在前幾章中已經做過很多次了。有關如何建立自己的客製化 TensorFlow Lite iOS 函式庫的更多資訊，請參考以下網址：

`https://github.com/tensorflow/tensorflow/blob/master/tensorflow/contrib/lite/g3doc/ios.md`

4. 將第 2 章的 `HelloTensorFlow` iOS app 中的類似之使用者介面程式碼複製到 `ViewController.mm`，使用 `UITapGestureRecognizer` 取得使用者在螢幕上的手勢，然後呼叫 `RunInferenceOnImage` 方法來載入 TensorFlow Lite 模型檔：

```
NSString* RunInferenceOnImage() {
    NSString* graph = @"mobilenet_v1_1.0_224";
    std::string input_layer_type = "float";
    std::vector<int> sizes = {1, 224, 224, 3};
    const NSString* graph_path = FilePathForResourceName(graph, @"tflite");
    std::unique_ptr<tflite::FlatBufferModel>
model(tflite::FlatBufferModel::BuildFromFile([graph_path UTF8String]));
    if (!model) {
        NSLog(@"Failed to mmap model %@.", graph);
        exit(-1);
    }
```

5. 建立 `Interpreter` 類別的實例並設定其輸入：

```
tflite::ops::builtin::BuiltinOpResolver resolver;
std::unique_ptr<tflite::Interpreter> interpreter;
tflite::InterpreterBuilder(*model, resolver)(&interpreter);
if (!interpreter) {
    NSLog(@"Failed to construct interpreter.");
    exit(-1);
}
interpreter->SetNumThreads(1);

int input = interpreter->inputs()[0];
interpreter->ResizeInputTensor(input, sizes);

if (interpreter->AllocateTensors() != kTfLiteOk) {
    NSLog(@"Failed to allocate tensors.");
    exit(-1);
}
```

與 TensorFlow Mobile 不同，TensorFlow Lite 使用 `interpreter->inputs()[0]`，而不是特定的輸入節點名稱，來輸入 TensorFlow Lite 模型進行推論。

6. 透過和 `HelloTensorFlow` app 中相同的方式載入 `labels.txt` 之後，也以相同的方式載入要分類的影像，但使用 TensorFlow Lite 中 `Interpreter` 的 `typed_tensor` 方法而不是 TensorFlow Mobile 的 `Tensor` 類別及 `tensor` 方法進行準備。圖 11.2 比較了用於載入和處理影像檔案資料的 TensorFlow Mobile 和 TensorFlow Lite 程式碼：

```
NSString* image_path = FilePathForResourceName(@"lab1", @"jpg");
int image_width;
int image_height;
int image_channels;
std::vector<tensorflow::uint8> image_data = LoadImageFromFile([image_path UTF8String],
    &image_width, &image_height, &image_channels);
const int wanted_channels = 3;
const float input_mean = 128.0f;
const float input_std = 128.0f;

assert(image_channels >= wanted_channels);
tensorflow::Tensor image_tensor(tensorflow::DT_FLOAT,tensorflow::TensorShape({1,
    wanted_height, wanted_width, wanted_channels}));
auto image_tensor_mapped = image_tensor.tensor<float, 4>();
tensorflow::uint8* in = image_data.data();
float* out = image_tensor_mapped.data();
for (int y = 0; y < wanted_height; ++y) {
    const int in_y = (y * image_height) / wanted_height;
    tensorflow::uint8* in_row = in + (in_y * image_width * image_channels);
    float* out_row = out + (y * wanted_width * wanted_channels);
    for (int x = 0; x < wanted_width; ++x) {
        const int in_x = (x * image_width) / wanted_width;
        tensorflow::uint8* in_pixel = in_row + (in_x * image_channels);
        float* out_pixel = out_row + (x * wanted_channels);
        for (int c = 0; c < wanted_channels; ++c) {
            out_pixel[c] = (in_pixel[c] - input_mean) / input_std;
        }
    }
}
```

```
NSString* image_path = FilePathForResourceName(@"lab1", @"jpg");
int image_width;
int image_height;
int image_channels;
std::vector<uint8_t> image_data = LoadImageFromFile([image_path UTF8String],
    &image_width, &image_height, &image_channels);
const int wanted_width = 224;
const int wanted_height = 224;
const int wanted_channels = 3;
const float input_mean = 127.5f;
const float input_std = 127.5f;
assert(image_channels >= wanted_channels);
uint8_t* in = image_data.data();
float* out = interpreter->typed_tensor<float>(input);
for (int y = 0; y < wanted_height; ++y) {
    const int in_y = (y * image_height) / wanted_height;
    uint8_t* in_row = in + (in_y * image_width * image_channels);
    float* out_row = out + (y * wanted_width * wanted_channels);
    for (int x = 0; x < wanted_width; ++x) {
        const int in_x = (x * image_width) / wanted_width;
        uint8_t* in_pixel = in_row + (in_x * image_channels);
        float* out_pixel = out_row + (x * wanted_channels);
        for (int c = 0; c < wanted_channels; ++c) {
            out_pixel[c] = (in_pixel[c] - input_mean) / input_std;
        }
    }
}
```

圖 11.2　用於載入和處理輸入影像的 TensorFlow Mobile（左）和 TensorFlow Lite（右）程式碼

7. 在呼叫 `GetTopN` 輔助方法獲取前 N 個分類結果之前，呼叫 `Interpreter` 上的 `Invoke` 方法執行模型，並使用 `typed_out_tensor` 方法來取得模型的輸出。TensorFlow Mobile 和 TensorFlow Lite 之間的程式碼差異如圖 11.3 所示：

```
std::vector<tensorflow::Tensor> outputs;
tensorflow::Status run_status = session->Run({{input_layer, image_tensor}},
                                             {output_layer}, {}, &outputs);
if (!run_status.ok()) {
    result = @"Error running model";
    return result;
}

tensorflow::Tensor* output = &outputs[0];
const int kNumResults = 5;
const float kThreshold = 0.01f;
std::vector<std::pair<float, int> > top_results;
GetTopN(output->flat<float>(), kNumResults, kThreshold, &top_results);
```

```
if (interpreter->Invoke() != kTfLiteOk) {
    NSLog(@"Failed to invoke!");
    exit(-1);
}

float* output = interpreter->typed_output_tensor<float>(0);
const int output_size = 1000;
const int kNumResults = 5;
const float kThreshold = 0.1f;
std::vector<std::pair<float, int> > top_results;
GetTopN(output, output_size, kNumResults, kThreshold, &top_results);
```

圖 11.3　用於執行模型與取得輸出值的 TensorFlow Mobile（左）和 TensorFlow Lite（右）程式碼

8. 以類似於 **HelloTensorFlow** 中方法的方式實作 `GetTopN` 方法，使用 **TensorFlow Lite** 的 `const float*prediction` 類型代替 **TensorFlow Mobile** 的 `const Eigen::TensorMap<Eigen::Tensor<float, 1, Eigen::RowMajor>, Eigen::Aligned>& prediction`。**TensorFlow Mobile** 和 **Lite** 中 `GetTopN` 方法的比較如圖 11.4 所示：

```
static void GetTopN(
                  const Eigen::TensorMap<Eigen::Tensor<float, 1,
                      Eigen::RowMajor>,
                  Eigen::Aligned>& prediction,
                  const int num_results, const float threshold,
                  std::vector<std::pair<float, int> >* top_results) {
    // Will contain top N results in ascending order.
    std::priority_queue<std::pair<float, int>,
    std::vector<std::pair<float, int> >,
    std::greater<std::pair<float, int> > > top_result_pq;

    const long count = prediction.size();
    for (int i = 0; i < count; ++i) {
        const float value = prediction(i);

        // Only add it if it beats the threshold and has a chance at being in
        // the top N.
        if (value < threshold) {
            continue;
        }

        top_result_pq.push(std::pair<float, int>(value, i));
```

```
static void GetTopN(const float* prediction, const int prediction_size, const int
    num_results,
                    const float threshold, std::vector<std::pair<float, int> >*
                        top_results) {
    // Will contain top N results in ascending order.
    std::priority_queue<std::pair<float, int>, std::vector<std::pair<float, int> >,
    std::greater<std::pair<float, int> > >
    top_result_pq;

    const long count = prediction_size;
    for (int i = 0; i < count; ++i) {
        const float value = prediction[i];

        // Only add it if it beats the threshold and has a chance at being in
        // the top N.
        if (value < threshold) {
            continue;
        }

        top_result_pq.push(std::pair<float, int>(value, i));

        // If at capacity, kick the smallest value out.
```

圖 11.4　用於處理輸出值與回傳最佳結果的 TensorFlow Mobile（左）和 Lite（右）程式碼

9. 如果值大於閾值（設置為 0.1f），則使用簡單的 `UIAlertController` 來顯示 **TensorFlow Lite** 模型回傳的最高信心數值：

```
-(void) showResult:(NSString *)result {
    UIAlertController* alert = [UIAlertController alertControllerWithTitle:
@"TFLite Model Result" message:result preferredStyle:UIAlertControllerStyle
Alert];
    UIAlertAction* action = [UIAlertAction actionWithTitle:@"OK"
style:UIAlertActionStyleDefault handler:nil];
    [alert addAction:action];
    [self presentViewController:alert animated:YES completion:nil];
}
-(void)tapped UITapGestureRecognizer *)tapGestureRecognizer {
        NSString *result = RunInferenceOnImage();
        [self showResult:result];
}
```

立即執行這個 iOS app 程式，然後點擊螢幕以執行模型。圖 11.5 中為使用 `lab1.jpg` 測試影像得到的結果：

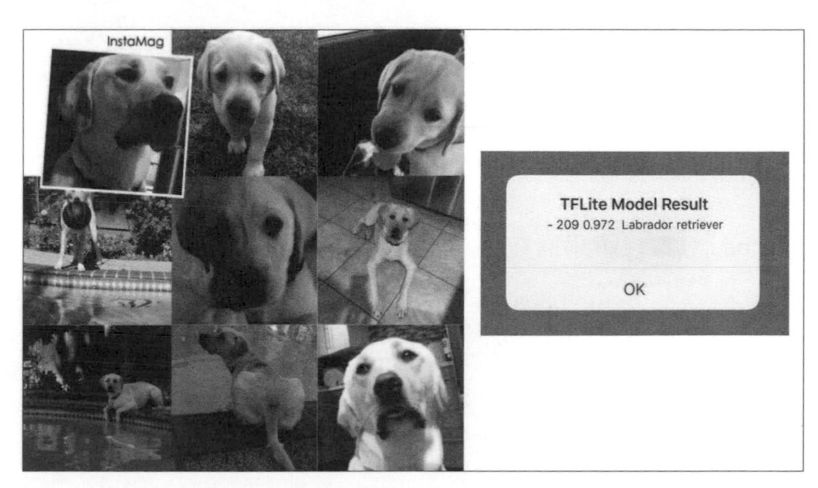

圖 11.5　測試影像以及模型推論的結果

這就是在新的 iOS app 中使用內建的 MobileNet TensorFlow Lite 模型的方式。現在讓我們看看如何使用重新訓練後的 TensorFlow 模型。

在 iOS 中使用重新訓練的 TensorFlow Lite 模型

在第 2 章，我們為了進行狗的品種辨識，重新訓練了 MobileNet TensorFlow 模型，並且要在 TensorFlow Lite 中使用這種模型，首先需要使用 `TensorFlow Lite Converter` 工具將其轉換為 TensorFlow Lite 格式 ：

```
bazel build tensorflow/contrib/lite/toco:toco

bazel-bin/tensorflow/contrib/lite/toco/toco \
  --input_file=/tmp/dog_retrained_mobilenet10_224_not_quantized.pb \
  --input_format=TENSORFLOW_GRAPHDEF --output_format=TFLITE \
  --output_file=/tmp/dog_retrained_mobilenet10_224_not_quantized.tflite --
inference_type=FLOAT \
  --input_type=FLOAT --input_array=input \
  --output_array=final_result --input_shape=1,224,224,3
```

我們必須使用 --input_array 和 --output_array 來指定輸入節點名稱和輸出節點名稱。有關轉換器工具的詳細指令參數，請參考以下網址的說明：

https://github.com/tensorflow/tensorflow/blob/master/tensorflow/contrib/lite/toco/g3doc/cmdline_examples.md

將轉換後的 dog_retrained_mobilenet10_224_not_quantized.tflite TensorFlow Lite 模型檔以及來自 HelloTensorFlow 的相同 dog_retrained_labels.txt 標籤檔添加到 **Xcode** 專案後，只需在第 4 步中將底下這行：

```
NSString* graph = @"mobilenet_v1_1.0_224";
```

改為：

```
NSString* graph = @"dog_retrained_mobilenet10_224_not_quantized";
```

以及將

```
const int output_size = 1000;
```

改為

```
const int output_size = 121;
```

（回想一下，MobileNet 模型可以辨識 1,000 個物件，而我們訓練後的狗模型則只需要辨識 121 種犬種），然後使用 TensorFlow Lite 格式的訓練後的模型再次執行該 app，結果會大致相同。

因此，在成功將其轉換為 TensorFlow Lite 模型之後，使用經過重新訓練的 MobileNet TensorFlow 模型非常簡單。那本書和其他地方介紹的所有那些客製化模型又是如何呢？

在 iOS 中使用自定義的 TensorFlow Lite 模型

先前的章節中已經訓練了許多自定義的 TensorFlow 模型，並將其凍結以供行動裝置使用。不幸的是，如果你嘗試使用上一節中建立的 bazel-bin/tensorflow/contrib/lite/toco/toco TensorFlow Lite 轉換工具將模型從 TensorFlow 格式轉換為 TensorFlow Lite 格式，除了在前一小節中介紹的第 2 章的重新訓練模型，其他都會失敗。大多數錯誤都屬於「轉換不支援的操作」類型。例如，以下指令會嘗試將第 3 章的 TensorFlow 物件偵測模型轉換為 TensorFlow Lite 格式：

```
bazel-bin/tensorflow/contrib/lite/toco/toco \
    --input_file=/tmp/ssd_mobilenet_v1_frozen_inference_graph.pb \
    --input_format=TENSORFLOW_GRAPHDEF --output_format=TFLITE \
    --output_file=/tmp/ssd_mobilenet_v1_frozen_inference_graph.tflite --
inference_type=FLOAT \
    --input_type=FLOAT --input_arrays=image_tensor \
    --output_arrays=detection_boxes,detection_scores,detection_
classes,num_detect ions \
    --input_shapes=1,224,224,3
```

你會在 TensorFlow 1.6 中得到許多錯誤，包含：

```
Converting unsupported operation: TensorArrayV3
Converting unsupported operation: Enter
Converting unsupported operation: Equal
Converting unsupported operation: NonMaxSuppressionV2
Converting unsupported operation: ZerosLike
```

以下指令會嘗試將第 4 章的神經傳遞模型轉換為 TensorFlow Lite 格式：

```
bazel-bin/tensorflow/contrib/lite/toco/toco \
    --input_file=/tmp/stylize_quantized.pb \
    --input_format=TENSORFLOW_GRAPHDEF --output_format=TFLITE \
    --output_file=/tmp/stylize_quantized.tflite --inference_type=FLOAT \
    --inference_type=QUANTIZED_UINT8 \
    --input_arrays=input,style_num \
    --output_array=transformer/expand/conv3/conv/Sigmoid \
    --input_shapes=1,224,224,3:26
```

以下指令則是嘗試轉換第 10 章的模型：

```
bazel-bin/tensorflow/contrib/lite/toco/toco \
    --input_file=/tmp/alphazero19.pb \
    --input_format=TENSORFLOW_GRAPHDEF --output_format=TFLITE \
    --output_file=/tmp/alphazero19.tflite --inference_type=FLOAT \
```

```
--input_type=FLOAT --input_arrays=main_input \
--output_arrays=value_head/Tanh,policy_head/MatMul \
--input_shapes=1,2,6,7
```

但是，你還是會收到許多「轉換不受支援的操作」錯誤。

截至 2018 年 3 月以及 TensorFlow 1.6 中，TensorFlow Lite 仍在開發人員預覽版本中，但將來的發行版將支援更多操作，因此如果你想在 TensorFlow 1.6 中嘗試 TensorFlow Lite，則應該僅使用預先訓練和重新訓練的 Inception 和 MobileNet 模型，同時關注將來的 TensorFlow Lite 版本。本書前面和其他章節中介紹的更多 TensorFlow 模型有可能會在 TensorFlow 1.7 或你閱讀本書時可以成功轉換為 TensorFlow Lite 格式。

但是至少就目前而言，你可能無法成功將 TensorFlow 或 Keras 建立的自定義複雜模型轉換為 TensorFlow Lite 格式，因此你應該如前幾章所述繼續使用 TensorFlow Mobile。除非你致力於使它們能與 TensorFlow Lite 一起使用，並且不介意幫忙新增更多由 TensorFlow Lite 支援的操作，畢竟 TensorFlow 是一個開放原始碼的專案。

在完成 TensorFlow Lite 的介紹之前，我們將看一下如何在 Android 中使用 TensorFlow Lite。

11.3 在 Android 中使用 TensorFlow Lite

為了簡單起見，我們將僅示範如何在新的 Android app 中將 TensorFlow Lite 和內建的 TensorFlow Lite MobileNet 模型結合在一起，並在此過程中介紹一些有用的技巧。

在按照以下步驟於新的 Android app 中使用 TensorFlow Lite 之前，你需要先在 API 級別至少為 15（版本至少為 4.0.3）的 Android 裝置上，並以 Android Studio 執行一個使用 TensorFlow Lite 的 Android 範例程式（`https://www.tensorflow.org/mobile/tflite/demo_android`）。如果你成功建立並執行

了應用程式範例，則在操作 Android 裝置時，應該能夠透過裝置的鏡頭和 TensorFlow Lite MobileNet 模型進行物件辨識。

現在執行以下步驟來建立一個新的 Android app，並新增 TensorFlow Lite 支援以進行影像分類，跟第 2 章的 `HelloTensorFlow` Android app 中所做的一樣：

1. 建立一個新的 Android Studio 專案，並命名為 `HelloTFLite`。將最低 SDK 設定為 API 15: Android 4.0.3，並接受所有其他預設設定。

2. 建立一個新的 `assets` 資料夾，將範例程式的 `tensorflow/contrib/lite/java/demo/app/src/main/assets` 資料夾中的 `mobilenet_quant_v1_224.tflite` TensorFlow Lite 檔案、`labels.txt` 檔案以及測試圖片，拖放到 HelloTFLite 應用程式的 `assets` 資料夾中。

3. 將 `tensorflow/contrib/lite/java/demo/app/src/main/java/com/example/android/tflitecamerademo` 資料夾中的 `ImageClassifier.java` 檔案拖放到 Android Studio 中的 `HelloTFLite` app 中。`ImageClassifier.java` 包含了使用 TensorFlow Lite Java API 載入和執行 TensorFlow Lite 模型的所有程式碼，我們將在稍後詳細介紹。

4. 打開應用程式的 `build.gradle` 檔案，在 `dependencies` 的末端新增 `compile 'org.tensorflow:tensorflow-lite:0.1'`，並在 `android` 內部的 `buildTypes` 加入以下三行：

```
aaptOptions {
    noCompress "tflite"
}
```

這可避免在執行 app 時出現以下錯誤：

```
10185-10185/com.ailabby.hellotflite W/System.err:
java.io.FileNotFoundException: This file can not be opened as a file
descriptor; it is probably compressed
03-20 00:32:28.805 10185-10185/com.ailabby.hellotflite W/System.err: at
android.content.res.AssetManager.openAssetFd(Native Method)
03-20 00:32:28.806 10185-10185/com.ailabby.hellotflite W/System.err: at
android.content.res.AssetManager.openFd(AssetManager.java:390)
```

```
03-20 00:32:28.806 10185-10185/com.ailabby.hellotflite W/System.err: at
com.ailabby.hellotflite.ImageClassifier.loadModelFile(ImageClassifier.java:
173)
```

現在，**Android Studio** 中的 `HelloTFLite` **app** 畫面應如圖 11.6 所示：

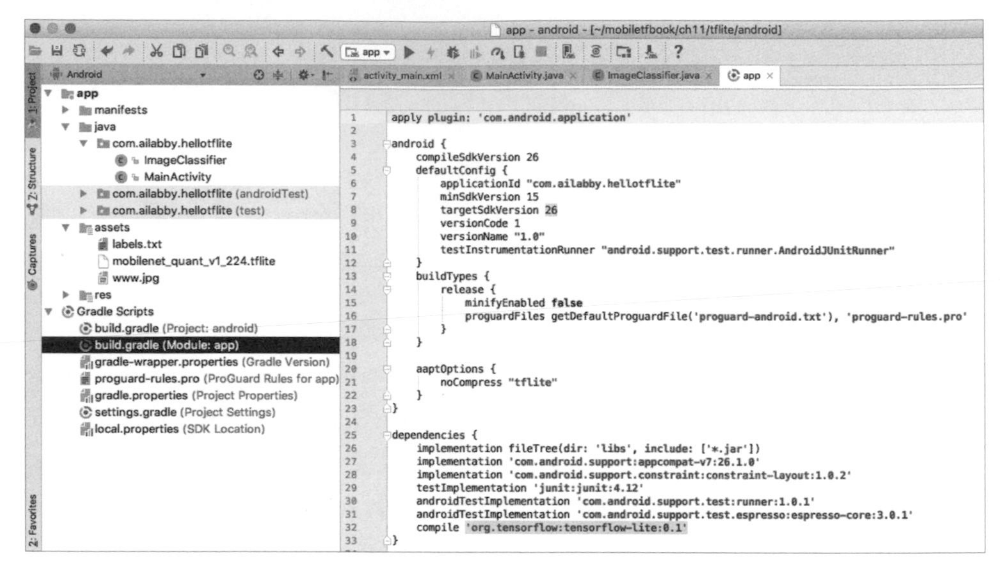

圖 11.6　使用 TensorFlow Lite 和內建的 MobileNet 影像分類模型的新 Android app

5. 和之前幾次一樣，在 `activity_main.xml` 中新增 `ImageView` 和一個 `Button`，然後在 `MainActivity.java` 的 `onCreate` 方法中，將 `ImageView` 設定為測試影像的內容，並設定 `Button` 的點擊監聽器以啟動一個新執行緒，並實例化 `ImageClassifier` 實例稱為 `classifier`：

```
private ImageClassifier classifier;

@Override
protected void onCreate(Bundle savedInstanceState) {
...
    try {
        classifier = new ImageClassifier(this);
    } catch (IOException e) {
        Log.e(TAG, "Failed to initialize an image classifier.");
    }
```

6. 執行緒的 run 方法將測試影像資料讀入點陣圖、呼叫 ImageClassifier 的 classifyFrame 方法，並將結果以 Toast 顯示：

```
Bitmap bitmap =
BitmapFactory.decodeStream(getAssets().open(IMG_FILE));
Bitmap croppedBitmap = Bitmap.createScaledBitmap(bitmap,
INPUT_SIZE, INPUT_SIZE, true);
if (classifier == null ) {
    Log.e(TAG, "Uninitialized Classifier or invalid context."); return;
}
final String result = classifier.classifyFrame(croppedBitmap);
runOnUiThread(
        new Runnable() {
            @Override
            public void run() {
                mButton.setText("TF Lite Classify");
                Toast.makeText(getApplicationContext(), result,
Toast.LENGTH_LONG).show();
            }
        });
```

立即執行這個 app，你將看到測試影像和一個標題為 **TF Lite Classify** 的按鈕。點擊之後就會看到分類結果，例如 "Labrador retriever: 0.86 pug: 0.05 dalmatian: 0.04"。

使用核心 org.tensorflow.lite.Interpreter 類別及其 run 方法執行模型的 ImageClassifier 中，與 TensorFlow Lite 相關的程式碼如下：

```
import org.tensorflow.lite.Interpreter;

public class ImageClassifier {

    private Interpreter tflite;
    private byte[][] labelProbArray = null;

    ImageClassifier(Activity activity) throws IOException {
        tflite = new Interpreter(loadModelFile(activity));
        ...
    }
```

```
    String classifyFrame(Bitmap bitmap) {
        if (tflite == null) {
            Log.e(TAG, "Image classifier has not been initialized;
                                                        Skipped.");
            return "Uninitialized Classifier.";
        }
        convertBitmapToByteBuffer(bitmap);
        tflite.run(imgData, labelProbArray);
        ...
    }
```

並定義 loadModelFile 方法：

```
private MappedByteBuffer loadModelFile(Activity activity) throws
IOException {
    AssetFileDescriptor fileDescriptor =
activity.getAssets().openFd(MODEL_PATH);
    FileInputStream inputStream = new
FileInputStream(fileDescriptor.getFileDescriptor());
    FileChannel fileChannel = inputStream.getChannel();
    long startOffset = fileDescriptor.getStartOffset();
    long declaredLength = fileDescriptor.getDeclaredLength();
    return fileChannel.map(FileChannel.MapMode.READ_ONLY, startOffset,
declaredLength);
}
```

回想一下，在步驟 4 中，我們必須在 build.gradle 檔案中加入 noCompress "tflite"，否則 openFd 方法將導致錯誤。該方法會回傳模型的記憶體映射版本，我們在第 6 章和第 9 章中討論了如何使用 convert_graphdef_memmapped_format 工具將 TensorFlow Mobile 模型轉換為記憶體映射格式。

以上就是在新的 Android app 中載入並執行內建的 TensorFlow Lite 模型需要做的所有步驟。如果你有興趣使用經過重新訓練和轉換的 TensorFlow Lite 模型，如同我們在 iOS app 及 Android app 中所做的那樣，或是成功獲得了轉換模型的客製化 TensorFlow Lite 模型，則可以在 HelloTFLite app 以外的 app 中來試看看。我們將暫時放下最先進的 TensorFlow Lite，並接著為你介紹另一個對 iOS 開發人員來說非常酷的 WWDC 重量級主題。

11.4 適用於 iOS 的 Core ML 簡介

Apple 的 Core ML 框 架（https://developer.apple.com/documentation/coreml）讓 iOS 開發人員可以輕鬆地在 iOS 11 之後的版本中，搭配 Xcode 9 之後的版本所建立的 iOS app 中來使用經過訓練的機器學習模型。你可以下載並使用 Apple 已在 https://developer.apple.com/machine-learning 提供的 Core ML 格式的預先訓練模型。或使用位於 https://apple.github.io/coremltools 的 Python 工具 coremltools 這項 Core ML 社群工具，將其他機器學習和深度學習模型轉換為 Core ML 格式。

Core ML 格式的預先訓練模型包括流行的 MobileNet 和 Inception V3 模型，以及更新的 ResNet50 模型（我們在第 10 章簡單扼要地討論了殘差網路）。可以轉換為 Core ML 格式的模型包括使用 Caffe 或 Keras 建立的深度學習模型，以及使用線性迴歸、支援向量機和使用 Scikit Learn（http://scikit-learn.org）這個非常流行的 Python 機器學習資料庫。

因此，如果你想在 iOS 中使用傳統的機器學習模型，那麼 Scikit Learn 和 Core ML 絕對是必經之路。儘管這是一本有關行動裝置與 TensorFlow 的書，但建立智慧型應用程式有時候不需要深度學習。在某些使用案例中，傳統機器學習也完全適用。此外，Core ML 對 Scikit Learn 模型的支援十分順暢，值得我們快速瀏覽一下，因此你將知道何時不需要用到行動裝置搭配 TensorFlow 這項技能。

如果要使用 Apple 預先訓練的 MobileNet Core ML 模型，請由以下網址參考 Apple 提供的範例專案，該專案使用 Vision 和 Core ML 對影像進行分類：

https://developer.apple.com/documentation/vision/classifying_images_with_vision_and_core_ml

你也可以觀看 https://developer.apple.com/machine-learning 上列出的有關 Core ML 的 2017 年 WWDC 影片。

在接下來的兩小節中，我們將教你如何以 TensorFlow 作為後端，在 Keras 中轉換和使用 Scikit Learn 模型、與我們在第 8 章建立的股票預測 RNN 模型。你將在 Objective-C 和 Swift 中看到，為了使用轉換後的 Core ML 模型，用原始程式碼從頭開始建立的完整 iOS app。如果「從頭開始」這個詞讓你雀躍並使你想起 AlphaZero，則你可能很喜歡上一章，也就是第 10 章的內容。

11.5 將 Core ML 與 Scikit-Learn 機器學習結合使用

線性迴歸和支援向量機是 Scikit Learn 支援的兩種最常見的傳統機器學習演算法。我們將研究如何使用這兩種演算法建立房價預測模型。

建置並轉換 Scikit-Learn 模型

首先，取得房價資料集。可從 https://wiki.csc.calpoly.edu/datasets/wiki/Houses 下載，下載的 RealEstate.csv 檔案如下所示：

```
MLS,Location,Price,Bedrooms,Bathrooms,Size,Price/SQ.Ft,Status
132842,Arroyo Grande,795000.00,3,3,2371,335.30,Short Sale
134364,Paso Robles,399000.00,4,3,2818,141.59,Short Sale
135141,Paso Robles,545000.00,4,3,3032,179.75,Short Sale
...
```

我們將使用廣受歡迎的開放原始碼 Python 資料分析套件 Pandas（https://pandas.pydata.org）來解析 csv 檔案。想安裝 Scikit Learn 和 Pandas，只需執行以下指令，建議最好在你之前建立的 TensorFlow 和 Keras 虛擬環境中執行：

```
pip install scikit-learn
pip install pandas
```

現在輸入以下程式碼以讀取和解析 RealEstate.csv 檔案，將第 4 至 6 列（臥室數量、浴室數量和大小）下的所有行都用作輸入資料，並將每一列的第三行（價格）作為目標輸出值：

```
from sklearn.linear_model import LinearRegression
from sklearn.svm import LinearSVR
import pandas as pd
import sklearn.model_selection as ms

data = pd.read_csv('RealEstate.csv')
X, y = data.iloc[:, 3:6], data.iloc[:, 2]
```

將資料集分為訓練集和測試集，然後使用 Scikit Learn 的線性迴歸模型使用標準擬合方法來訓練資料集：

```
X_train, X_test, y_train, y_test = ms.train_test_split(X, y,
test_size=0.25)

lr = LinearRegression()
lr.fit(X_train, y_train)
```

使用 predict 方法，用三個新輸入值（3 間臥室、2 間浴室、1,560 平方英尺等）對經過訓練的模型進行測試：

```
X_new = [[ 3, 2, 1560.0],
         [3, 2, 1680],
         [5, 3, 2120]]

print(lr.predict(X_new))
```

這段程式碼執行後會輸出三個值作為預測房價：[319289.9552276 352603.45104977 343770.57498118]。

要訓練支援向量機模型並使用 X_new 輸入對其進行測試，新增以下與前面相似的程式碼：

```
svm = LinearSVR(random_state=42)
svm.fit(X_train, y_train)

print(svm.predict(X_new))
```

這段程式碼會使用支援向量機模型輸出預測房價 [298014.41462535 320991.94354092 404822.78465954]。我們不會討論哪個模型比較好、如何使線性迴歸或支援向量機模型做得更好、或者如何在 Scikit Learn 支援的所有演算法中選擇更好的模型，因為有很多關於這些主題的好書和網路資源。

首先要安裝 Core ML 工具（https://github.com/apple/coremltools），才能將兩個 Scikit Learn 模型 lr 和 svm 轉換為可在你的 iOS app 中使用的 Core ML 格式。我們建議你在第 8 章以及第 10 章所建立的 TensorFlow 和 Keras 虛擬環境中使用 pip install -U coremltools 來安裝本工具，因為在下一節中我們將使用它來轉換 Keras 模型。

現在，執行以下程式碼將兩個 Scikit Learn 模型轉換為 Core ML 格式：

```
import coremltools
coreml_model = coremltools.converters.sklearn.convert(lr, ["Bedrooms",
"Bathrooms", "Size"], "Price")
coreml_model.save("HouseLR.mlmodel")

coreml_model = coremltools.converters.sklearn.convert(svm, ["Bedrooms",
"Bathrooms", "Size"], "Price")
coreml_model.save("HouseSVM.mlmodel")
```

有關轉換工具的更多詳細資訊，請參考其線上資料，網址為 https://apple.github.io/coremltools/coremltools.converters.html。現在，我們可以將這兩個模型加入 Objective-C 或 Swift iOS app 中，但我們在這裡僅介紹 Swift 範例。在下一部分中，你將看到使用從 Keras 和 TensorFlow 模型轉換而來的股票預測 Core ML 模型的 Objective-C 和 Swift 範例。

在 iOS 中使用轉換後的 Core ML 模型

將 HouseLR.mlmodel 和 HouseSVM.mlmodel 這兩個 Core ML 模型檔案加入新的用 Swift 開發的 Xcode iOS 專案中之後，HouseLR.mlmodel 如圖 11.7 所示：

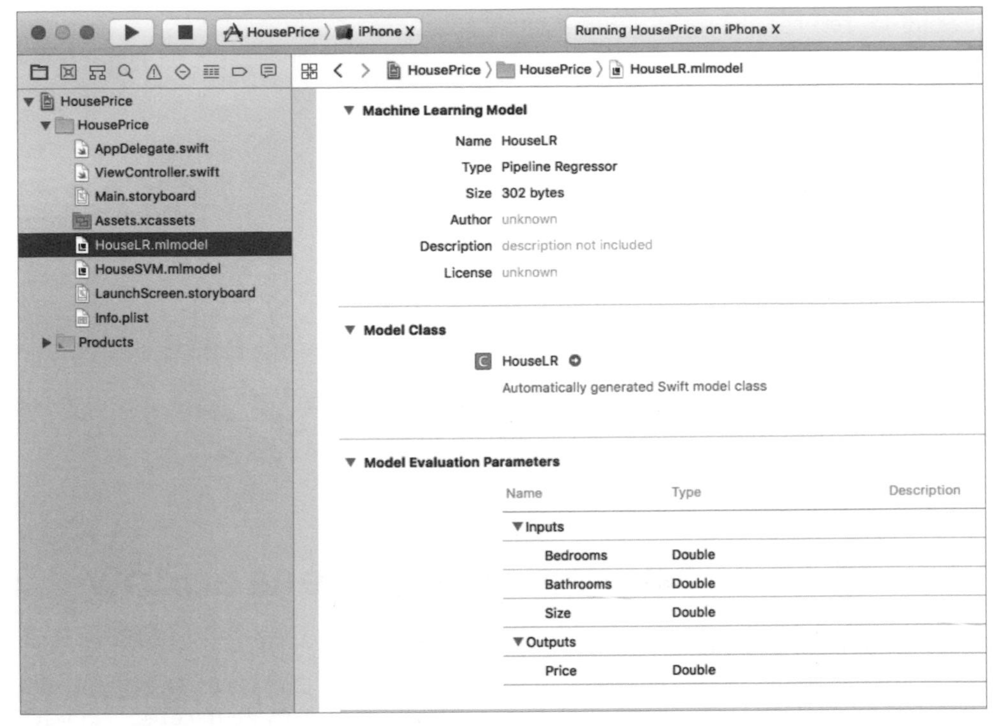

圖 11.7　Swift iOS 專案和 Linear Regression Core ML 模型

除了將機器學習模型名稱和模型類別從 HouseLR 更改為 HouseSVM 外，其他部分則與 HouseSVM.mlmodel 模型看起來完全相同。

將以下程式碼新增到 ViewController.swift 中的 class ViewController：

```
private let lr = HouseLR()
private let svm = HouseSVM()

override func viewDidLoad() {
    super.viewDidLoad()
    let lr_input = HouseLRInput(Bedrooms: 3, Bathrooms: 2, Size: 1560)
    let svm_input = HouseSVMInput(Bedrooms: 3, Bathrooms: 2, Size: 1560)
    guard let lr_output = try? lr.prediction(input: lr_input) else {
        return
    }
    print(lr_output.Price)
    guard let svm_output = try? svm.prediction(input: svm_input) else {
```

```
        return
    }
    print(svm_output.Price)
}
```

這些都十分簡單明瞭。執行這個 app 後會顯示以下訊息：

```
319289.955227601
298014.414625352
```

它們與上一節中的 Python 腳本輸出的兩個陣列中的前兩個數字相同，因為我們使用 Python 程式碼的 `X_new` 值中的第一個輸入作為 `HouseLR` 和 `HouseSVM` 的預測輸入值。

11.6 將 Core ML 與 Keras 及 TensorFlow 結合使用

coremltools 工具還正式支援轉換用 Keras 建立的模型（請參考 `keras.convert` 連結：`https://apple.github.io/coremltools/coremltools.converters.html`）。截至 2018 年 3 月，最新版本的 `coremltools 0.8` 可以與 TensorFlow 1.4 和 Keras 2.1.5 一起使用，我們在第 8 章使用它們建立了 Keras 股票價格預測模型。你有兩種方法可以使用 `coremltools` 生成模型的 Core ML 格式。第一種是在訓練模型後，直接在 Python Keras 程式碼中呼叫 `coremltools` 的 `convert` 和 `save` 方法。例如，將以下最後三行程式碼添加到 `model.fit` 之後的 `ch8/python/keras/train.py` 檔案中：

```
model.fit(
    X_train,
    y_train,
    batch_size=512,
    epochs=epochs,
    validation_split=0.05)

import coremltools
```

```
coreml_model = coremltools.converters.keras.convert(model)
coreml_model.save("Stock.mlmodel")
```

對於我們的模型轉換，在執行新腳本時可忽略以下警告：

```
WARNING:root:Keras version 2.1.5 detected. Last version known to be fully
compatible of Keras is 2.1.3.
```

將生成的 `Stock.mlmodel` 檔案拖放到 Xcode 9.2 iOS 專案中時，它將使用預設的輸入名稱 `input1` 和輸出名稱 `output1`，如圖 11.8 所示，且適用於使用 Objective-C 和 Swift 的 iOS app：

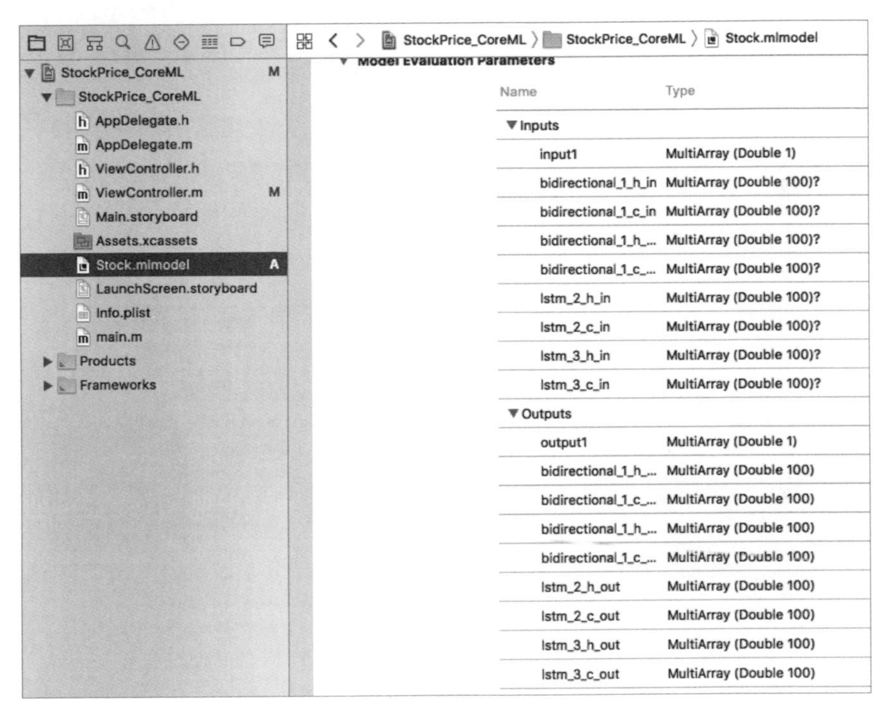

圖 11.8　在 Objective-C app 中，從 Keras 和 TensorFlow 轉換的股價預測 Core ML 模型

使用 `coremltools` 生成模型的 Core ML 格式的另一種方法是，首先將使用 Keras 建立的模型保存為 Keras HDF5 模型格式，該格式是我們在第 10 章中，在轉換到 AlphaZero TensorFlow 檢查點檔案中之前使用的格式。為此，只需執行 `model.save('stock.h5')`。

接著，你可以使用以下程式碼將 Keras .h5 模型轉換為 Core ML 模型：

```
import coremltools
coreml_model = coremltools.converters.keras.convert('stock.h5',
input_names = ['bidirectional_1_input'],
output_names = ['activation_1/Identity'])
coreml_model.save('Stock.mlmodel')
```

請注意，我們在這裡使用與凍結 TensorFlow 檢查點檔案時相同的輸入和輸出名稱。如果將 Stock.mlmodel 拖放到 Objective-C 專案中，則自動生成的 Stock.h 將出現錯誤，因為 Xcode 9.2 中的錯誤無法正確處理 activation_1/Identity 輸出名稱中的「/」字元。如果它是一個 Swift iOS 物件，那麼自動生成的 Stock.swift 檔案會正確地將「/」字元更改為「_」，從而避免編譯器錯誤，如圖 11.9 所示。

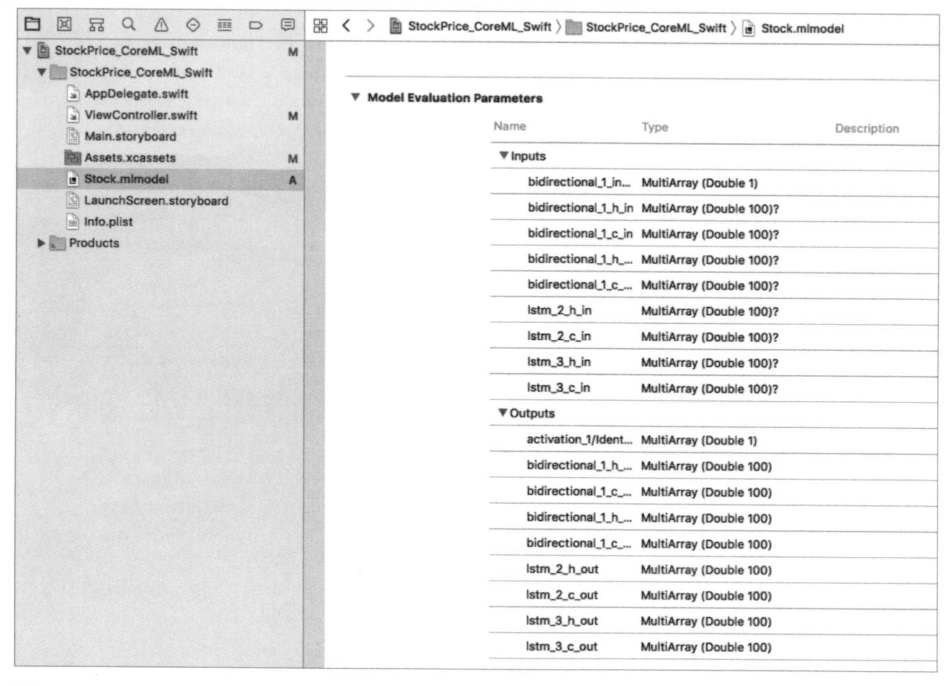

圖 11.9　在 Swift app 中，從 Keras 和 TensorFlow 轉換的股價預測 Core ML 模型

要在 Objective-C 中使用該模型，請建立一個 Stock 物件和一個具有指定資料類型和形狀的 MLMultiArray 物件，然後用一些輸入資料填充該陣列物件，並使用以 MLMultiArray 資料初始化的 StockInput 實例呼叫 predictionFromFeatures 方法：

```
#import "ViewController.h"
#import "Stock.h"

@interface ViewController ()
@end

@implementation ViewController

- (void)viewDidLoad {
    [super viewDidLoad];

    Stock *stock = [[Stock alloc] init];
    double input[] = {
        0.40294855,
        0.39574954,
        0.39789235,
        0.39879138,
        0.40368535,
        0.41156033,
        0.41556879,
        0.41904324,
        0.42543786,
        0.42040193,
        0.42384258,
        0.42249741,
        0.4153998 ,
        0.41925279,
        0.41295281,
        0.40598363,
        0.40289448,
        0.44182321,
        0.45822208,
        0.44975226};
```

```
    NSError *error = nil;
    NSArray *shape = @[@20, @1, @1];
    MLMultiArray *mlMultiArray = [[MLMultiArray alloc]
initWithShape:(NSArray*)shape dataType:MLMultiArrayDataTypeDouble
error:&error] ;

    for (int i = 0; i < 20; i++) {
        [mlMultiArray setObject:[NSNumber numberWithDouble:input[i]]
atIndexedSubscript:(NSInteger)i];
    }
    StockOutput *output = [stock predictionFromFeatures:[[StockInput alloc]
initWithInput1:mlMultiArray] error:&error];
    NSLog(@"output = %@", output.output1 );
}
```

在此使用寫死的正規化輸入和 NSLog，只是為了示範如何使用 Core ML 模型。如果立即執行這個 app，你將看到輸出值為 0.4486984312534332，該輸出值在去正規化之後就是第二天的股價預測值。

前面程式碼的 Swift 版本如下：

```
import UIKit
import CoreML

class ViewController: UIViewController {
    private let stock = Stock()
    override func viewDidLoad() {
        super.viewDidLoad()
        let input = [
            0.40294855,
            0.39574954,
            ...
            0.45822208,
            0.44975226]
        guard let mlMultiArray = try? MLMultiArray(shape:[20,1,1],
dataType:MLMultiArrayDataType.double) else {
            fatalError("Unexpected runtime error. MLMultiArray")
        }
        for (index, element) in input.enumerated() {
```

```
            mlMultiArray[index] = NSNumber(floatLiteral: element)
        }
        guard let output = try? stock.prediction(input:
StockInput(bidirectional_1_input:mlMultiArray)) else {
            return
        }
        print(output.activation_1_Identity)
    }
}
```

請注意，就像使用 TensorFlow Mobile 的 iOS app 一樣，`bidirectional_1_input` 和 `activation_1_Identity` 是用於設定輸入並取得輸出結果。

如果嘗試轉換我們在第 10 章中用 Keras 建立和訓練的 AlphaZero 模型，則會收到錯誤 `ValueError：Unknown loss function:softmax_cross_entropy_with_logits`。如果你嘗試轉換本書中建立的其他 TensorFlow 模型，可以使用的最佳非官方工具是 `https://github.com/tf-coreml/tf-coreml` 上的 TensorFlow to Core ML Converter。不幸的是，它與 TensorFlow Lite 相似，因為 Core ML 的限制以及 tf-coreml 轉換器的限制，它僅支援有限的 TensorFlow 操作集。

我們不會詳細介紹將 TensorFlow 模型轉換為 `Core ML` 模型的細節。但是至少你已經了解如何轉換和使用 `Scikit Learn` 建立的傳統機器學習模型，以及基於 Keras 的 RNN 模型。希望該模型為你提供了建立和使用 `Core ML` 模型的良好基礎。當然，如果你喜歡 Core ML，則應注意其未來更好的版本、以及 `coremltools` 和 `tf-coreml` 轉換器的未來版本。關於 `Core ML`，我們沒有涵蓋很多內容，想要了解其確切功能可以參考下列網址的完整 API 文件：

`https://developer.apple.com/documentation/coreml/core_ml_api`

11.7 總結

本章介紹了在行動裝置和嵌入式裝置上使用機器學習和深度學習模型的兩個流行工具：TensorFlow Lite 和 Core ML。儘管 TensorFlow Lite 仍在開發人員預覽版本中，且對 TensorFlow 操作的支援有限，但其未來版本將支持越來越多的 TensorFlow 功能，同時保持較低的延遲和更迷你的 app 大小。我們提供了有關如何開發 TensorFlow Lite iOS 和 Android app 以從頭開發影像分類的步驟教學。Core ML 是 Apple 為行動裝置開發人員提供的，將機器學習彙整到 iOS 應用程式中的框架，它對轉換和使用 Scikit Learn 所建立的傳統機器學習模型提供了強大的支援，並且對基於 Keras 的模型提供了良好的支援。我們還介紹了如何將 Scikit Learn 和 Keras 模型轉換為 Core ML 模型，以及如何在 Objective-C 和 Swift app 中使用它們。TensorFlow Lite 和 Core ML 現在都有一些沉重的限制，導致它們無法轉換我們在本書中建立的複雜的 TensorFlow 和 Keras 模型。但是它們目前已經有了實作案例，未來一定會變得更好。

我們能做的事情就是了解它們的用途、侷限性和潛力，讓我們可以為當前或未來的任務選擇最合適的工具。畢竟，當手邊不止擁有槌子這項工具時，就不會把所有東西都當釘子處理。

在本書的下一章，也是最後一章，我們將選擇一些以前建立的模型，並在很酷的樹莓派平台（一個小巧、價格合理但功能強大的電腦）上加入強化學習的力量。強化學習為 AlphaGo 及 AlphaZero 成功背後的關鍵技術，同時也是 2017 年麻省理工學院評論裡的年度 10 項突破性技術之一。誰會不喜歡這三個技術的組合呢？在僅僅一個章節中，我們將把包含觀看、聆聽、行走、平衡、當然還有學習等許多智慧型功能放到一台由樹莓派驅動的小型機器人中。如果自動駕駛汽車是當今最熱門的 AI 技術之一，那麼自動行走機器人可能是我們在家中最酷的玩具之一。

12

在樹莓派上開發 TensorFlow 應用

根據維基百科上的說法，「樹莓派（Raspberry Pi）是樹莓派基金會在英國開發的一系列小型單板電腦，目的為促進學校和發展中國家的基礎電腦科學教學。」樹莓派的官方網站（https://www.raspberrypi.org）將其描述為「一種小型且價格合理的電腦，可用於學習撰寫程式。」

如果你以前從未聽說過或使用過樹莓派，請看一下它的網站，你很快就會愛上這個小傢伙。它雖小但是功能強大，實際上，TensorFlow 的開發人員從 2016 年中就開始讓 TensorFlow 在早期版本的樹莓派上可以執行，使我們能夠在這個只需要 35 美金就可以買到的微型電腦上執行複雜的 TensorFlow 模型。這可能超出了「基礎電腦科學的教學」或「學習撰寫程式」的範圍，但是在另一方面，如果我們考慮過去幾年中所有行動裝置的快速發展，那我們就不會對於能在越來越小的裝置上實作越來越多的功能感到驚訝。

本章將進入樹莓派的有趣世界，樹莓派是 TensorFlow 正式支援的最小型裝置。我們將首先介紹如何取得和設定新的樹莓派 3B 開發板，以及本章中使用的所有能讓它可以聽、看、說的必要材料。接著將介紹如何使用 GoPiGo 機器人基礎套件（https://www.dexterindustries.com/shop/gopigo3-robot-base-kit）將樹莓派開發板變成可以移動的機器人。之後，我們將提供最簡單的操作步驟，以便在樹莓派上設定 TensorFlow 1.6 並建立樹莓派應用程式範例。另外也將討論如何彙整第 2 章中使用的影像辨識模型、第 5 章中將文字轉換為語音使機器人可以告訴我們它的辨識結果的語音辨識模型、以及 GoPiGo API 幫助我們了解簡單語音命令，讓你可以使用語音命令控制機器人的動作。

最後，我們將示範如何使用 TensorFlow 和 OpenAI Gym，這是一個用於開發和比較強化學習演算法的 Python 工具套件，可以在模擬環境中實作強大的強化學習演算法，以使我們的機器人能夠在真實環境中移動和平衡。

在 2016 年的 Google I/O 中，有個名為「**如何使用 Cloud Vision 和 Speech API 範例建置智慧型的樹莓派機器人**」的議程（How to build a smart RasPi Bot with Cloud Vision and Speech API，你可以在 YouTube 上觀看影片）。它使用 Google 的 Cloud API 執行影像辨識以及語音辨識和合成。在本章中，我們將看到如何在裝置上離線實作範例中的任務以及強化學習，從而展示 TensorFlow 在樹莓派上的強大功能。

本章內容如下，以建立一個可以移動、看、聆聽、說話和學習的機器人：

- 設定樹莓派並讓它動起來
- 在樹莓派上設定 TensorFlow
- 影像辨識及文字轉換成語音
- 語音辨識及機器人的動作
- 在樹莓派上的強化學習

12.1 設定樹莓派並讓它動起來

小型單板電腦樹莓派系列包括 4B、3B+、3B、2B、1B+、1A+、Zero 和 Zero W（詳細資訊請參考 https://www.raspberrypi.org/products/#buy-now-modal）。在此處將使用樹莓派 3B 開發板，你可以藉由前面的連結或在 Amazon（https://www.amazon.com/gp/product/B01CD5VC92）上以 35 美金的價格購買。我們在開發板上使用並測試過的配件及其價格如下：

- CanaKit 5V 2.5A 樹莓派電源供應器，約 10 美金（https://www.amazon.com/gp/product/B00MARDJZ4），可在開發過程中使用。
- Kinobo USB 2.0 迷你麥克風，約 4 美金（https://www.amazon.com/gp/product/B00IR8R7WQ），可記錄你的語音指令。
- USHONK USB 迷你揚聲器，約 12 美金（https://www.amazon.com/gp/product/B075M7FHM1），可播放合成聲音。
- Arducam 五百萬像素 1080p 的 OV5647 迷你相機，約 14 美金（https://www.amazon.com/gp/product/B012V1HEP4）支援影像辨識。
- 16 GB MicroSD 和轉接卡，約 10 美金（https://www.amazon.com/gp/product/B00TDBLTWK），用於儲存 Raspbian（樹莓派的官方作業系統）的安裝檔，並在安裝後充當硬碟。
- 一個 USB 隨身碟，例如 SanDisk 32GB USB Drive，9 美金（https://www.amazon.com/gp/product/B008AF380Q），可用作交換分區（詳細資訊請參考下一節），讓我們可以手動建立 TensorFlow 函式庫，是建立和執行 TensorFlow C ++ 程式碼必備的。
- GoPiGo 機器人基礎套件，110 美金（https://www.amazon.com/gp/product/B00NYB3J0A 或官方網站 https://www.dexterindustries.com/shop），可將樹莓派開發版變成可以移動的機器人。

你還需要 HDMI 線將樹莓派開發板連接到電腦螢幕、USB 鍵盤和滑鼠。包含 110 美金的 GoPiGo，總共要花 200 美金來製作一個可以移動、看、聆聽、說話的樹莓派機器人。儘管與功能強大的樹莓派開發板相比，GoPiGo 套件似乎有點昂貴，但如果沒有它，一動也不動的樹莓派可能會失色不少。

有一個較舊的部落格文章："如何用 100 美元和 TensorFlow 建立一個「看得到」的機器人（How to build a robot that "sees" with $100 and TensorFlow）"，由 *Lukas Biewald* 在 2016 年 9 月撰寫，涵蓋了如何使用 TensorFlow 和樹莓派 3 以及一些其他零件來製作能夠看和說話的機器人。讀起來很有趣。我們這裡介紹的內容除了提供語音命令辨識和強化學習之外，還提供了設定樹莓派 3 及 GoPiGo、能將樹莓派變成機器人的使用者友善且 Google 推薦的工具套件、以及更新版本的 TensorFlow 1.6 等詳細步驟。

https://www.oreilly.com/learning/how-to-build-a-robot-that-sees-with-100-and-tensorflow

現在，讓我們首先看看如何設定 Raspbian 這個樹莓派開發板的作業系統。

設定樹莓派

最簡單的方法是按照 https://www. raspberrypi.org/learning/software-guide/quickstart 上的簡單的 Raspbian 軟體安裝三步驟教學：

1. 從下列網址下載並安裝適用於你的 Windows 或 Mac 的 SD 卡格式化軟體：

   https://www.sdcard.org/downloads/formatter_4/index.html

2. 使用 SD Formatter 來格式化 microSD 卡。

3. 從樹莓派官網（如下列網址所示）下載 Raspbian 的官方簡易安裝程式 New Out Of Box Software（NOOBS）的離線壓縮檔，解壓縮後，拖放所有在 NOOBS 資料夾中的檔案到格式化的 MicroSD 卡中。

   https://www.raspberrypi.org/downloads/noobs

現在退出 microSD 卡並將其插入樹莓派開發板上。將螢幕的 HDMI 線以及 USB 鍵盤和滑鼠連接到開發板上。使用電源供應器為開發板供電，然後按照螢幕上的步驟完成 Raspbian 的安裝，包含設定無線網路。整個安裝過程不到一個小時即可完成。完成後，你可以打開終端機並輸入 ifconfig 指令來查詢開發板的 IP 地址，然後從你的電腦中使用 ssh pi @<board_ip_address> 來連上它。我們稍後會體會到這樣的確非常方便且有必要，因為在測試並控制移動中的樹莓派機器人時，你不會想也無法將鍵盤、滑鼠和螢幕連上開發板使用。

但是預設情況下開發板沒有啟用 SSH，因此，當你第一次嘗試 SSH 連線到樹莓派時，會收到「SSH 拒絕連線」錯誤。啟用它的最快方法是執行以下兩行命令：

```
sudo systemctl enable ssh
sudo systemctl start ssh
```

之後，你可以使用 pi 使用者的預設密碼 raspberry 來登入 ssh 連線。當然，你可以使用 passwd 指令將預設密碼更改為新密碼。

現在我們已經安裝了 Raspbian，請將 USB 迷你麥克風、USB 迷你喇叭和迷你相機插入樹莓派上。USB 麥克風和喇叭均可即插即用。插上它們之後，你可以使用 aplay -l 命令查詢支援的音源裝置：

```
aplay -l
**** List of PLAYBACK Hardware Devices ****
card 0: Device_1 [USB2.0 Device], device 0: USB Audio [USB Audio]
    Subdevices: 1/1
    Subdevice #0: subdevice #0
card 2: ALSA [bcm2835 ALSA], device 0: bcm2835 ALSA [bcm2835 ALSA]
    Subdevices: 8/8
    Subdevice #0: subdevice #0
    Subdevice #1: subdevice #1
    Subdevice #2: subdevice #2
    Subdevice #3: subdevice #3
    Subdevice #4: subdevice #4
    Subdevice #5: subdevice #5
    Subdevice #6: subdevice #6
    Subdevice #7: subdevice #7
card 2: ALSA [bcm2835 ALSA], device 1: bcm2835 ALSA [bcm2835 IEC958/
HDMI]
    Subdevices: 1/1
    Subdevice #0: subdevice #0
```

樹莓派開發板上還有一個音源孔，可用於在開發過程中獲得音源輸出。但是 USB 喇叭肯定更方便。

要查詢支援的錄音裝置，請使用 arecord -l 指令：

```
arecord -l
**** List of CAPTURE Hardware Devices ****
card 1: Device [USB PnP Sound Device], device 0: USB Audio [USB Audio]
    Subdevices: 1/1
    Subdevice #0: subdevice #0
```

現在，請用以下指令測試錄音：

```
arecord -D plughw:1,0 -d 3 test.wav
```

-D 用於指定音源輸入設備，這邊代表它是 arecord -l 指令的輸出顯示的即插即用裝置中的 1 號卡、0 號裝置。-d 為以秒為單位設定錄音的持續時間長度。

要在 USB 喇叭上播放錄製的聲音，首先需要在家目錄中新增一個名為 .asoundrc 的檔案，其內容如下：

```
pcm.!default {
    type plug
    slave {
        pcm "hw:0,0"
    }
}

ctl.!default {
     type hw
     card 0
}
```

請注意，"hw:0,0" 為 aplay -l 指令回傳資訊中的 0 號卡、0 號裝置的 USB 喇叭。現在，請用 aplay test.wav 指令在喇叭上播放並測試錄製的聲音。

有時候，樹莓派開發板重新啟動後，系統會自動更改 USB 喇叭的卡號，導致在執行 `aplay test.wav` 時聽不到聲音。在這種情況下，你可以再次執行 `aplay -l` 來找到 USB 喇叭裝置的新卡號，並照著更新 `~/.asoundrc` 檔案。

如果要調整喇叭的音量，請使用 `amixer set PCM -- 100%` 指令，其中的 100% 代表音量設定為最大。

要載入攝影機的驅動程式，請執行 `sudo modprobe bcm2835-v4l2` 這個指令。之後，要驗證是否已偵測到攝影機，請執行 `vcgencmd get_camera` 指令，該命令應回傳 `supported=1 detected=1`。由於我們需要在每次開發板啟動時載入攝影機驅動程式，請執行 `sudo vi /etc/modules`，並在尾端新增一行 `bcm2835-v4l2`（或者也可以執行 `sudo bash -c "echo 'bcm2835-v4l2' >> /etc/modules"` 來完成以上操作）。我們將在後面的小節中執行 TensorFlow 影像辨識範例來測試相機。

這就是為我們設定樹莓派這項任務的全部內容，現在來看看如何使其移動。

讓樹莓派動起來

GoPiGo 是一個流行的套件包，可將你的樹莓派開發板變成可移動的機器人。購買並收到這組 GoPiGo 機器人基礎套件後，請按照下列網址中的詳細步驟進行組裝。如果你邊看球賽邊組裝，大約需要一兩個小時。

`https://www.dexterindustries.com/GoPiGo/get-started-with-the-gopigo3-raspberry-pi-robot/1-assemble-gopigo3`

完成後，你的樹莓派機器人以及之前列出的所有元件應如下所示：

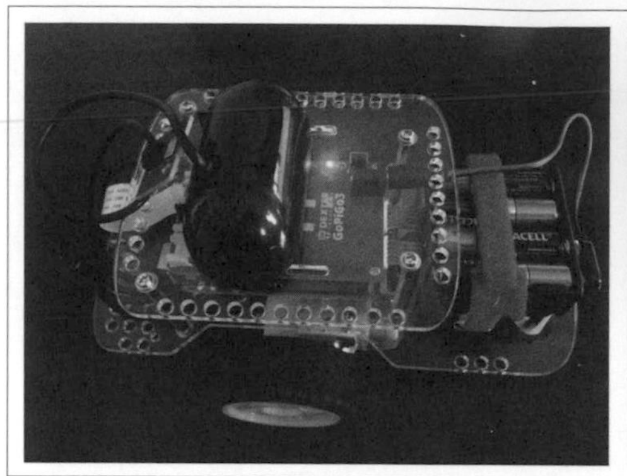
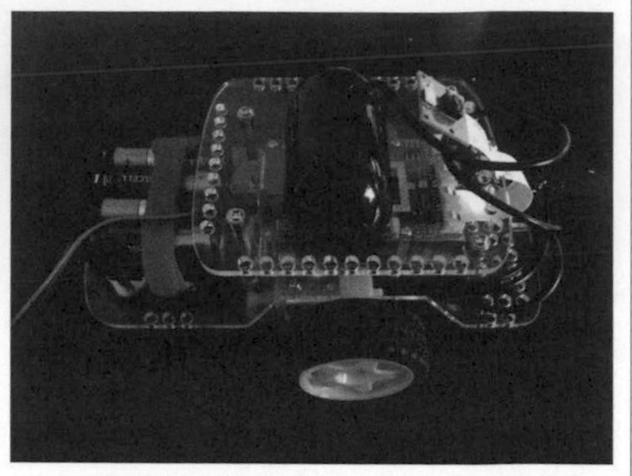

圖 12.1　有 GoPiGo 套件、攝影機，USB 喇叭和 USB 麥克風的樹莓派機器人

現在，使用電源供電器啟動樹莓派機器人，並在啟動後使用 `ssh pi@<your_pi_board_ip>` 連接到它。請執行以下指令來安裝 GoPiGo Python 函式庫，讓我們可以使用 GoPiGo 的 Python API（`http://gopigo3.readthedocs.io/en/master/api-basic.html`）來控制機器人。該指令將執行 shell 腳本建立一個新的 `/home/pi/Dexter` 目錄，並在其中安裝所有函式庫和韌體文件：

```
sudo sh -c "curl -kL dexterindustries.com/update_gopigo3 | bash"
```

然後切換到 `~/Dexter` 目錄並執行以下指令來更新 GoPiGo 板子的韌體：

```
bash GoPiGo3/Firmware/gopigo3_flash_firmware.sh
```

現在執行 `sudo reboot` 重啟開發板，使修改生效。樹莓派重新啟動後，請用 `sudo pip install ipython` 安裝 iPython，並用 iPython 測試 GoPiGo 和樹莓派的功能。

要測試基本的 GoPiGo Python API，請先執行 iPython，然後逐行輸入以下程式碼：

```
import easygopigo3 as easy
gpg3_obj = easy.EasyGoPiGo3()
```

```
gpg3_obj.drive_cm(5)
gpg3_obj.drive_cm(-5)
gpg3_obj.turn_degrees(30)
gpg3_obj.turn_degrees(-30)
gpg3_obj.stop()
```

Tips

當 GoPiGo 樹莓派機器人開始移動時，請務必將其放在安全的平面上。在最終測試時，你應該使用 GoPiGo 電池組為機器人供電，使其可以自由移動。但是在開發和初始測試中，除非你使用充電電池，否則請都使用電源供應器來減少電池的消耗。如果你將機器人放在桌上，請務必小心，因為如果發出指令導致機器人動作不正確的話，機器人可能會掉下桌子。

drive_cm 根據其參數值的正負來使機器人向前或向後移動。turn_degrees 根據其參數值的正負來使機器人順時針或逆時針旋轉。因此，前面的範例程式碼將使機器人向前移動 5 公分、向後移動 5 公分、順時針旋轉 30 度、然後逆時針旋轉 30 度。這些指令在預設情況下會阻擋其他的呼叫，因此只有在機器人完成動作後它們才會回傳。要進行取消阻擋，請如下所示加入 False 參數：

```
gpg3_obj.drive_cm(5, False)
gpg3_obj.turn_degrees(30, False)
```

你還可以使用前進、後退和許多其他 API 指令來控制機器人的動作（如下列網址所示），但是在本章中，我們只會用到 drive_cm 和 turn_degrees。

http://gopigo3.readthedocs.io/en/master/api-basic.html

現在，我們準備好使用 TensorFlow 幫機器人加上更多智慧型功能了。

12.2 在樹莓派上設定 TensorFlow

如同稍後在「**語音辨識和強化學習**」這一節要做的，如果想要在 Python 中使用 TensorFlow，可以安裝 TensorFlow Jenkins 這個網站上的樹莓派專用 TensorFlow 1.6 版。

網址：

http://ci.tensorflow.org/view/Nightly/job/nightly-pi/223/artifact/output-artifacts

```
sudo pip install
http://ci.tensorflow.org/view/Nightly/job/nightly-pi/
lastSuccessfulBuild/artifact/output-artifacts/tensorflow-1.6.0-cp27-
none-any.whl
```

這個作法在 Pete Warden 的部落格文章「**針對樹莓派交叉編譯 TensorFlow**」（Cross-compiling TensorFlow for the Raspberry Pi）中有詳盡的說明：

https://petewarden.com/2017/08/20/cross-compiling-tensorflow-for-theraspberry-pi

另一個比較複雜的方法是，使用 `makefile` 來建置和使用 TensorFlow 函式庫。TensorFlow 的官方文件中對此有詳盡的步驟說明，但可能不適用於每個 TensorFlow 發行版本。其中的步驟在 TensorFlow 的早期版本（0.10）中可以完美操作，但是在 TensorFlow 1.6 中會導致許多 `undefined reference to google::protobuf` 錯誤。

網址：

https://github.com/tensorflow/tensorflow/tree/master/tensorflow/contrib/makefile

以下的步驟已經用 TensorFlow 1.6 版本測試過了，可從以下網址下載：

https://github.com/tensorflow/tensorflow/releases/tag/v1.6.0

你也可以在 TensorFlow 發布頁面上嘗試更新的版本，或是透過以下指令取得最新的 TensorFlow 資源，並解決所有可能的錯誤：

```
git clone https://github.com/tensorflow/tensorflow
```

前往 TensorFlow 資源根目錄後，執行以下指令：

```
tensorflow/contrib/makefile/download_dependencies.sh
sudo apt-get install -y autoconf automake libtool gcc-4.8 g++-4.8
cd tensorflow/contrib/makefile/downloads/protobuf/
./autogen.sh
./configure
make CXX=g++-4.8
sudo make install
sudo ldconfig # refresh shared library cache
cd ../../../../..
export HOST_NSYNC_LIB=`tensorflow/contrib/makefile/compile_nsync.sh`
export TARGET_NSYNC_LIB="$HOST_NSYNC_LIB"
```

請確認是執行 `make CXX=g++-4.8`，而不是像 TensorFlow Makefile 官方文件中記錄的那樣僅執行 `make`，因為必須使用與建立 TensorFlow 函式庫的相同的 `gcc` 版本來編譯 Protobuf，才能修正 `undefined reference to google::protobuf` 錯誤。現在試著使用以下指令建置 TensorFlow 函式庫：

```
make -f tensorflow/contrib/makefile/Makefile HOST_OS=PI TARGET=PI \
    OPTFLAGS="-Os -mfpu=neon-vfpv4 -funsafe-math-optimizations -ftree-
vectorize" CXX=g++-4.8
```

經過幾個小時的建置，你可能會收到「虛擬記憶體耗盡：無法分配記憶體」這類的錯誤，或是樹莓派由於記憶體不足而凍結。為了解決這個問題，我們需要設定「交換（swap）」。否則，當應用程式用盡記憶體時會使得內核崩潰，該應用程式將被終止。設定的方法有兩種：檔案交換和分區交換。Raspbian 在 SD 卡上使用預設的 100 MB 來進行檔案交換，如下所示，使用 `free` 指令：

```
pi@raspberrypi:~/tensorflow-1.6.0 $ free -h
total used free shared buff/cache available
Mem: 927M 45M 843M 660K 38M 838M
Swap: 99M 74M 25M
```

要將檔案交換的大小提高到 1 GB，請透過 sudo vi /etc/dphys-swapfile 修改 /etc/dphys-swapfile，將 CONF_SWAPSIZE=100 更改為 CONF_SWAPSIZE=1024，然後重新啟動檔案交換服務：

```
sudo /etc/init.d/dphys-swapfile stop
sudo /etc/init.d/dphys-swapfile start
```

完成後，free -h 將顯示交換總量為 1.0 GB。

分區交換是建立在單獨的 USB 隨身碟上，而且因為分區交換不會碎片化所以是首選，SD 卡上的交換文件就很容易碎片化，從而導致存取速度變慢。要設定分區交換，請將沒有所需資料的 USB 插上樹莓派，然後執行 sudo blkid，你將看到類似的以下內容：

```
/dev/sda1: LABEL="EFI" UUID="67E3-17ED" TYPE="vfat" PARTLABEL="EFI System
Partition" PARTUUID="622fddad-da3c-4a09-b6b3-11233a2ca1f6"
/dev/sda2: UUID="E67F-6EAB" TYPE="vfat" PARTLABEL="NO NAME"
PARTUUID="a045107a-9e7f-47c7-9a4b-7400d8d40f8c"
```

/dev/sda2 是我們將用作分區交換的分區。接著，將其卸載並格式化為分區交換：

```
sudo umount /dev/sda2
sudo mkswap /dev/sda2
mkswap: /dev/sda2: warning: wiping old swap signature.
Setting up swapspace version 1, size = 29.5 GiB (31671701504 bytes)
no label, UUID=23443cde-9483-4ed7-b151-0e6899eba9de
```

你將在 mkswap 命令中看到一個 UUID 輸出。執行 sudo vi /etc/fstab 指令，將下面這行加到有 UUID 值的 fstab 檔案中：

```
UUID=<UUID value> none swap sw,pri=5 0 0
```

儲存並離開 fstab 檔案，然後執行 sudo swapon -a。現在，如果再次執行 free -h，你將看到 swap 總量接近 USB 的儲存容量。我們當然不需要那麼大的交換空間，實際上對於具有 1 GB 記憶體的樹莓派 3 開發板來說，建議的最大交換大小為 2 GB，但在此先不做更動，因為我們只是想成功地建置 TensorFlow 函式庫而已。

執行以上任一種交換設定後，我們可以重新執行 make 命令：

```
make -f tensorflow/contrib/makefile/Makefile HOST_OS=PI TARGET=PI \
 OPTFLAGS="-Os -mfpu=neon-vfpv4 -funsafe-math-optimizations -ftree-
vectorize" CXX=g++-4.8
```

完成後，TensorFlow 函式庫將以 tensorflow/contrib/makefile/gen/lib/libtensorflow-core.a 的形式生成，如果你已經讀過前幾章中關於手動建置 TensorFlow 函式庫的內容，這對你來說應該很熟悉。現在，我們可以使用該函式庫建立影像辨識範例。

12.3 影像辨識及文字轉換成語音

在 tensorflow/contrib/pi_examples 中有兩個 TensorFlow 樹莓派應用程式範例（https://github.com/tensorflow/tensorflow/tree/master/tensorflow/contrib/pi_examples）：label_image 和 camera。我們將修改 camera 這個範例程式，以將文字整合為語音，讓應用程式在移動時可以說出其辨識影像的結果。在建立和測試這兩個應用程式之前，我們需要安裝一些函式庫並下載內建的 TensorFlow Inception 模型檔：

```
sudo apt-get install -y libjpeg-dev
sudo apt-get install libv4l-dev

curl https://storage.googleapis.com/download.tensorflow.org/models/
inception_dec_2015_stripped.zip -o /tmp/inception_dec_2015_stripped.zip

cd ~/tensorflow-1.6.0
unzip /tmp/inception_dec_2015_stripped.zip -d
tensorflow/contrib/pi_examples/label_image/data/
```

要建置 label_image 和 camera 應用程式，請執行：

```
make -f tensorflow/contrib/pi_examples/label_image/Makefile
make -f tensorflow/contrib/pi_examples/camera/Makefile
```

建置應用程式時，你可能會遇到以下錯誤：

```
./tensorflow/core/platform/default/mutex.h:25:22: fatal error: nsync_
cv.h: No such file or directory
#include "nsync_cv.h"
^
compilation terminated.
```

執行 sudo cp tensorflow/contrib/makefile/downloads/nsync/public/nsync*.h/usr/include 來修正這個錯誤。

然後編輯 tensorflow/contrib/pi_examples/label_image/Makefile 或 tensorflow/contrib/pi_examples/camera/Makefile 檔案，新增以下函式庫及其路徑，然後再次執行 make 指令：

```
-L$(DOWNLOADSDIR)/nsync/builds/default.linux.c++11 \

-lnsync \
```

要測試這兩個應用程式，請直接執行：

```
tensorflow/contrib/pi_examples/label_image/gen/bin/label_image
tensorflow/contrib/pi_examples/camera/gen/bin/camera
```

看看 tensorflow/contrib/pi_examples/label_image/label_image.cc 和 tensorflow/contrib/pi_examples/camera/camera.cc 中的 C++ 原始程式碼，你會發現它們使用與前幾章的 iOS app 中載入模型圖檔、準備輸入張量、執行模型並獲取輸出張量的 C++ 程式碼類似。

預設情況下，camera 範例也會使用在 label_image/data 資料夾中解壓縮的內建 Inception 模型。但是對於你自己的特定影像辨識任務，可以像第 2 章那樣，讓你透過遷移學習重新訓練的模型，在執行兩個應用程式範例時，使用 --graph 參數。

語音通常是樹莓派機器人與我們互動的主要介面。理想情況下，我們應該執行 TensorFlow 支援的自然聲音語音合成（**TTS**）模型，例如 WaveNet（https://

deepmind.com/blog/wavenet-generative-model-raw-audio）或 Tacotron（https://github.com/keithito/tacotron），但是執行和部署這樣的模型超出了本章的範圍。所以我們可以使用 CMU 稱為 **Flite** 的較簡單的 TTS 函式庫（http://www.festvox.org/flite），它提供了相當不錯的 TTS，並且只需一個簡單的指令即可安裝它：sudo apt-get install flite。如果要安裝最新版本的 Flite，以獲得更好的 TTS 質量，只需從連結下載最新的 Flite 資源並進行建置。

使用 USB 喇叭測試 Flite 時，請使用 -t 參數執行 flite，搭配帶有雙引號的字串，例如 flite -t "i recommend the ATM machine"。如果你不喜歡預設的聲音，則可以透過執行 flite -lv 查詢其他受支援的聲音，會回傳 Voices available: kal awb_time kal16 awb rms slt。然後，你就可以指定用於 TTS 的語音：flite -voice rms -t "i recommend the ATM machine"。

要讓 camera 應用程式說出辨識物件，同時也是我們希望樹莓派機器人在四處移動時的行為，你可以使用以下簡單的 pipe 指令：

```
tensorflow/contrib/pi_examples/camera/gen/bin/camera | xargs -n 1 flite -t
```

你可能會聽到過多聲音。要微調影像辨識的 TTS 結果，請在使用 make -f tensorflow/contrib/pi_examples/camera/Makefile 重建範例之前，先修改 camera.cc 檔案並將以下程式碼加到 PrintTopLabels 函式中：

```
std::string cmd = "flite -voice rms -t \"";
cmd.append(labels[label_index]);
cmd.append("\"");
system(cmd.c_str());
```

現在，「如何使用 Cloud Vision 和 Speech API 範例建置智慧型的樹莓派機器人」（How to build a smart RasPi Bot with Cloud Vision and Speech API demo）中的影像辨識和語音合成任務已經完成了，接下來要用第 5 章中的模型在樹莓派上進行語音辨識。

12.4 語音辨識及機器人的動作

根據 TensorFlow 教學（https://www.tensorflow.org/tutorials/audio_recognition）來使用預先訓練的語音辨識模型或之前提過的重新訓練模型，我們將再次使用 https://gist.github.com/aallan 中的 Python 腳本 listen.py，並加入 GoPiGo API 以控制機器人的動作，它可以辨識四個基本語音命令：「left」、「right」、「go」、「stop」。預先訓練模型支援的其他六個命令：「yes」、「no」、「up」、「down」、「on」、及「off」，在我們的範例中不太適用，如果需要，你可以使用第 5 章的重新訓練模型，以支援特定任務的其他語音命令。

要執行該腳本，請先下載 http://download.tensorflow.org/models/speech_commands_v0.01.zip 預先訓練的語音辨識模型，然後將其解壓縮到 /tmp，或者 scp 我們在第 5 章使用的模型到樹莓派的 /tmp 目錄，然後執行：

```
python listen.py --graph /tmp/conv_actions_frozen.pb --labels
/tmp/conv_actions_labels.txt -I plughw:1,0
```

或是執行：

```
python listen.py --graph /tmp/speech_commands_graph.pb --labels
/tmp/conv_actions_labels.txt -I plughw:1,0
```

請注意，plughw value 1,0 應該要符合你的 USB 麥克風的卡號和裝置編號，這兩項可以使用前面提過的 arecord -l 命令找到。

listen.py 腳本還支援許多其他參數。例如，我們可以使用 --detection_threshold 0.5 取代預設的檢測閾值 0.8。

現在，在使用 GoPiGo API 讓機器人移動之前，讓我們快速看一下 listen.py 的工作方式。listen.py 使用 Python 的 subprocess 模組及其 Popen 類別來生成一個使用適當參數執行 arecord 命令的新程序。

Popen 類別具有 stdout 屬性，該屬性指定 arecord 執行的命令的標準輸出檔案處置，該處置可以用於讀取錄音中的語音字節。

載入訓練後模型 graph 的 Python 程式碼如下：

```
with tf.gfile.FastGFile(filename, 'rb') as f:
    graph_def = tf.GraphDef()
    graph_def.ParseFromString(f.read())
    tf.import_graph_def(graph_def, name='')
```

使用 tf.Session() 建立 TensorFlow 會話，在載入 graph 並建立會話之後，將錄音緩衝區以及採樣率作為輸入資料發送給 TensorFlow 會話的 run 方法，該方法會回傳辨識預測結果：

```
run(softmax_tensor, {
    self.input_samples_name_: input_data,
    self.input_rate_name_: self.sample_rate_
})
```

在這裡，softmax_tensor 被定義為 TensorFlow graph 的 get_tensor_by_name (self.output_name_)，並且 output_name_、input_samples_name_ 和 input_rate_name_ 被定義為 labels_softmax、decoded_sample_data:0、decoded_sample_data:1，分別與我們在第 5 章的 iOS 和 Android app 中使用的名稱相同。

在之前的章節中，我們主要使用 Python 來訓練和測試 TensorFlow 模型，然後在 iOS 上使用 C++ 或是在 Android 上使用 Java 的介面程式碼接上原生 TensorFlow C ++ 函式庫。你可以選擇在樹莓派上直接使用 TensorFlow Python API 或 C ++ API（如同在 label_image 及 camera 範例）執行 TensorFlow 模型，雖然通常你還是會在功能更強大的電腦上訓練模型。有關完整的 TensorFlow Python API 文件，請參考 https://www.tensorflow.org/api_docs/python。

要使用 GoPiGo Python API 使機器人根據你的語音命令移動，請先將以下兩行加到 listen.py 中：

```
import easygopigo3 as gpg

gpg3_obj = gpg.EasyGoPiGo3()
```

然後將以下程式碼加到 def add_data 方法的末端：

```
if current_top_score > self.detection_threshold_ and time_since_last_top > 
self.suppression_ms_:
    self.previous_top_label_ = current_top_label
    self.previous_top_label_time_ = current_time_ms
     is_new_command = True
     logger.info(current_top_label)

    if current_top_label=="go":
        gpg3_obj.drive_cm(10, False)
    elif current_top_label=="left":
        gpg3_obj.turn_degrees(-30, False)
    elif current_top_label=="right":
        gpg3_obj.turn_degrees(30, False)
    elif current_top_label=="stop":
        gpg3_obj.stop()
```

現在，將你的樹莓派機器人放在地面上，在電腦上透過 ssh 與之連線，然後執行以下腳本：

```
python listen.py --graph /tmp/conv_actions_frozen.pb -labels 
/tmp/conv_actions_labels.txt -I plughw:1,0 --detection_threshold 0.5
```

你會看到如下面的輸出：

```
INFO:audio:started recording
INFO:audio:_silence_
INFO:audio:_silence_
```

然後，你可以說「left」、「right」、「stop」、「go」、「stop」以檢查這些命令是否可以被正確辨識，並且機器人能做出相應的動作：

```
INFO:audio:left
INFO:audio:_silence_
INFO:audio:_silence_
INFO:audio:right
INFO:audio:_silence_
INFO:audio:stop
INFO:audio:_silence_
```

```
INFO:audio:go
INFO:audio:stop
```

你可以在另一個終端機中執行 camera 應用程式，這樣當機器人根據你的語音命令四處走動時，它還可以辨識看到的新影像並說出結果。這就是建立一個基本的樹莓派機器人所需的全部內容，該機器人可以聽、動、看和說，也就是 2016 年 Google I/O 中不使用任何 Cloud API 的情況下所示範的內容。雖然它離一個能聽懂自然語音、進行有趣的對話或執行有用且不繁瑣的任務的高級機器人還很遙遠，但藉由預先訓練、重新訓練或其他強大的 TensorFlow 模型，並搭配各種感測器，你絕對可以為這台樹莓派機器人增加更多智能和力量。

了解如何在樹莓派上執行經過預先訓練和重新訓練的 TensorFlow 模型，下一節將向你介紹如何在機器人上加入用 TensorFlow 建置和訓練的強化學習模型。畢竟，強化學習的反覆試驗以及在與環境互動過程中試圖獲取最大回報的本質，使得強化學習成為了一種非常適合機器人的的機器學習方法。

12.5 在樹莓派上的強化學習

OpenAI Gym（https://gym.openai.com）是一個開放原始碼的 Python 工具套件，它提供了許多模擬環境來幫助你開發、比較和訓練各種強化學習演算法，因此你不必花費大量時間和金錢，購買所有感測器並在真實環境中訓練機器人。我們將在這一節中向你介紹如何在 OpenAI Gym 稱為 CartPole（https://gym.openai.com/envs/CartPole-v0）的模擬環境中使用 TensorFlow 在樹莓派上開發、比較和訓練不同的強化學習模型。

請執行以下命令安裝 OpenAI Gym：

```
git clone https://github.com/openai/gym.git
cd gym
sudo pip install -e .
```

你可以執行 pip list 來驗證 TensorFlow 1.6 和 Gym 是否已安裝。在「在樹莓派上設定 TensorFlow」 這一節中的最後一部分有介紹如何安裝 TensorFlow 1.6：

```
pi@raspberrypi:~ $ pip list
gym (0.10.4, /home/pi/gym)
tensorflow (1.6.0)
```

或者你可以啟動 iPython，然後匯入 TensorFlow 和 Gym：

```
pi@raspberrypi:~ $ ipython
Python 2.7.9 (default, Sep 17 2016, 20:26:04)
IPython 5.5.0 -- An enhanced Interactive Python.

In [1]: import tensorflow as tf

In [2]: import gym

In [3]: tf.__version__
Out[3]: '1.6.0'

In [4]: gym.__version__
Out[4]: '0.10.4'
```

現在我們準備好使用 TensorFlow 和 Gym 來建立一些能在樹莓派上執行的有趣強化學習模型。

認識 CartPole 模擬環境

CartPole 是一種可用於訓練機器人在攜帶某些東西且移動時保持平衡的環境。於本章的討論範圍中，我們僅建立在 CartPole 模擬環境中工作的模型，但是這個模型以及其建立和訓練方式當然也可應用於類似於 CartPole 的真實物理環境。

在 CartPole 環境中，有一根桿子連接到沿著軌道水平移動的推車。你可以讓推車執行動作 1（向右加速）或 0（向左加速）。桿子一開始是直立的，目標是防止其跌落。桿子保持直立的每個時間步長都會給予 1 單位的獎勵。當桿子與垂直線的夾角超過 15 度，或者推車從中心移出 2.4 個單位以上時，該事件就會結束。

現在讓我們使用 CartPole 環境。首先，建立一個新環境並找出代理，還有可以在該環境中採取的措施：

```
env = gym.make("CartPole-v0")
env.action_space
# Discrete(2)
env.action_space.sample()
# 0 or 1
```

每個觀察（狀態）都由關於推車的四個值組成：水平位置、速度、桿子的角度和角速度：

```
obs=env.reset()
obs
# array([ 0.04052535, 0.00829587, -0.03525301, -0.00400378])
```

環境中的每個步驟（動作）都將產生新的觀察結果、動作的獎勵、該事件是否完成（如果已完成，則你將無法採取任何進一步動作）以及一些其他訊息：

```
obs, reward, done, info = env.step(1)

obs
# array([ 0.04069127, 0.2039052 , -0.03533309, -0.30759772])
```

記住，動作（或步驟）1 表示向右移動，0 表示向左移動。想要查看當你繼續向右移動推車時該事件可以持續多長時間，請執行：

```
while not done:
    obs, reward, done, info = env.step(1)
    print(obs)

#[ 0.08048328 0.98696604 -0.09655727 -1.54009127]
#[ 0.1002226 1.18310769 -0.12735909 -1.86127705]
#[ 0.12388476 1.37937549 -0.16458463 -2.19063676]
#[ 0.15147227 1.5756628 -0.20839737 -2.52925864]
#[ 0.18298552 1.77178219 -0.25898254 -2.87789912]
```

現在，讓我們手動執行從頭到尾的一系列操作，並印出觀測值的第一個值（水平位置）和第三個值（桿子與垂直方向夾角的角度），因為這兩個值可以決定一個事件是否已結束。

首先，重置環境並加速推車幾次：

```
import numpy as np

obs=env.reset()
obs[0], obs[2]*360/np.pi
# (0.008710582898326602, 1.4858315848689436)

obs, reward, done, info = env.step(1)
obs[0], obs[2]*360/np.pi
# (0.009525842685697472, 1.5936049816642313)

obs, reward, done, info = env.step(1)
obs[0], obs[2]*360/np.pi
# (0.014239775393474322, 1.040038643681757)

obs, reward, done, info = env.step(1)
obs[0], obs[2]*360/np.pi
# (0.0228521194217381, -0.17418034908781568)
```

你會看到，當推車向右移動時，其位置數值會越來越大，桿子與垂直的夾角會越來越小，最後一步顯示的角度為負值，這意味著桿子會向中心的左側移動。想像一下，你最喜歡的狗推著一個有桿子的推車的生動畫面，就可以發現這一切都是有道理的。現在，更改動作讓小車向左（0）加速幾次：

```
obs, reward, done, info = env.step(0)
obs[0], obs[2]*360/np.pi
# (0.03536432554326476, -2.0525933052704954)

obs, reward, done, info = env.step(0)
obs[0], obs[2]*360/np.pi
# (0.04397450935915654, -3.261322987287562)

obs, reward, done, info = env.step(0)
obs[0], obs[2]*360/np.pi
# (0.04868738508385764, -3.812330822419413)

obs, reward, done, info = env.step(0)
obs[0], obs[2]*360/np.pi
```

```
# (0.04950617929263011, -3.7134404042580687)

obs, reward, done, info = env.step(0)
obs[0], obs[2]*360/np.pi
# (0.04643238384389254, -2.968245724428785)

obs, reward, done, info = env.step(0)
obs[0], obs[2]*360/np.pi
# (0.039465670006712444, -1.5760901885345346)
```

首先，你可能會驚訝於看到動作 0 導致位置（obs [0]）連續變大了好幾次，但推車以一定速度移動，而且將推車往其他方向移動不會立即使位置數值減少。但是，如果你持續將推車向左移動，如前兩個步驟所示，你會看到推車的位置數值開始變小（向左）。現在繼續執行動作 0，你將看到位置數值越來越小，位置數值為負值表示推車進入中心的左側，而桿子的角度也會越來越大：

```
obs, reward, done, info = env.step(0)
obs[0], obs[2]*360/np.pi
# (0.028603948219811447, 0.46789197320636305)

obs, reward, done, info = env.step(0)
obs[0], obs[2]*360/np.pi
# (0.013843572459953138, 3.1726728882727504)

obs, reward, done, info = env.step(0)
obs[0], obs[2]*360/np.pi
# (-0.00482029774222077, 6.551160678086707)

obs, reward, done, info = env.step(0)
obs[0], obs[2]*360/np.pi
# (-0.02739315127299434, 10.619948631208114)
```

如前所述，CartPole 環境的定義方式是：事件會在「當桿子與垂直線夾角超過 15 度時」結束，因此這次讓我們做更多的動作，並輸出 done 數值：

```
obs, reward, done, info = env.step(0)
obs[0], obs[2]*360/np.pi, done
# (-0.053880356973985064, 15.39896478042983, False)
```

```
obs, reward, done, info = env.step(0)
obs[0], obs[2]*360/np.pi, done
# (-0.08428612474261402, 20.9109976051126, False)

obs, reward, done, info = env.step(0)
obs[0], obs[2]*360/np.pi, done
# (-0.11861214326416822, 27.181070460526062, True)

obs, reward, done, info = env.step(0)
# WARN: You are calling 'step()' even though this environment has already
returned done = True. You should always call 'reset()' once you receive
'done = True' -- any further steps are undefined behavior.
```

在環境決定何時應該將 done 設為 True 回傳時會有一些延遲，儘管前兩個步驟已經回傳了大於 15 的角度值（並且事件在桿子與垂直線成 15 度以上時已經結束），但是你仍然可以對環境執行動作 0。第三步將回傳 done 設為 True，而環境的下一步（最後一步）將導致警告，因為環境已經完成了該事件。

對於 CartPole 環境，每個步驟中回傳的 reward 值始終為 1，訊息永遠為 {}。以上就是關於 CartPole 模擬環境的全部內容。了解了 CartPole 的工作原理之後，來看看在每種狀態（觀察）下可以提出什麼樣的策略，我們可以讓該策略告訴我們要採取的行動（步驟），好讓桿子可以保持直立越久越好，換句話說，這樣才能最大化我們的獎勵值。請記住，強化學習中的策略只是一項功能，該功能以代理人所處的狀態為輸入，並輸出代理人接下來應採取的行動，以達成數值最大化或獲得長期獎勵。

從基礎直觀策略開始

顯然地，每次都執行相同的動作（全部都是 0 或 1）不會使桿子保持直立太久。為了進行基準線比較，請執行以下程式碼，以查看在每個事件中使用相同操作進行 1,000 個事件後獲得的平均獎勵：

```
# single_minded_policy.py

import gym
```

```
import numpy as np

env = gym.make("CartPole-v0")
total_rewards = []
for _ in range(1000):
  rewards = 0
  obs = env.reset()
  action = env.action_space.sample()
  while True:
    obs, reward, done, info = env.step(action)
    rewards += reward
    if done:
      break
  total_rewards.append(rewards)

print(np.mean(total_rewards))
# 9.36
```

因此，所有 1,000 個事件的平均獎勵大約為 10。請注意，`env.action_space.sample()` 對動作 0 或 1 進行採樣，這等於是隨機輸出 0 或 1。你可以透過驗證 `np.sum([env.action_space.sample() for _ in range(10000)])` 是否接近 5,000 來證實這一點。

想知道其他策略如何運作，我們可以使用一個簡單直觀的策略，當桿子與垂直線夾角數值為正時（在垂直線的右側）執行動作 1（將推車向右移動），而當桿子與垂直線夾角數值為負時（在垂直線的左側）則執行動作 0（將推車向左移動）。這個策略很有意義，因為我們要採取保持平衡愈久愈好的措施：

```
# simple_policy.py

import gym
import numpy as np

env = gym.make("CartPole-v0")
total_rewards = []
for _ in range(1000):
  rewards = 0
  obs = env.reset()
```

```
    while True:
      action = 1 if obs[2] > 0 else 0
      obs, reward, done, info = env.step(action)
      rewards += reward
      if done:
        break
    total_rewards.append(rewards)

print(np.mean(total_rewards))
# 42.19
```

現在，每 1,000 個事件的平均獎勵值為 42，比 9.36 提高了很多。

現在看看我們是否可以制定出更好、更複雜的策略。要記得策略只是由狀態產生的動作之映射或函式。在過去的幾年中，我們在神經網路的興起過程中了解到的一件事是，如果不清楚如何定義複雜的功能（例如強化學習中的策略），請考慮一下神經網路，畢竟它是通用的函式近似器。詳細說明請參考 *Michael Nelson* 的 *A visual proof that neural nets can compute any function*（網址如下）：

http://neuralnetworksanddeeplearning.com/chap4.html

info

我們在上一章中介紹了 AlphaGo 和 AlphaZero，Jim Fleming 撰寫了一篇有趣的部落格文章，標題為「**AlphaGo 之前有 TD-Gammon**」（Before AlphaGo there was TD-Gammon, https://medium.com/jim-fleming/before-alphago-there-was-td-gammon-13deff866197），這是第一個強化學習應用程式，它使用神經網路作為評估函式來自我訓練以擊敗人類西洋棋冠軍。*Sutton* 和 *Barto* 撰寫的《*Reinforcement Learning: An Introduction*》及部落格文章都對 TD-Gammon 進行了深入的描述。如果你想了解有關使用神經網路作為強大的通用函式等更多資訊，還可以 Google 搜尋「**Temporal Difference Learning and TD-Gammon**」這篇論文。

使用神經網路建立更好的策略

首先，讓我們看看如何使用簡單的完全連接（密集）神經網路來建立隨機策略，該網路將觀察值中的 4 個值作為輸入，使用 4 個神經元的隱藏層，並輸出動作 0 的概率。代理人可以在 0 到 1 之間抽樣出下一個動作：

```
# nn_random_policy.py

import tensorflow as tf
import numpy as np
import gym

env = gym.make("CartPole-v0")

num_inputs = env.observation_space.shape[0]
inputs = tf.placeholder(tf.float32, shape=[None, num_inputs])
hidden = tf.layers.dense(inputs, 4, activation=tf.nn.relu)
outputs = tf.layers.dense(hidden, 1, activation=tf.nn.sigmoid)
action = tf.multinomial(tf.log(tf.concat([outputs, 1-outputs], 1)), 1)

with tf.Session() as sess:
  sess.run(tf.global_variables_initializer())

  total_rewards = []
  for _ in range(1000):
    rewards = 0
    obs = env.reset()
    while True:
      a = sess.run(action, feed_dict={inputs: obs.reshape(1, num_inputs)})
      obs, reward, done, info = env.step(a[0][0])
      rewards += reward
      if done:
        break
    total_rewards.append(rewards)

print(np.mean(total_rewards))
```

請注意，我們使用 tf.multinomial 函式並基於動作 0 和 1 的機率分配對動作進行取樣，分別定義為 outputs 和 1-outputs（兩者的機率和永遠為 1）。總獎勵的平均值約為 20 左右，這比勇往直前的策略好一點，但比上一節的簡單直覺性策略差。這是一個神經網路在沒有任何訓練的情況下生成的隨機策略。

為了訓練網路，我們使用 tf.nn.sigmoid_cross_entropy_with_logits 定義網路輸出和所需 y_target 動作之間的損失函式，該函式使用前面小節中的基本簡單策略進行定義，因此我們希望該神經網路策略能夠與基本的非神經網路策略達到相同的效果：

```
# nn_simple_policy.py

import tensorflow as tf
import numpy as np
import gym

env = gym.make("CartPole-v0")

num_inputs = env.observation_space.shape[0]
inputs = tf.placeholder(tf.float32, shape=[None, num_inputs])
y = tf.placeholder(tf.float32, shape=[None, 1])
hidden = tf.layers.dense(inputs, 4, activation=tf.nn.relu)
logits = tf.layers.dense(hidden, 1)
outputs = tf.nn.sigmoid(logits)
action = tf.multinomial(tf.log(tf.concat([outputs, 1-outputs], 1)), 1)

cross_entropy = tf.nn.sigmoid_cross_entropy_with_logits(labels=y,
logits=logits)
optimizer = tf.train.AdamOptimizer(0.01)
training_op = optimizer.minimize(cross_entropy)

with tf.Session() as sess:
    sess.run(tf.global_variables_initializer())

    for _ in range(1000):
        obs = env.reset()
```

```
        while True:
            y_target = np.array([[1. if obs[2] < 0 else 0.]])
            a, _ = sess.run([action, training_op], feed_dict={inputs: obs.
reshape(1, num_inputs), y: y_target})
            obs, reward, done, info = env.step(a[0][0])
            if done:
                break
    print("training done")
```

我們將 outputs 定義為 logits 淨輸出的 sigmoid 函式，也就是動作 0 的機率，然後使用 tf.multinomial 對動作進行取樣。請注意，我們使用標準的 tf.train.AdamOptimizer 及其 minimize 方法來訓練網路。要測試並查看該策略的成效如何，請執行以下程式碼：

```
total_rewards = []
for _ in range(1000):
  rewards = 0
  obs = env.reset()

  while True:
    y_target = np.array([1. if obs[2] < 0 else 0.])
    a = sess.run(action, feed_dict={inputs: obs.reshape(1, num_inputs)})
    obs, reward, done, info = env.step(a[0][0])
    rewards += reward
    if done:
      break
  total_rewards.append(rewards)

print(np.mean(total_rewards))
```

總獎勵的平均值約為 40 左右，這與使用無神經網路的簡單策略的收益大致相同，這正是我們期望的，因為我們在訓練階段特別使用了 y: y_target 以使用簡單策略來訓練網路。

現在，已經準備好來探索如何在此基礎上實施策略梯度方法，以使我們的神經網路性能更好，且獲得的獎勵要多好幾倍。

策略梯度的基本想法是，為了訓練神經運作以生成更好的策略，當所有代理從環境中知道的都是從任何給定狀態採取行動時所能獲得的獎勵（這意味著我們不能使用監督學習進行訓練），我們可以採用兩種新機制：

- 折扣獎勵：每個動作的價值都需要考慮其未來的動作會獲得的獎勵。例如，獲得 1 單位的立即獎勵值，但在第二個動作（步驟）之後結束事件的動作應比獲得 1 單位的立即獎勵值、但在 10 步之後結束事件的動作具有較少的長期獎勵。動作的獎勵典型公式是其立即獎勵值加上其每個未來獎勵值乘上打折比例的未來步驟次方的總和。因此，如果一個動作序列在事件結束前有 1, 1, 1, 1, 1 個獎勵，則第一個動作的折扣獎勵是 *1+(1 * discount_rate)+(1 * discount_rate ** 2)+(1 * discount_rate ** 3)+(1 * discount_rate ** 4)*。
- 測試執行當前策略，查看哪些操作導致較高的折扣獎勵，然後更新當前策略的梯度（權重損失），以使具有較高折扣獎勵的動作在網路更新後，下次被選中的可能性更高。重複這樣的測試執行並多次更新該過程，以訓練神經網路來獲得更好的策略。

有關更詳細的討論和策略梯度的演練，請參考 *Andrej Karpathy* 的部落格文章 ***Deep Reinforcement Learning: Pong from Pixels***（網址如下）。現在讓我們看看如何在 TensorFlow 中為了 CartPole 問題實作策略梯度。

網址：`http://karpathy.github.io/2016/05/31/rl`

首先，匯入 `tensorflow`、`numpy` 和 `gym`，然後定義一個用於計算正規化和折扣獎勵的輔助方法：

```
import tensorflow as tf
import numpy as np
import gym

def normalized_discounted_rewards(rewards):
    dr = np.zeros(len(rewards))
    dr[-1] = rewards[-1]
    for n in range(2, len(rewards)+1):
        dr[-n] = rewards[-n] + dr[-n+1] * discount_rate
    return (dr - dr.mean()) / dr.std()
```

例如，如果 discount_rate 為 0.95，則獎勵列表 [1,1,1] 中第一個動作的折扣獎勵為 1+1*0.95+1*0.95**2=2.8525，第二個動作與最後一個動作的折扣獎勵分別是 1.95 和 1；獎勵列表 [1,1,1,1,1] 中第一個動作的折扣獎勵為 1+1*0.95+1*0.95**2+1*0.95**3+1*0.95**4=4.5244，而其餘動作的獎勵分別為 3.7099、2.8525、1.95 和 1。[1,1,1] 和 [1,1,1,1,1] 的正規化後的折扣獎勵是 [1.2141, 0.0209, -1.2350] 和 [1.3777, 0.7242, 0.0362, -0.6879, -1.4502]。每個正規劃的折扣獎勵列表按降序排列，這意味著動作持續的時間越長（在事件結束之前），其獎勵就越大。

接著，建立 CartPole gym 環境，定義 learning_rate 和 discount_rate 等超參數，並像以前一樣使用四個輸入神經元、四個隱藏神經元和一個輸出神經元建立網路：

```
env = gym.make("CartPole-v0")

learning_rate = 0.05
discount_rate = 0.95
num_inputs = env.observation_space.shape[0]
inputs = tf.placeholder(tf.float32, shape=[None, num_inputs])
hidden = tf.layers.dense(inputs, 4, activation=tf.nn.relu)
logits = tf.layers.dense(hidden, 1)
outputs = tf.nn.sigmoid(logits)
action = tf.multinomial(tf.log(tf.concat([outputs, 1-outputs], 1)), 1)

prob_action_0 = tf.to_float(1-action)
cross_entropy = tf.nn.sigmoid_cross_entropy_with_logits(logits=logits,
labels=prob_action_0)
optimizer = tf.train.AdamOptimizer(learning_rate)
```

請注意，此處不再像以前的簡單神經網路策略範例那樣使用 minimize 函式，因為需要手動微調梯度，以考慮每個動作的折扣獎勵。我們需要先使用 compute_gradients 方法，然後以所需的方式更新梯度，最後呼叫 apply_gradients 方法（多數時候常用的 minimize 方法實際上在背景中呼叫了 compute_gradients 和 apply_gradients，請參考下列網址來了解更多資訊）。

https://github.com/tensorflow/tensorflow/blob/master/tensorflow/python/training/optimizer.py

因此，現在讓我們為網路參數（權重和偏差）計算交叉熵損失的梯度，並設定梯度佔位符，稍後再將這些值提供給考慮計算梯度和動作折扣獎勵值，在測試執行期間使用當前策略採取的動作：

```
gvs = optimizer.compute_gradients(cross_entropy)
gvs = [(g, v) for g, v in gvs if g != None]
gs = [g for g, _ in gvs]

gps = []
gvs_feed = []
for g, v in gvs:
    gp = tf.placeholder(tf.float32, shape=g.get_shape())
    gps.append(gp)
    gvs_feed.append((gp, v))
training_op = optimizer.apply_gradients(gvs_feed)
```

從 `optimizer.compute_gradients(cross_entropy)` 回傳的 `gvs` 是一個 tuple 清單，每個元組都由梯度（可訓練變數的 `cross_entropy`）和可訓練變數組成。舉例來說，如果你在整個程式執行後查看 `gvs`，你將看到類似以下的內容：

```
[(<tf.Tensor 'gradients/dense/MatMul_grad/tuple/control_dependency_1:0'
shape=(4, 4) dtype=float32>, <tf.Variable 'dense/kernel:0' shape=(4, 4)
dtype=float32_ref>), (<tf.Tensor 'gradients/dense/BiasAdd_grad/tuple/
control_dependency_1:0' shape=(4,) dtype=float32>,
<tf.Variable 'dense/bias:0' shape=(4,) dtype=float32_ref>),
(<tf.Tensor 'gradients/dense_2/MatMul_grad/tuple/control_dependency_1:0'
shape=(4, 1) dtype=float32>,
<tf.Variable 'dense_1/kernel:0' shape=(4, 1) dtype=float32_ref>),
(<tf.Tensor 'gradients/dense_2/BiasAdd_grad/tuple/control_dependency_1:0'
shape=(1,) dtype=float32>,
<tf.Variable 'dense_1/bias:0' shape=(1,) dtype=float32_ref>)]
```

請注意，kernel 只是權重的另一個名稱，(4, 4)、(4,)、(4, 1) 和 (1,) 是權重的形狀和對第一個（輸入到隱藏）和第二層（隱藏到輸出）的偏差值。如果你從 iPython 多次執行腳本，則 `tf` 物件的預設 graph 將包含之前執行的可訓練變數，因此，除非呼叫 `tf.reset_default_graph()`，否則你需要使用 `gvs = [(g, v) for g, v in gvs if g != None]` 來刪除那些要丟棄的訓練變數，這些變數將回傳梯度為 None（有關 `computer_gradients` 的更多資訊，請參考 `https://`

www.tensorflow.org/api_docs/python/tf/train/AdamOptimizer#compute_gradients）。

現在，玩一些遊戲並儲存獎勵和梯度值：

```
with tf.Session() as sess:
    sess.run(tf.global_variables_initializer())

    for _ in range(1000):
        rewards, grads = [], []
        obs = env.reset()
        # using current policy to test play a game
        while True:
            a, gs_val = sess.run([action, gs], feed_dict={inputs:
                                  obs.reshape(1, num_inputs)})
            obs, reward, done, info = env.step(a[0][0])
            rewards.append(reward)
            grads.append(gs_val)
            if done:
                break
```

在試玩之後，使用折扣獎勵更新梯度並訓練網路。請記住，training_op 被定義為 optimizer.apply_gradients(gvs_feed)：

```
# update gradients and do the training
nd_rewards = normalized_discounted_rewards(rewards)
gp_val = {}
for i, gp in enumerate(gps):
    gp_val[gp] = np.mean([grads[k][i] * reward for k, reward in
                enumerate(nd_rewards)], axis=0)
sess.run(training_op, feed_dict=gp_val)
```

最終，經過 1,000 次迭代的測試和更新，可以測試訓練後的模型了：

```
total_rewards = []

for _ in range(100):
  rewards = 0
  obs = env.reset()
```

```
    while True:
      a = sess.run(action, feed_dict={inputs: obs.reshape(1,
                                                num_inputs)})
      obs, reward, done, info = env.step(a[0][0])
      rewards += reward
      if done:
        break
    total_rewards.append(rewards)

print(np.mean(total_rewards))
```

請注意，現在使用訓練過策略的網路和 sess.run 來以當前觀察值作為輸入執行下一個動作。總獎勵的輸出平均值約為 200，這與不論是否使用神經網路時的簡單直觀策略相比有很大的進步。

你也可以在訓練後使用 tf.train.Saver 儲存訓練過的模型，如同在前幾章中做過的很多次的那樣：

```
saver = tf.train.Saver()
saver.save(sess, "./nnpg.ckpt")
```

接著，請用以下指令在單獨的測試程式中重新載入它：

```
with tf.Session() as sess:
    saver.restore(sess, "./nnpg.ckpt")
```

之前的所有策略實作都在樹莓派上執行，甚至使用 TensorFlow 訓練強化學習策略梯度模型的模型實作，大約需要 15 分鐘才能完成。以下是我們涵蓋的每項策略在樹莓派上執行後回傳的總獎勵：

```
pi@raspberrypi:~/mobiletf/ch12 $ python single_minded_policy.py
9.362

pi@raspberrypi:~/mobiletf/ch12 $ python simple_policy.py
42.535

pi@raspberrypi:~/mobiletf/ch12 $ python nn_random_policy.py
21.182
```

```
pi@raspberrypi:~/mobiletf/ch12 $ python nn_simple_policy.py
41.852

pi@raspberrypi:~/mobiletf/ch12 $ python nn_pg.py
199.116
```

現在你已經擁有了一個基於神經網路的強大策略模型，可以讓你的機器人保持平衡，並在模擬環境中進行了全面測試，在將模擬環境的 API 回傳值替換為真實環境資料後，你可以將其部署在真實的物理環境中。用於建立和訓練神經網路強化學習模型的程式碼當然可以輕鬆地重新使用。

12.6 總結

本章一開始詳細介紹了使用所有必需的配件和作業系統、將樹莓派變成移動機器人的 GoPiGo 工具套件、以及設定樹莓派的詳細步驟。接著，介紹如何在樹莓派上安裝 TensorFlow 並建立 TensorFlow 函式庫，以及如何將 TTS 與影像辨識彙整和如何使用 GoPiGO API 進行語音命令辨識，從而讓樹莓派機器人可以移動、看、聽和說所有內容，且無需使用 Cloud API。

最後，我們介紹了用於強化學習的 OpenAI Gym 工具套件，示範如何使用 TensorFlow 建立和訓練功能強大的強化學習神經網路模型，以使你的機器人在模擬環境中保持平衡。

12.7 結語

該是說再見的時候了。本書從三個經過預先訓練的 TensorFlow 模型開始，這些模型分別是影像辨識、物件偵測和神經風格轉換，並詳細討論了如何重新訓練模型並將其應用於 iOS 和 Android 應用程式中。接著，介紹了三個使用 Python 建立的 TensorFlow 模型：語音辨識、替影像上註解和快速繪圖，並示範如何進行重新訓練以及在行動裝置上執行模型。

之後，我們從零開始開發了用於 TensorFlow 和 Keras 預測股價的 RNN 模型、兩個用於數字辨識和像素轉換的 GAN 模型以及一個用於四子棋的類似於 AlphaZero 的模型、以及使用所有這些 TensorFlow 模型的完整 iOS 和 Android 應用程式。然後，我們也介紹了如何使用 TensorFlow Lite 以及 Apple 的 Core ML 與傳統機器學習模型和轉換後的 TensorFlow 模型，從而展示了它們的潛力和局限性。最後，我們探索如何使用 TensorFlow 建立樹莓派機器人，該機器人可以使用強大的強化學習算法來移動、看、聽、說話和學習。

我們還示範了同時使用 TensorFlow pod 和手動建立的 TensorFlow 函式庫的 Objective-C 和 Swift iOS app，以及使用現成的 TensorFlow 函式庫和手動建立函式庫的 Android app，以修復你可能遇到的各種錯誤、以及在行動裝置上部署和執行 TensorFlow 模型時遇到的問題。

我們已經介紹了很多，但是還有很多可以講的。TensorFlow 的新版本發布愈來愈快，最新研究論文的新 TensorFlow 模型也已經被建立並用於實作中。本書的主要目標是示範使用各種智慧型 TensorFlow 模型的足夠的 iOS 和 Android 應用程式，以及所有實用的排除困難和除錯技巧，讓你可以在行動裝置上快速部署和執行自己喜歡的 TensorFlow 模型，製作你的下一個殺手級 AI 行動裝置 app。

如果你想使用 TensorFlow 或 Keras 建立自己的出色模型，實作出最令你興奮的演算法和網路，則需要在本書結束後繼續學習，因為我們沒有詳細介紹如何做到這一點，但希望我們提供你足夠的動力來開始這一趟旅程。本書向你保證，一旦你建立並訓練了模型，便知道如何快速、隨時隨地在行動裝置上部署和執行它們。

至於走哪條路和要解決哪些 AI 任務，Ian Goodfellow 在接受 Andrew Ng 訪問時的建議可能是最好的：「**問問自己下一步最適合做哪些事情，哪條路最適合你：強化學習、非監督式學習或生成對抗網路。**」無論如何，這將是一條充滿興奮的絕妙之路，當然也會有艱苦的工作，而你從本書中學到的技能就像智慧型手機一樣，隨時可以為你服務，並準備好讓你的裝置變得更讚而且更有智慧化。

AI 手機 APP、智慧硬體專案實作｜使用 TensorFlow Lite

作　　者：Jeff Tang
譯　　者：CAVEDU 教育團隊 曾吉弘 / 蔡雨錡
企劃編輯：莊吳行世
文字編輯：王雅雯
設計裝幀：張寶莉
發 行 人：廖文良

發 行 所：碁峰資訊股份有限公司
地　　址：台北市南港區三重路 66 號 7 樓之 6
電　　話：(02)2788-2408
傳　　真：(02)8192-4433
網　　站：www.gotop.com.tw
書　　號：ACH023000
版　　次：2021 年 01 月初版
建議售價：NT$580

國家圖書館出版品預行編目資料

AI 手機 APP、智慧硬體專案實作：使用 TensorFlow Lite (iOS/Android/RPi 適用) / Jeff Tang 原著；曾吉弘, 蔡雨錡譯. -- 初版. -- 臺北市：碁峰資訊, 2021.01
　面；　公分
譯自：Intelligent Mobile Projects with TensorFlow.
ISBN 978-986-502-635-6(平裝)
1.人工智慧
312.831　　109015359

讀者服務

- 感謝您購買碁峰圖書，如果您對本書的內容或表達上有不清楚的地方或其他建議，請至碁峰網站:「聯絡我們」\「圖書問題」留下您所購買之書籍及問題。(請註明購買書籍之書號及書名，以及問題頁數，以便能儘快為您處理)
http://www.gotop.com.tw

- 售後服務僅限書籍本身內容，若是軟、硬體問題，請您直接與軟體廠商聯絡。

- 若於購買書籍後發現有破損、缺頁、裝訂錯誤之問題，請直接將書寄回更換，並註明您的姓名、連絡電話及地址，將有專人與您連絡補寄商品。